"十三五"职业院校机械类专业新形态系列教材

机 械 制 图

主　编　李永民　李　源　王　新

副主编　纪克玲　李晓芳　郭霄斌

参　编　邢秀苹　李　峰　庞淑娟　靳冬英　陶梦民

　　　　刘　娜　赫燕鹏　张　耀　韩长军　李凤君

　　　　贾承安　王庆民　栾尚清　王慧云　刘政媛

　　　　高瑞兰　王承军　许凤军　宗玉萍　杜　伟

　　　　杨华雪　李晓明　杨　卉

机械工业出版社

本书采用全彩印刷，插入仿真图像、知识点提示、指引导读等内容，通俗易懂、美观活泼，易于激发学生的学习兴趣。同时，本书配备仿真视频及微课，可解决纸质教材向数字媒体教材的过渡，以及数字化教学内容匮乏的问题。本书主要内容包括：基本知识准备，简单几何体的投影，立体思维拓展，组合体，轴测图，机件图样的表达方法，标准件与常用件，读零件图，标注零件尺寸和技术要求，读装配图。

本书可供技工院校、中等职业技术学校、职业高中机械类相关专业使用。

图书在版编目（CIP）数据

机械制图/李永民，李源，王新主编 . —北京：机械工业出版社，2020.11（2023.7重印）

"十三五"职业院校机械类专业新形态系列教材

ISBN 978-7-111-67358-3

Ⅰ.①机…　Ⅱ.①李…②李…③王…　Ⅲ.①机械制图-职业教育-教材　Ⅳ.①TH126

中国版本图书馆 CIP 数据核字（2021）第 017665 号

机械工业出版社（北京市百万庄大街22号　邮政编码100037）
策划编辑：王晓洁　责任编辑：王晓洁　王海霞
责任校对：王　延　封面设计：陈　沛
责任印制：常天培
固安县铭成印刷有限公司印刷
2023 年 7 月第 1 版第 2 次印刷
184mm×260mm · 14.25 印张 · 349 千字
标准书号：ISBN 978-7-111-67358-3
定价：59.80 元

电话服务　　　　　　　　　　网络服务
客服电话：010-88361066　　机 工 官 网：www.cmpbook.com
　　　　　010-88379833　　机 工 官 博：weibo.com/cmp1952
　　　　　010-68326294　　金 书 网：www.golden-book.com
封底无防伪标均为盗版　　机工教育服务网：www.cmpedu.com

前　言

为了顺应时代发展和国家技工教育"十三五"规划的要求，技工院校机械类专业在教学内容、教学方法和模式上需要进一步创新。编写本书的目的即是以技工院校学生更易于接受的表达方式来实现教学意图。

编者致力于解决传统教材内容详尽、严谨有余却单调、呆板的问题，将仿真图像、仿真视频、微课、知识点提示、指引导读等内容插入书中，在版式设计上进行创新，使本书通俗易懂、美观活泼，易于激发学生的学习兴趣。

同时，编者着力将纸质教材与数字媒体结合，积极充实智慧校园、移动教学等新兴数字媒体教学方式急需的数字化教学内容。

本书的主要特色在于：

1. 结合一线技工院校教师教学的实际情况，采用大量高仿真图解视图，配合仿真视频，使教学内容简单易懂。

2. 为使教师和学生对教学目标和学习重点一目了然，从而使学习和阅读更轻松、愉快，本书采用了符合行业习惯的标识、符号、图标进行提示引导。例如，重点内容用红灯标识，国家标准用绿灯标识，操作技巧、提醒注意等用"小女孩"图标标识，案例操作配有步骤及要领等。

3. 机械制图课程的教学难点在于提高学生的空间想象力，从而提高学生的读图、识图能力。因此，本书创新性地增加了"立体思维拓展"一章，将立体思维、动态思维、三维建模和构形设计的内容引入制图知识体系，以利于提升学生的空间思维能力。

4. 本书在知识结构和案例选材上符合技工院校学生的认知规律，将基本概念和基础理论融入大量实例中，而实例的选择力求真实和直观，并与生产实际相吻合。

本书由李永民、李源、王新任主编，纪克玲、赫燕鹏、郭霄斌任副主编。本书在编写过程中参考了一些机械制图方面的书籍，在此向相关作者表示感谢。

希望阅读本书能给您带来帮助。因编者学识和水平所限，书中不妥和错漏之处在所难免，欢迎交流探讨和批评指正。

编　者

目　录

绪　论

一、本课程的研究对象

"机械制图"是研究识读和绘制机械图样的一门学科，也是机械类专业学生必须学习和掌握的一门专业基础课。

图 0.1 为传动轴的实物图，要制造此轴，必须有工程界的通用技术语言——机械图样。机械图样能够准确地表达机器及其零件的形状、大小和技术要求等内容。传动轴图样如图 0.2 所示。

图 0.1 传动轴

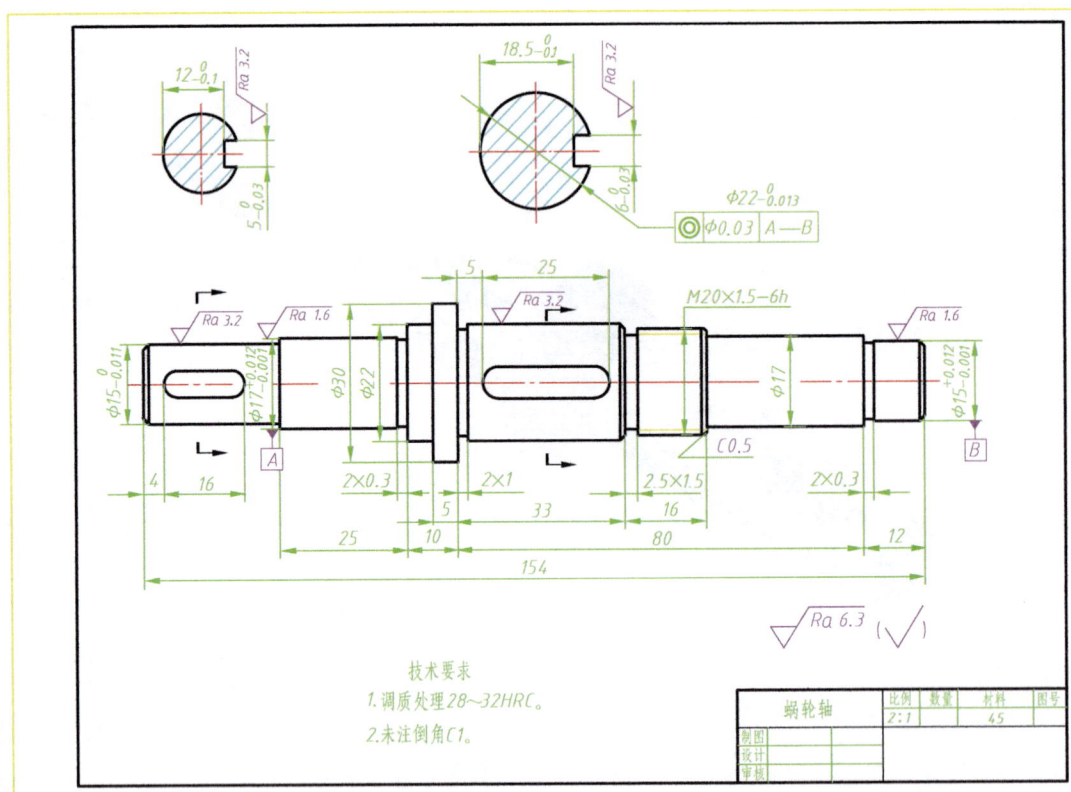

图 0.2 传动轴图样

设计者通过图样表达其设计思想，制造者据此加工、检验和调试产品，使用者则依此了解产品的结构性能、操作和维护方法。因此，机械图样是重要的技术资料，是工程技术人员必须掌握的"语言"。

二、本课程的学习内容和主要要求

本课程的目的在于培养学生识读和绘制机械图样的能力，因此，本课程包括以下内容：

1）机械制图国家标准的基本规定和平面图形的绘制方法。

2）投影的基本原理和方法。

3）空间、立体思维的建立。

4）机械图样的表达方法和标准件与常用件的表达方法。

5）常用零件图和简单装配图的识读。

三、本课程的学习方法

"机械制图"是一门理论与实践紧密结合的课程，在学习中须做到以下几点。

1. 重视对投影原理和基本作图方法的掌握

工程图样作为国际通用的技术语言，国家标准规定的画法是保证图样通用性的前提。因此，掌握国家标准的相关规定是识图和绘图的基础。

2. 注重理论联系实际

将三维空间形体用二维图形表示出来和由二维图形想象三维空间形体的形状是本课程的重点和难点。识图和绘图能力的提高，离不开空间想象能力的提高，而空间想象和分析能力的提高则离不开大量绘图和读图的实践。因此，学习和练习要紧密结合，反复训练，才能有所进步。

3. 养成严谨细致的作风

机械图样在生产中有重要的作用，其绘制得准确与否和识读得正确与否关乎产品的质量，一丝的马虎都有可能给生产造成损失。因此，在日常的学习中，必须严格遵守有关机械制图国家标准的规定，培养严谨细致的学习态度。

0

CHAPTER

第一章 基本知识准备

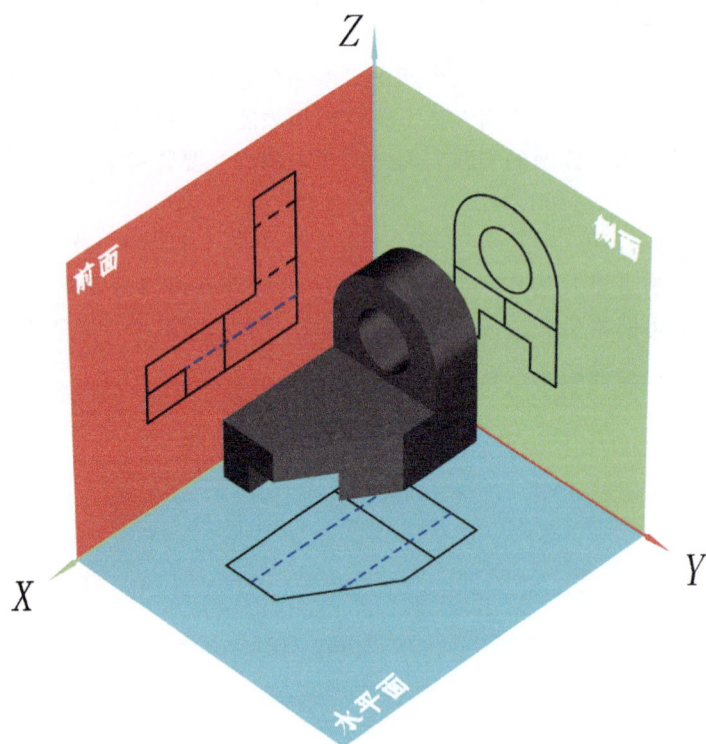

机械图纸包括四个部分：图样，尺寸，技术要求，以及图幅、图框、标题栏。其中有关图样的表达和画法的内容最多，其次是尺寸标注，图幅、图框、标题栏这部分内容最少，掌握相关国家标准的有关规定即可。技术要求的专业性较强，将在后续章节中讲述。

机械制图的基本知识包括以下内容：

1）国家标准关于图幅、图框和标题栏的规定。
2）国家标准关于图样比例、字体、图线的规定。
3）国家标准关于尺寸标注的规范要求。
4）平面图形的画法。
5）正投影及视图表达。

第一节　国家标准有关制图的规定

为了正确地识读和绘制机械图样，以及便于指导生产和加强我国与世界各国的技术交流，国家发布了一系列标准。《机械制图》标准在内容上具有统一性和通用性，它涵盖了机械、电气、水利等行业，是机械类专业制图标准。国家标准《技术制图》和《机械制图》是工程界重要的基础技术标准，是识读和绘制工程图样的依据。工程技术人员必须熟悉和掌握有关标准和规定。

国家标准简称国标，其代号是"GB"，例如，在 GB/T 4656.1—2000 中，GB/T 表示推荐性国标，4656.1 是标准编号，2000 是发布年份。

本节介绍《机械制图》标准中关于图纸幅面和格式、比例、字体、图线、尺寸标注法等的规定。

一、图纸幅面、格式和标题栏

1. 图纸幅面（GB/T 14689—2008）

图纸幅面是指图纸宽度和长度组成的图面。图纸幅面有基本幅面和加长幅面两类。绘制技术图样时，优先选用表 1.1 中的基本幅面尺寸。

必要时，也可以选用加长幅面尺寸。加长幅面是按基本幅面的短边成整数倍增加而得到的。

表 1.1　图纸幅面尺寸和图框尺寸

幅面代号	A0	A1	A2	A3	A4
B×L	841×1189	594×841	420×594	297×420	210×297
e	20			10	
c	10			5	
a	25				

注：幅面代号的含义见图 1.1 和图 1.2。

2. 图框格式（GB/T 14689—2008）

💡 图框是图纸上限定绘图区域的线框。在图纸上，必须用粗实线画出图框，图样画在图框内部。图框格式分为有装订边和无装订边两种，如图1.1和图1.2所示。

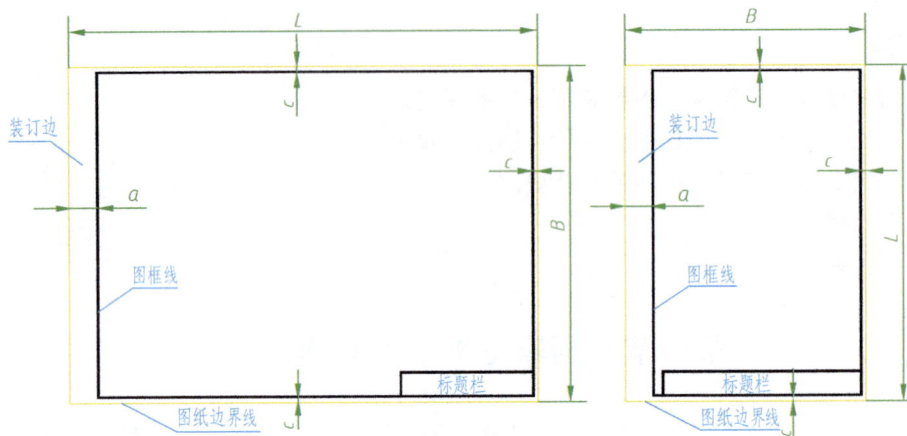

图1.1　有装订边的图框格式

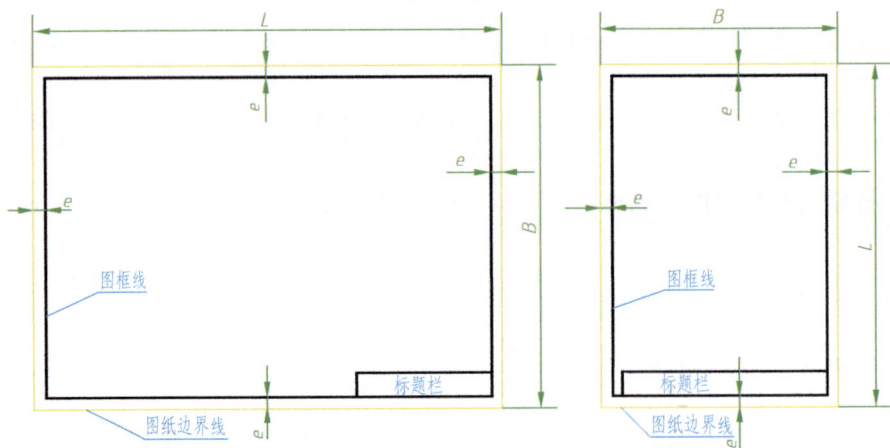

图1.2　无装订边的图框格式

3. 标题栏

💡 标题栏是由名称、代号区、签字区、更改区和其他区组成的栏目。标题栏的基本要求、内容、尺寸和格式由GB/T 10609.1—2008《技术制图　标题栏》规定。标题栏位于图纸右下角，底边与下图框线重合，右边与右图框线重合。

零件图标题栏格式及尺寸如图1.3所示，装配图标题栏的格式及尺寸如图1.4所示。

标题栏必须放在图框的右下角，标题栏中的文字方向即为看图方向。为了使图样复制和缩微摄影时定位方便，应在图纸各边的中点处分别画出对中符号，如图1.5所示。如果使用预先印制的图纸，那么当需要改变标题栏的方位时，必须将其旋转至图纸的右上角。此时，

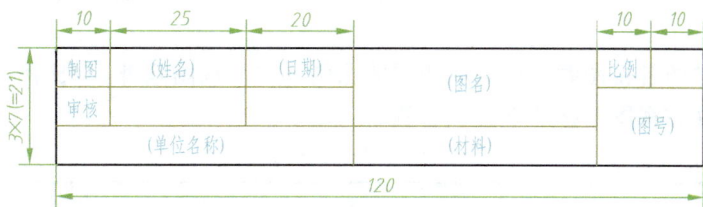

图 1.3　零件图标题栏的格式及尺寸

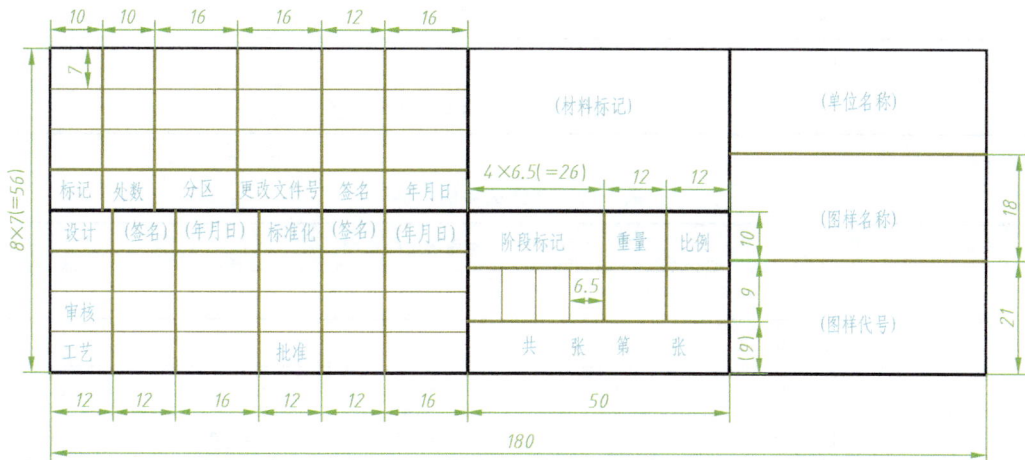

图 1.4　装配图标题栏的格式及尺寸

为了明确绘图与看图的方向，应在图纸下边的对中符号处画出方向符号，如图 1.5 所示。

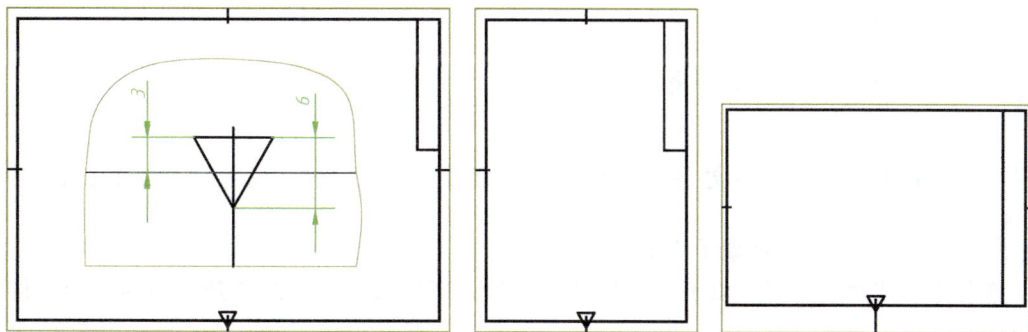

图 1.5　有对中符号的图框格式

二、比例（GB/T 14690—1993）

比例是指图样中图形与实物相应要素的线性尺寸之比。图样比例分为原值比例、放大比例和缩小比例三种。应尽量选用原值比例，缩小比例适用于大而简单的机件，放大比例适用于小而复杂的机件。

绘制图样时，应根据实际需要优先选用表 1.2 规定的比例，必要时允许选用表 1.3 规定的比例。

绘制同一机件的各视图时，应采用相同的比例（局部视图除外）。比例一般标注在标题栏中，必要时标注在视图名称的下方或右侧。

表 1.2　优先选用的比例

种类	优先选用的比例		
原值比例	1∶1		
放大比例	2∶1	5∶1	
	$1\times10^n∶1$	$2\times10^n∶1$	$5\times10^n∶1$
缩小比例	1∶2	1∶5	
	$1∶2\times10^n$	$1∶5\times10^n$	$1∶1\times10^n$

注：n 为正整数。

表 1.3　允许选用的比例

种类	允许选用的比例				
放大比例	2.5∶1	4∶1			
	$2.5\times10^n∶1$	$4\times10^n∶1$			
缩小比例	1∶1.5	1∶2.5	1∶3	1∶4	1∶6
	$1∶1.5\times10^n$	$1∶2.5\times10^n$	$1∶3\times10^n$	$1∶4\times10^n$	$1∶6\times10^n$

注：n 为正整数。

不论采用何种比例，图形中标注的尺寸均按机件的实际尺寸标出，与所选的比例无关。

三、字体（GB/T 14691—1993）

字体指的是图中文字、字母、数字的书写形式。国家标准 GB/T 14691—1993《技术制图　字体》对字体做了规定。

图样上所注写的汉字、数字、字母必须做到：字体工整、笔画清楚、间隔均匀、排列整齐。

字体的号数即字体的高度（h），其公称尺寸系列为 1.8mm、2.5mm、3.5mm、5mm、7mm、10mm、14mm、20mm。

1. 汉字

汉字应写成长仿宋体字，并应采用国家正式公布推行的《汉字简化方案》中规定的简化字。汉字的高度 h 不应小于 3.5mm，其字宽一般为 $h/\sqrt{2}$。

长仿宋体汉字的书写要领：横平竖直、注意起落、结构均匀、填满方格。

(1) 10 号字

横 平 竖 直　注 意 起 落　结 构 均 匀
填 满 方 格

(2) 7 号字

横 平 竖 直　注 意 起 落　结 构 均 匀　填 满 方 格

(3) 5 号字

横 平 竖 直　注 意 起 落　结 构 均 匀　填 满 方 格

(4) 3.5 号字

横 平 竖 直　注 意 起 落　结 构 均 匀　填 满 方 格

2. 数字和字母

数字和字母分 A 型和 B 型。A 型字体的笔画宽度（d）为字高（h）的 1/14，B 型字体的笔画宽度（d）为字高（h）的 1/10。在同一图样上，只允许选用一种形式的字体。

A型

abcdefghijklmn
opqrstuvwxyz
αβγδλμφψω

B型

abcdefghijklmn
opqrstuvwxyz
αβγδλμφψω

数字和字母可写成直体或斜体。斜体字的字头向右倾斜，与水平基准线成 75°角。

1234567890
ABCDEFGHIJKLMNOPQRSTUVWXYZ
abcdefghijklmnopqrstuvwxyz
I II IIIIV V VI VIIVIIIIX X

数字及字母用作指数、分数、极限偏差、注角时，一般应采用小一号字体。

$R3 \quad 2 \times 45° \quad M24-6H \quad \phi60\frac{H8}{R7} \quad \frac{II}{3:1}$

$\phi20^{+0.021}_{0} \quad \phi25^{-0.007}_{-0.020} \quad Q235 \quad HT200$

四、图线及其画法

1. 图线线型及应用

GB/T 4457.4—2002《机械制图　图样画法　图线》规定了各种图线的名称、线型、宽度以及在机械图样中的一般应用。机械制图中常用的图线有9种，见表1.4。

表1.4　常用基本线型及其应用

图线名称	代码	线型	线宽	部分应用
细实线	01.1		$d/2$	(1)过渡线 (2)尺寸线 (3)尺寸界线 (4)指引线和基准线 (5)剖面线 (6)重合断面的轮廓线 (7)螺纹牙底线
粗实线	01.2		d	(1)可见棱边线 (2)可见轮廓线 (3)相贯线 (4)螺纹牙顶线 (5)螺纹长度终止线
粗虚线	02.2	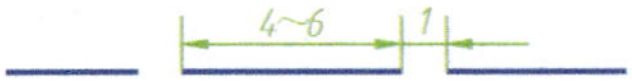 4~6 　1	d	允许表面处理的表示线
双折线	01.1		$d/2$	(1)断裂处边界线 (2)视图与剖视图的分界线
波浪线	01.1		$d/2$	(1)断裂处边界线 (2)视图与剖视图的分界线
细点画线	04.1	 15~30 　3	$d/2$	(1)轴线 (2)对称中心线 (3)分度圆(线)
粗点画线	04.2	 15~30 　3	d	限定范围表示线
细双点画线	05.1	 15~30 　5	$d/2$	(1)相邻辅助零件的轮廓线 (2)可动零件的极限位置的轮廓线 (3)轨迹线
细虚线	02.1	 4~6 　1	$d/2$	(1)不可见棱边线 (2)不可见轮廓线

注：表中代码根据 GB/T 17450—1998 给出。

2. 图线的宽度

国家标准规定了9种图线宽度。线型的图线宽度应按图样的类型和尺寸大小在下列数系中选择：0.13mm、0.18mm、0.25mm、0.35mm、0.5mm、0.7mm、1.0mm、1.4mm、2mm。

机械制图中的图线分为粗、细两种，它们的宽度之比为2:1。粗线宽度优先选用0.5mm和0.7mm两组。为了保证图样的清晰度、易读性和便于缩微复制，应尽量避免采用宽度小于 0.18mm 的图线。

3. 图线的应用

图线应用示例如图 1.6 所示。

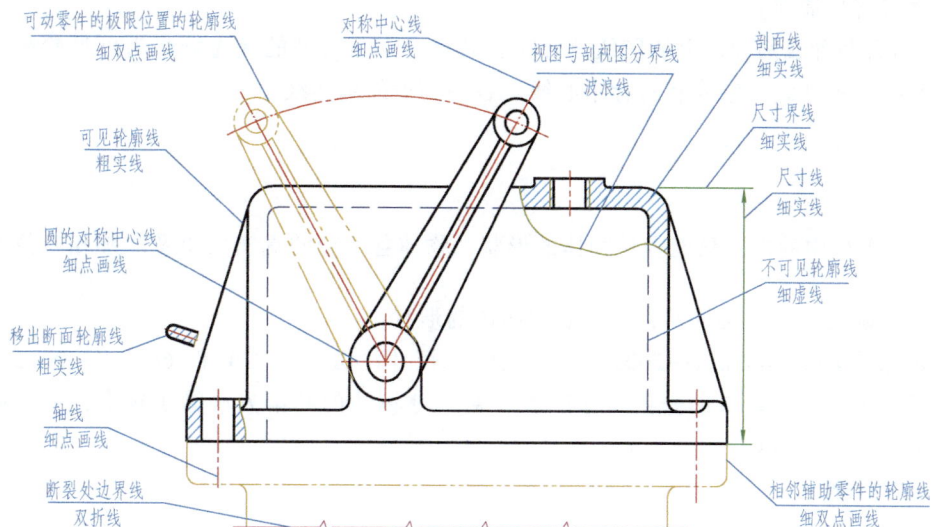

图 1.6　图线应用示例

4. 图线的画法

1）在同一图样中，同类图线的宽度应基本一致。虚线、点画线及双点画线的画长度和间隔应各自大致相等。

2）两条平行线之间的最小间距不小于 0.7mm。

3）绘制圆的对称中心线时，点画线两端应超出圆的轮廓线 2~5mm；点画线、双点画线的首末两端应是长画，而不是间隔或点；点画线、双点画线的点不是点，而是一条长约 1mm 的短画；圆心应是长画的交点。在较小的图形上绘制点画线有困难时，可用细实线代替，如图 1.7 所示。

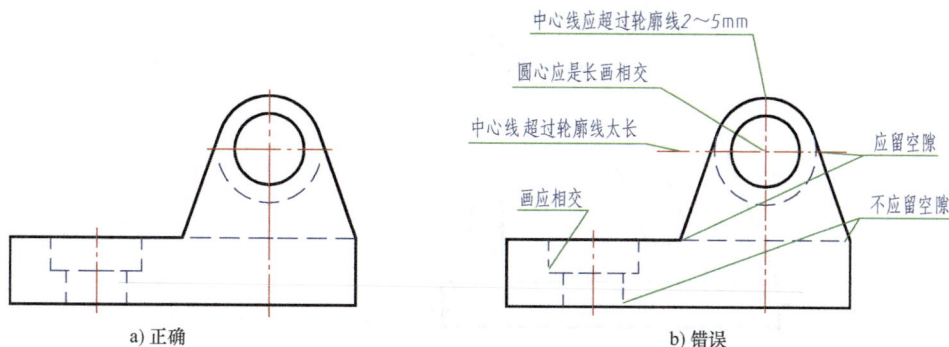

图 1.7　虚线与点画线的画法

4）虚线、点画线或双点画线和实线相交或它们自身相交时，应以画相交，而不应在点或间隔处相交；虚线、点画线或双点画线为实线的延长线时，不得与实线相连，如图 1.7 所示。

5）当图线与文字、数字或符号重叠、混淆，且不可避免时，应断开图线，以保证文字、数字或符号清晰。

6）当有两种或两种以上的图线重合时，其重合部分线型的优先顺序为可见轮廓线、不可见轮廓线、尺寸线、轴线和对称中心线、各种用途的细实线。

五、尺寸注法

图样中的视图只能表达物体的形状，物体各部分的真实大小及准确相对位置要靠标注尺寸来确定。尺寸也可配合图形表达物体的形状。

国家标准 GB/T 4458.4—2003《机械制图 尺寸注法》和 GB/T 16675.2—2012《技术制图 简化表示法 第 2 部分：尺寸注法》对尺寸标注的基本方法做了规定，在绘制、识读图样时必须严格遵守。

1. 基本规则

1）机件的真实大小应以图样上所注尺寸数值为依据，与图形的大小及绘图的准确度无关。

2）机件的每个尺寸一般只标注一次，并应标注在反映该结构最清晰的图形上。

3）图样中的尺寸以 mm 为单位时，不需要标注计量单位的代号或名称；如果采用其他单位，则必须注明相应计量单位的代号或名称。

4）图样中所标注的尺寸为该图样所示机件的最后完工尺寸，否则应另加说明。

2. 尺寸的组成
一个完整的尺寸由尺寸界线、尺寸线、尺寸线终端和尺寸数字组成，如图 1.8 所示。

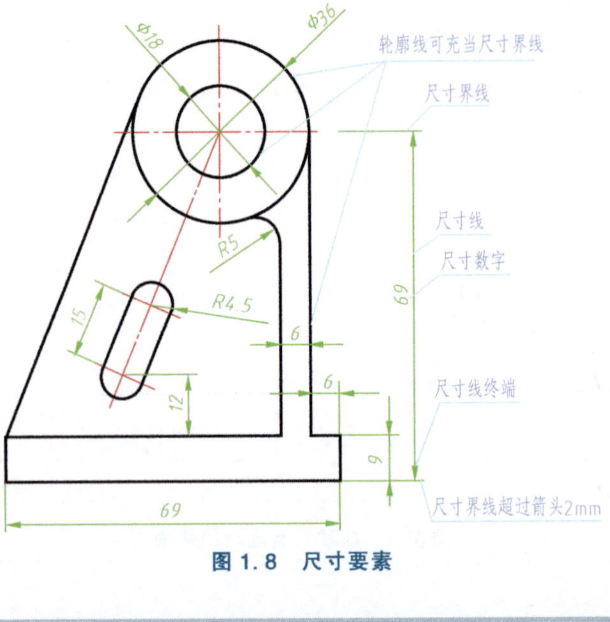

图 1.8 尺寸要素

（1）尺寸界线　尺寸界线用细实线绘制，一般由图形的轮廓线、轴线或对称中心线处引出。也可利用轮廓线、轴线或对称中心线本身做尺寸界线。尺寸界线应超出尺寸线 2~3mm，且一般应与尺寸线垂直，必要时允许倾斜，如图 1.9 所示。

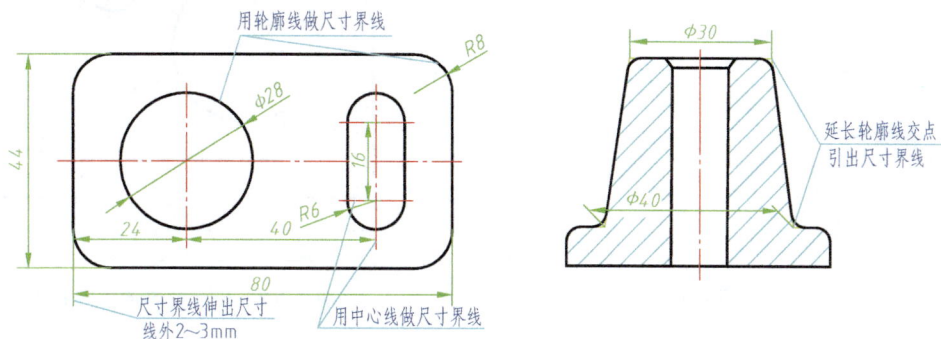

图 1.9　尺寸界线

（2）尺寸线　尺寸线必须用细实线单独绘出，不得用其他任何线代替，也不得画在其他图线的延长线上，并应避免尺寸线之间相交，如图 1.10 所示。

线性尺寸的尺寸线应与所标注的线段平行。相互平行的尺寸线，大尺寸在外，小尺寸在内，尽量避免尺寸界线与尺寸线相交，且平行尺寸线的间距应尽量保持一致，一般为5~10mm。

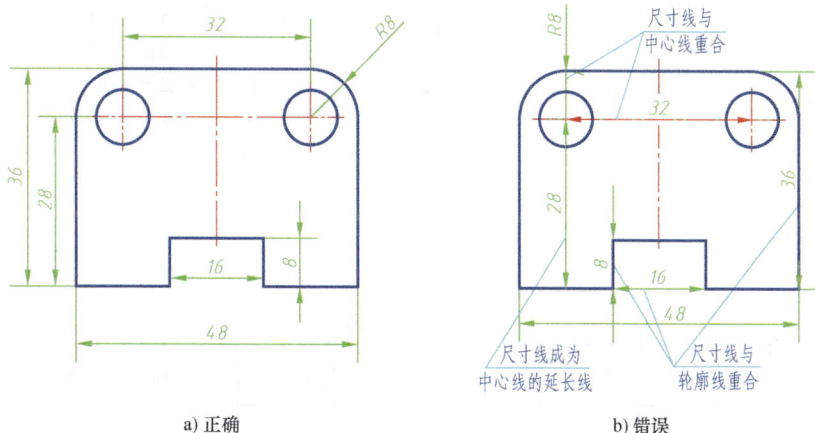

a) 正确　　　　　　　　　　b) 错误

图 1.10　尺寸线

（3）尺寸线终端　尺寸线终端有两种形式：箭头和斜线。同一张图样中只能采用一种尺寸线终端形式。机械图样一般用箭头形式，箭头尖端与尺寸界线接触，不得超出也不得离开，如图 1.11 所示。

（4）尺寸数字　尺寸数字按标准字体书写，且同一张图样中的字高要一致。线性尺寸的尺寸数字一般注写在尺寸线的上方，也允许注写在尺寸线的中断处，字头朝上；垂直方向的尺寸数字应注写在尺寸线的左侧，字头朝左；倾斜方向的尺寸数字，应保持字头向上的趋势。尺寸数字不能被任何图线穿过，否则应将该图线断开，如图 1.12 所示。

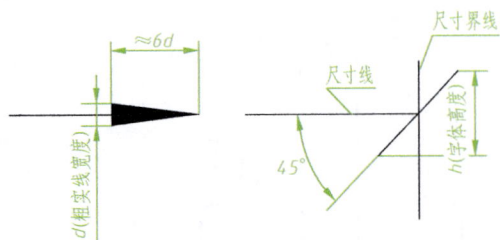

图 1.11 尺寸线终端

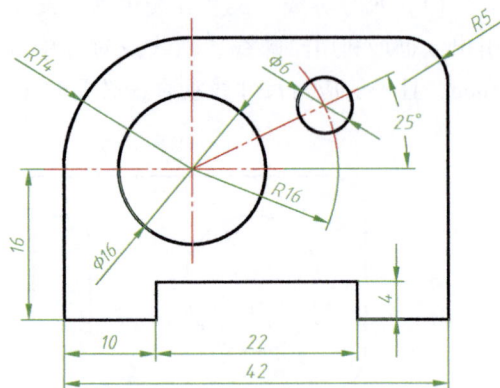

图 1.12 尺寸数字的注写位置

3. 尺寸标注示例

尺寸标注示例见表 1.5。

表 1.5 尺寸标注示例

图 例	说 明
线性尺寸	线性尺寸数字应始终在尺寸线的上方,方向与尺寸线的倾斜方向一致;尺寸线竖直时,尺寸数字应在尺寸线的左侧。尽可能避免在图示 30° 范围内标注尺寸,无法避免时可引出标注
直线尺寸 a) 正确　　b) 错误	同一方向上的连续尺寸,尺寸线应在一条线上
a) 正确　　b) 错误	同一方向上不同大小的尺寸,遵循"内小外大"原则,避免尺寸线与尺寸界线相交

（续）

图　例	说　明
	1) 标注直径时, 应在尺寸数字前加注符号"φ" 2) 直径尺寸线应通过圆心或为平行于圆的中心线 3) 直径尺寸线在与圆周或尺寸界线接触处画箭头终端 4) 不完整圆的尺寸线应超过半径 5) 标注球面的直径时, 在符号"φ"前加注符号"S"
	1) 标注半径时, 应在尺寸数字前加注符号"R"。单箭头指向圆弧 2) 标注球面的半径时, 应在符号"R"前加注符号"S" 3) 当圆弧的半径过大或在图样范围内无法标注出圆心位置时, 可用折弯标注
	1) 小图形上没位置标尺寸时, 箭头可放在尺寸界线之外, 尺寸数字可写在尺寸界线之外或引出标注, 也允许用圆点或斜线代替箭头 2) 标注小直径或小半径时, 箭头和数字都可布置在尺寸界线之外, 但尺寸线一定要过圆或圆弧的中心, 且箭头指向圆心
	1) 角度的数字一律水平书写 2) 角度的数字一般注写在尺寸线的中断处, 也可注写在尺寸线上方或引出标注 3) 角度的尺寸线为圆弧, 尺寸界线沿径向引出

直径尺寸 (row 1), **半径尺寸** (row 2), **小尺寸** (row 3), **角度尺寸** (row 4)

（续）

图　例	说　明
其他标注	1）倒角的标注用字母 *C* 表示 45°，后面的数字为倒角的宽度 2）弧长的尺寸线是该圆弧的同心圆，尺寸界线平行于弦长的垂直平行线 3）标注板状零件的厚度时，在尺寸数字前加符号"*t*" 4）用符号"□"表示正方形，注在边长尺寸数字前，或用"*B*×*B*"代替（*B* 为正方形的边长）

第二节　手工绘图与常用几何作图方法

随着计算机绘图的普及，传统尺规绘图已经不再被重视，在进行手工绘图作业练习时，适当忽略尺规绘图规范。但在现场装配、维修、调试或即时技术交流时，避免不了手工草图的绘制，因此，根据需要本书只讲述徒手绘图的方法。

一、徒手绘图的方法

徒手绘图是用目测来估计物体的形状和大小，不借助绘图工具，徒手画出图样的方法。

基本要求：画线要稳，图线要清晰；目测尺寸要准，各部分比例准确；绘图速度要快；标注尺寸无误，字迹工整。

1. 直线的画法

徒手画直线时握笔的手要放松，用手腕抵着纸面，沿着画线方向移动，眼睛要瞄着线段的终点。画出的直线应大体上近似直线。

画水平线时，图纸可放斜一些，不要将图纸固定死，以便可随时转动图纸到最顺手的位置。画垂直线时，自上而下运笔。直线的画法如图 1.13 所示。

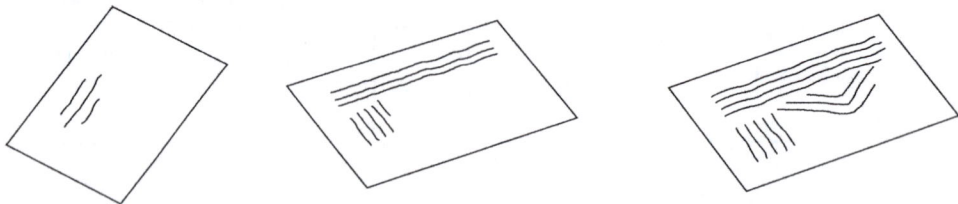

图 1.13　直线的画法

2. 圆的画法

画圆时，先定出圆心的位置，然后过圆心画出互相垂直的两条中心线，再在中心线上按半径大小目测定出四个点后，分两半画成，如图 1.14a 所示。对于直径较大的圆，可在 45°方向的两中心线上再目测增加四个点，分段逐步完成，如图 1.14b 所示。

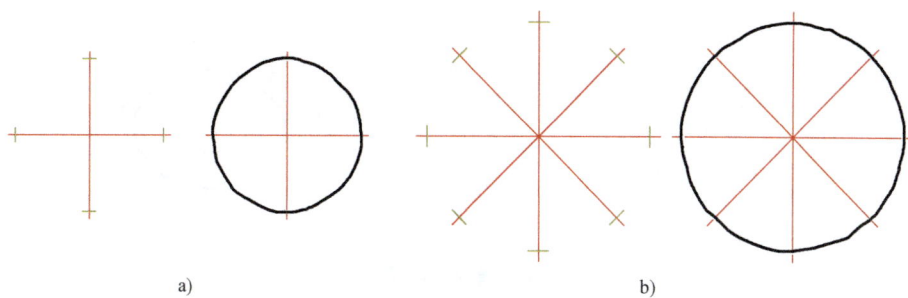

图 1.14 圆的画法

3. 角度的画法

画 30°、45°、60° 等角度时，先根据两直角边的比例关系近似确定两端点，然后徒手连成直线，如图 1.15 所示。

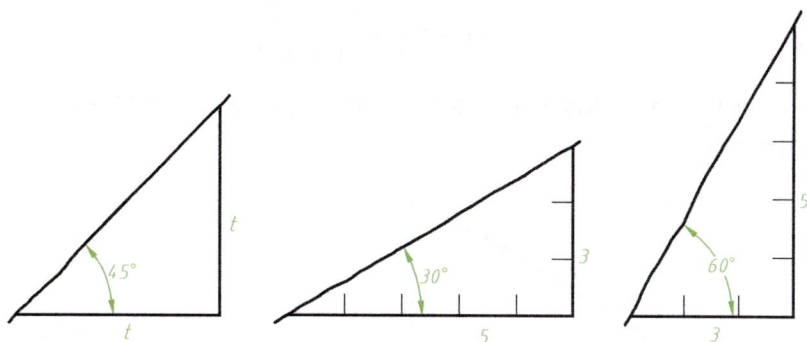

图 1.15 角度的画法

4. 椭圆的画法

（1）方法一：已知长、短轴画椭圆 画椭圆时，先目测定出其长、短轴上的四个端点，将它们连成矩形，再分段画出四段圆弧，四段圆弧要与矩形相切。画图时应注意图形的对称性，如图 1.16 所示。

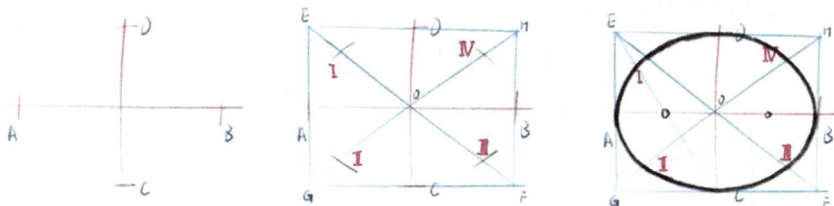

图 1.16 椭圆的画法（一）

（2）方法二：已知共轭直径画椭圆 目测共轭直径上的四个端点，将它们连成平行四边形，再分段画出四段圆弧，四段圆弧要与平行四边形相切，如图 1.17 所示。

二、常用几何作图概念及原理

机件的轮廓形状虽然多种多样，但基本上都是由直线和曲线组成的几何图形。CAD 绘

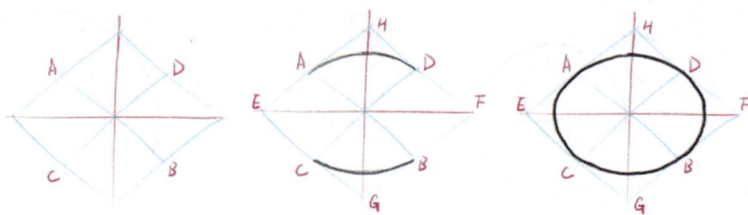

图 1.17　椭圆的画法（二）

图在技巧方面非常完善，本书不再过多讲述，但有必要对一些概念和原理进行说明。

1. 斜度和锥度

（1）斜度　斜度是指一直线（或平面）相对另一直线（或平面）的倾斜程度，如图 1.18 所示。其大小用两直线（或平面）间夹角的正切表示，即

$$斜度 = \tan\alpha = \frac{H}{L} = \frac{H-h}{l} = \frac{h}{L-l}$$

在图样上，用 $1:n$ 表示斜度大小。在 $1:n$ 前加注符号 ∠，符号倾斜方向应与斜度方向一致，符号的线宽为 $h/10$。

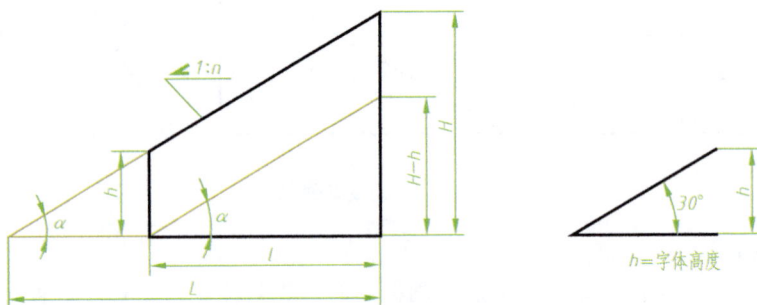

图 1.18　斜度及其符号

（2）锥度　锥度是指正圆锥的底圆直径与圆锥高度之比或正圆锥台上下底圆直径之差与圆锥台高之比（图 1.19），即

$$锥度 = \frac{D-d}{l} = \frac{D}{L} = 2\tan\frac{\alpha}{2}$$

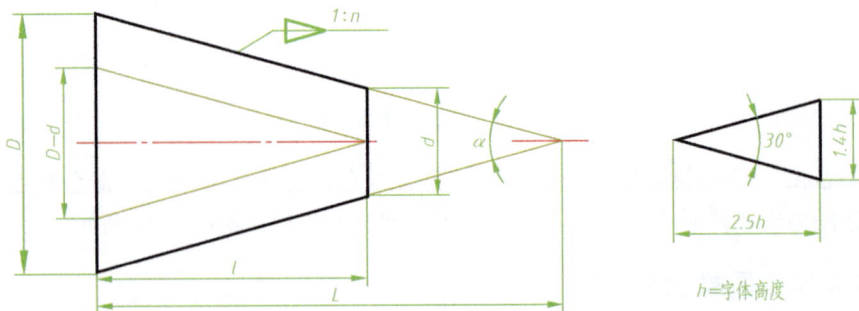

图 1.19　锥度及其符号

在图样上，用 1：n 表示锥度大小，在 1：n 前加注符号 ▷，符号倾斜方向应与锥度方向一致，符号的线宽为 $h/10$。

2. 圆弧连接

绘制机件图样时，经常遇到用圆弧光滑连接已知直线或圆弧的情况，称其为圆弧连接。光滑连接实质上是圆弧与圆弧或圆弧与直线相切，连接点就是切点。其关键是准确定出连接圆弧的圆心和切点。

圆弧连接作图原理见表 1.6。

表 1.6 圆弧连接作图原理

类型	图例	连接圆弧的圆心轨迹及切点位置
圆弧与直线连接		1）连接圆弧的圆心轨迹是与已知直线平行且相距为 R 的直线 2）过连接圆弧的圆心作已知直线的垂线，垂足即为切点
两圆弧连接（内切）		1）连接圆弧的圆心轨迹是与已知圆弧同心的圆，其半径为（R_1-R） 2）切点是连接圆弧与已知圆弧两圆心连线与已知圆弧的交点
两圆弧连接（外切）		1）连接圆弧的圆心轨迹是与已知圆弧同心的圆，其半径为（R_1+R） 2）切点是连接圆弧与已知圆弧两圆心连线与已知圆弧的交点

第三节 平面图形的分析与尺寸标注

平面图形是由一些基本几何图形（线段或线框）构成的。画图前，应先对图形进行尺寸和线段分析，然后再确定绘图步骤。

一、平面图形的分析

1. 平面图形的尺寸分析

按其在平面图形中所起的作用，可将尺寸分为定形尺寸和定位尺寸两类。

（1）尺寸基准　确定尺寸相对位置的几何元素称为尺寸基准。平面图形中常用作尺寸基准的有主要轮廓线、较大圆的中心线和对称图形的对称中心线。平面图形有垂直和水平两个方向的尺寸基准。每个方向都有一个主要尺寸基准，也有可能有辅助基准，如图 1.20 所示。

确定尺寸基准后，就可以进行定形尺寸和定位尺寸的标注。

（2）定形尺寸　定形尺寸是用于确定平面图形中几何元素的形状和大小的尺寸，如圆的直径、直线段的长度、圆弧的半径及角度大小等。图 1.21 所示尺寸均为定形尺寸。

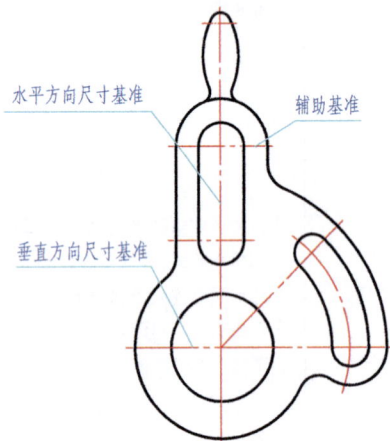

图 1.20　尺寸基准

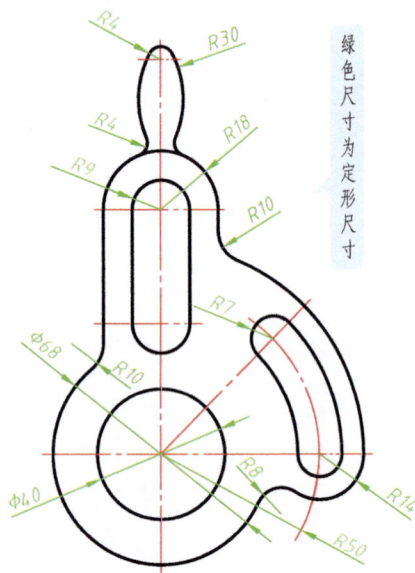

图 1.21　定形尺寸分析

（3）定位尺寸　定位尺寸是用于确定平面图形中几何元素相对位置的尺寸。一般来说，平面图形有两个方向的定位尺寸。如图 1.22 所示，尺寸"40"确定中间长孔的位置；"$R50$""45°"确定右侧弧形孔的位置。

2. 平面图形的线段分析

根据平面图形中线段（直线、圆或圆弧）的尺寸是否完全给出，通常将其分为以下三种。

（1）已知线段　标出定形尺寸和定位尺寸的线段是已知线段，可以直接画出，如图 1.23 所示。

（2）中间线段　标出定形尺寸和一个方向的定位尺寸，另一个方向的定位尺寸通过与已知线段的连接关系才能确定的线段是中间线段。

（3）连接线段　只标出定形尺寸而未标出定位尺寸的线段是连接线段。对于圆（或圆弧），通过两相邻线段的连接（内切或外切）关系确定圆心、连接点（切点），即可画出该圆弧。

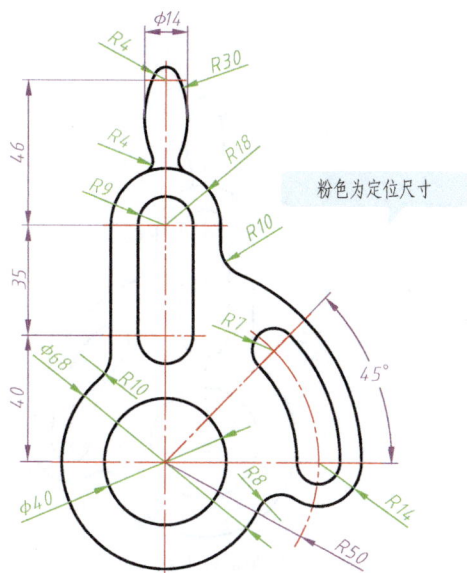

图 1.22 定位尺寸分析

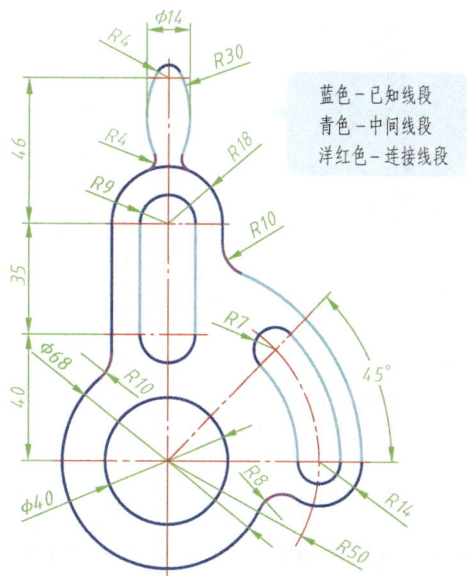

蓝色－已知线段
青色－中间线段
洋红色－连接线段

图 1.23 线段分析

粉色为定位尺寸

画平面图形时，先画已知线段，再画中间线段，最后画连接线段。

二、平面图形的画图方法与步骤

下面以图 1.23 所示拨叉平面图为例，介绍平面图形的画图方法，具体步骤如图 1.24 所示。

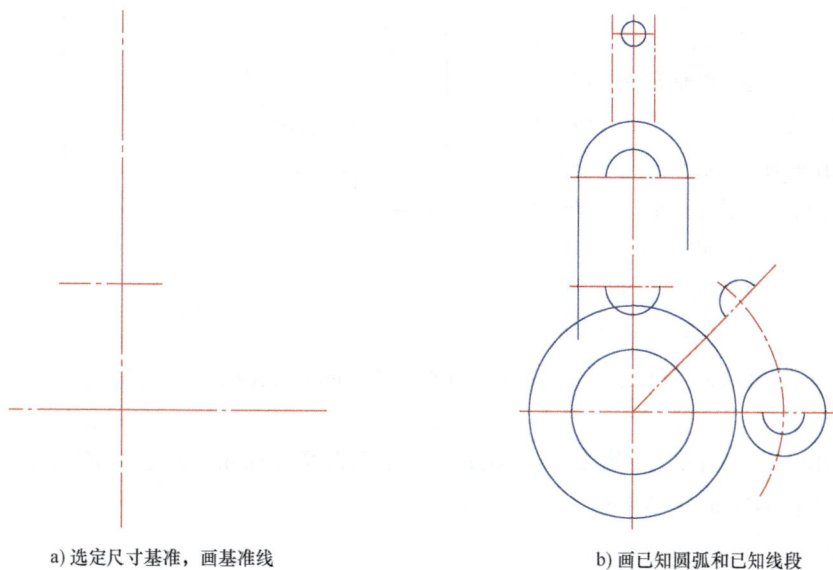

a) 选定尺寸基准，画基准线

b) 画已知圆弧和已知线段

图 1.24 拨叉平面图的画图步骤

平面图形的绘图
方法和步骤

c) 画中间线段，求中间圆弧
的圆心及切点

d) 画连接线段，求连接
圆弧的圆心及切点

e) 检查图形，标注尺寸

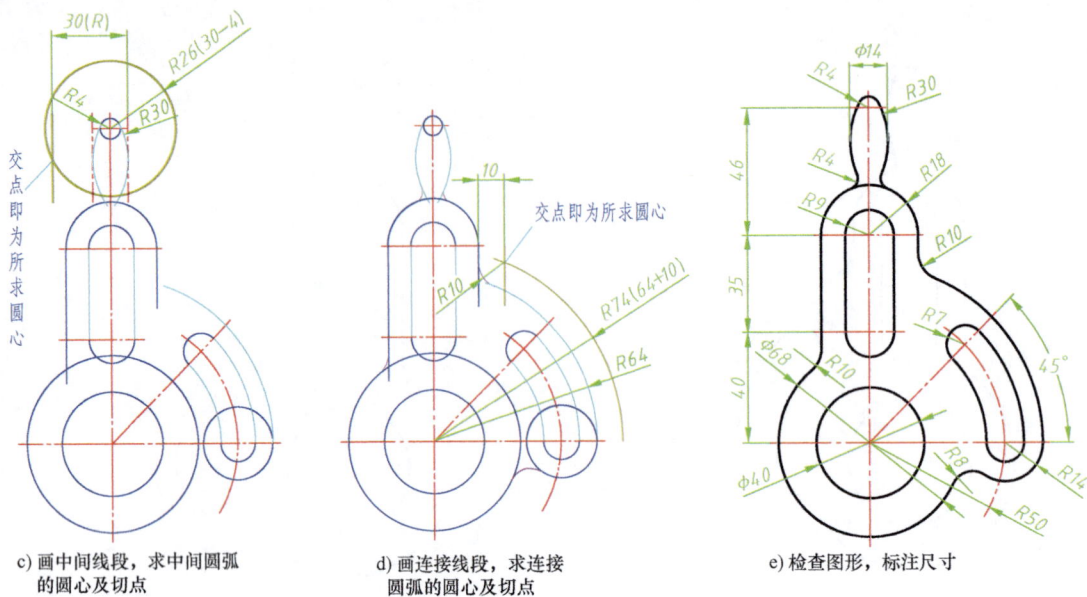

图 1.24　拔叉平面图的画图步骤（续）

三、平面图形的尺寸标注

　　标注平面图形尺寸的要求是正确、完整。正确是指标注尺寸时严格遵守国家标准

规定；完整是指标注尺寸齐全，不遗漏也不重复。

　　标注尺寸的步骤：分析平面图形的
组成，确定尺寸基准；标注定形尺寸；标注
定位尺寸，已知线段或圆弧的两个定位尺寸
都要标注；中间圆弧只需标注确定圆心的一
个定位尺寸；连接圆弧圆心的两个定位尺寸
都不标注，否则会出现多余尺寸；检查标注
的尺寸是否完整、清晰。下面以图 1.25 所示
板件为例，按上述步骤进行尺寸标注。

1. 分析图形的组成，确定尺寸基准

图 1.25　板件的尺寸标注

　　根据分析，以图形最下边水平线为高度
方向的尺寸基准，最左侧竖直线为长度方向的尺寸基准，$\phi16\text{mm}$ 圆孔的圆心为辅助基准。

2. 标注定形尺寸

1) 外线框须注出总长 42mm、长槽 22mm×4mm、右上角圆角 R5mm、左上角 R14mm。

2) 注出两圆孔直径 ϕ16mm、ϕ6mm。

3. 标注定位尺寸

1) 标注下方长槽的定位尺寸 10mm。

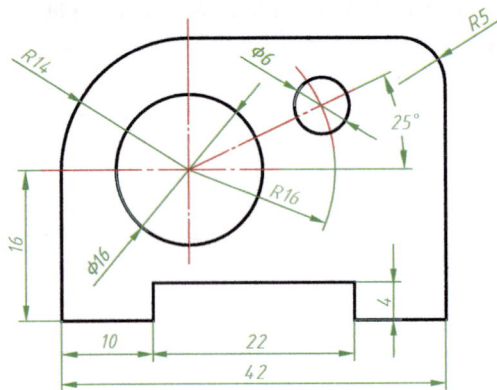

2）标注圆孔 ϕ16mm 的定位尺寸 16mm、R14mm。

3）标注 ϕ6mm 小圆孔的定位尺寸 R16mm、25°。

4. 检查

1）标注尺寸要完整、正确。板件总长 42mm；中间小槽尺寸为 22mm×4mm，距板件左侧长度基准 10mm；板件总高 16mm+14mm，右上角圆角 R5mm 不需要定位；中间 ϕ16mm 大孔在水平方向上距左侧 14mm，高度方向上距底边 16mm；ϕ6mm 小孔相对大孔圆心的距离为 16mm，在右上方倾斜 25°。

2）标注尺寸要清晰，遵守国家标准的相关规定，如尺寸应排列整齐，小尺寸在内、大尺寸在外，尺寸线应尽量避免与尺寸界线相交等。

第四节　投影的概念和种类

一、投影法的概念

如图 1.26 所示，在空间有一平面 H（通常用一平行四边形表示），在平面 H 之外有一点 S，点 S 和平面 H 之间有一空间点 A，连接 SA 并延长与平面 H 交于点 a，点 a 称为空间点 A 在投影面 H 上的投影。其中，射线 SA 称为投射线，平面 H 称为投影面，点 S 称为投射中心。像上述这种投射线通过物体向投影面投射并在投影面上产生图像的方法，称为投影法。

投影的特点如下：

1）若投射线方向和投影面确定，则投影唯一。

2）若仅知道空间点的一个投影，则点的位置不唯一，如图 1.27 所示。

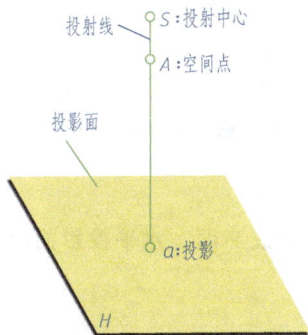

图 1.26　投影方法

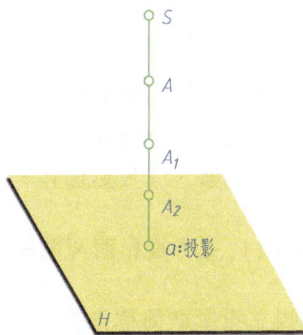

图 1.27　投影的特点

二、投影法的种类

投影法分为两类：中心投影法和平行投影法。

1. 中心投影法

如图 1.28 所示，投射中心位于有限远处，投射线汇交于一点的投影法，称为中心投影法。用中心投影法得到的投影称为中心投影。中心投影法的立体感强，通常用来绘制建筑物或产品的立体图，也称为透视图。

2. 平行投影法

投射线都相互平行的投影法称为平行投影法，用平行投影法得到的投影称为平行投影。在平行投影法中，当投射方向垂直于投影面时，称为正投影法，如图 1.29a 所示。由正投影法所得的投影称为正投影或正投影图，简称投影，工程图样通常都采用正投影，因此，在没有特殊说明时，本书所说的"投影"都是指正投影。如图 1.29b 所示，若投射方向倾斜于投影面 H，则这种平行投影法称为斜投影法。

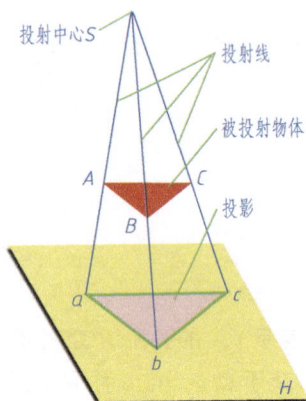

图 1.28　中心投影法

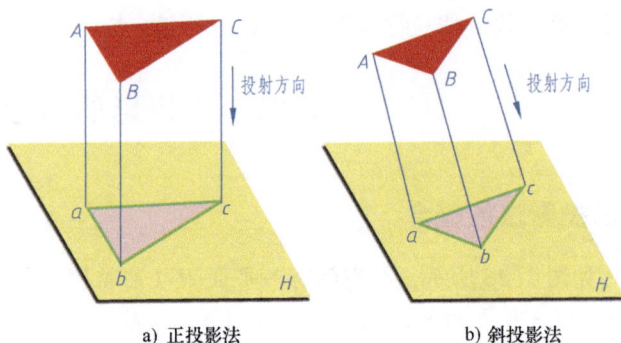

图 1.29　平行投影法

a) 正投影法　　　　b) 斜投影法

第五节　三面投影体系中的正投影

一、正投影三投影面的建立

为了反映物体的完整形状，在两投影面体系的基础上，再加上一个与前面、水平面都垂直的侧立投影面（简称侧面），于是就形成了一个三面投影体系，如图 1.30 所示。正投影三投影面的特点如下（投影面正）：

（1）三个投影面两两垂直　正立投影面简称正面或 V 面；水平投影面简称水平面或 H 面；侧立投影面简称为侧面或 W 面。

（2）三投影面空间位置摆放正确　正面在视线的正前方，侧面在右侧，水平面在正下方。

（3）投影轴互相垂直且交于一点　每两个投影面相交产生的交线 OX、OY、OZ 称为投影轴，分别简称为 X 轴、Y 轴、Z 轴，三个投影轴互相垂直，且交于 O 点。X 轴水平向左，Y 轴向前指向观察者，Z 轴指向正上方。

由于平面是可以向四周无限延伸的，因此，三面投影体系实际应该如图 1.31 所示，H 面、V 面、W 面把空间分为 8 个区域，分别称为 8 个分角。GB/T 14692—2008《技术制图 投影法》规定，我国采用第一角画法。所以，今后在不特殊说明的情况下，所研究的投影都是把物体放在第一分角内进行投射。

1 CHAPTER

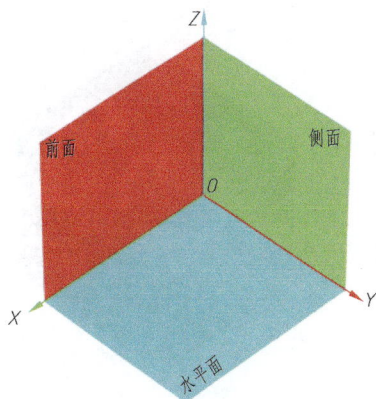

图 1.30 三面投影体系

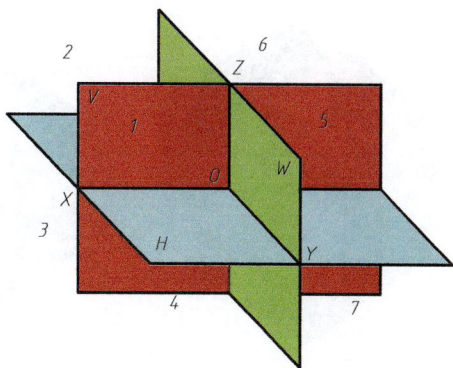

图 1.31 三面投影体系把空间分成 8 个分角

二、几何体正确摆放在投影体系中（几何体摆正）

为了准确表达几何体的特征，并使投影图形不至于过于复杂，需要将几何体位置摆放正确，即要使尽可能多的几何体表面平行或垂直于三个投影面，尤其是前面，如图 1.32 所示。

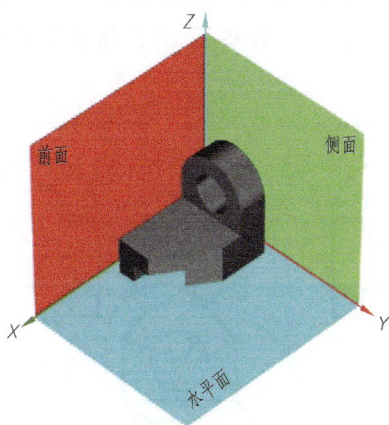

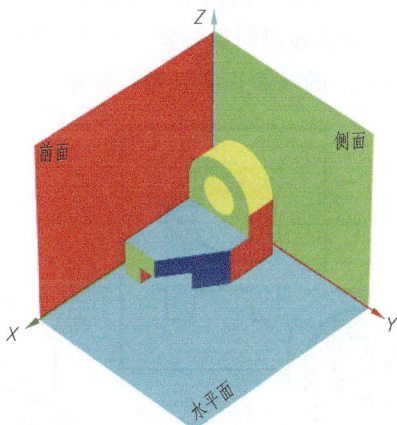

图 1.32 几何体摆正

三、投射线束平行且垂直于投影面（投射线束正）

用相互平行且垂直于投影面的投射线束投射几何体，在对应的投影面上产生投影，如图 1.33 所示。正面上的投影称为主视图，水平面上的投影称为俯视图，侧面上的投影称为左视图。

四、正投影的基本性质

由上述三面正投影得到的三个投影视图及其基本特点可知，正投影具有以下基本性质：

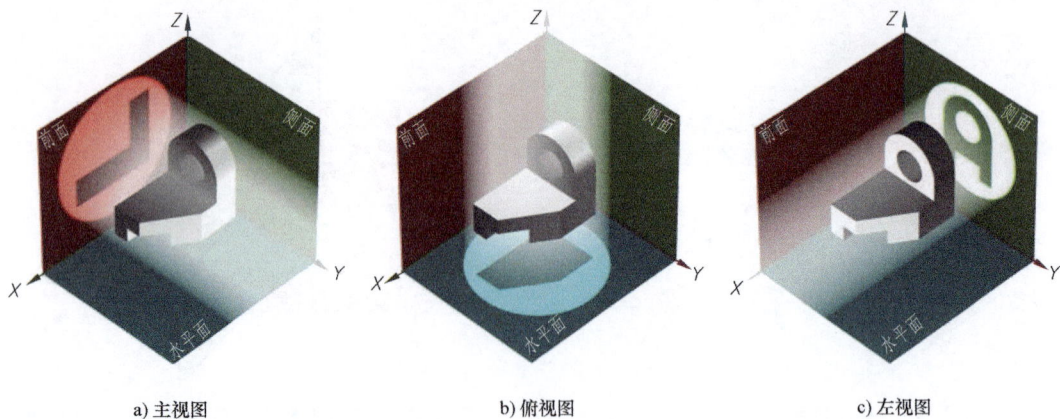

a) 主视图　　　　　　b) 俯视图　　　　　　c) 左视图

图 1.33　投射线束正

（1）实形性　物体上平行于投影面的平面（P），其投影反映实形；平行于投影面的直线（AB），其投影反映实长，如图 1.34a 所示。

（2）积聚性　物体上垂直于投影面的平面（Q），其投影积聚成一条直线；垂直于投影面的直线（CD），其投影积聚成一点，如图 1.34b 所示。

（3）类似性　物体上与投影面倾斜的平面（R），其投影是原图形的类似形（类似形是指两图形相应线段间保持定比关系，即边数、平行关系、凸凹关系不变）；倾斜于投影面的直线（EF）的投影比实长短，如图 1.34c 所示。

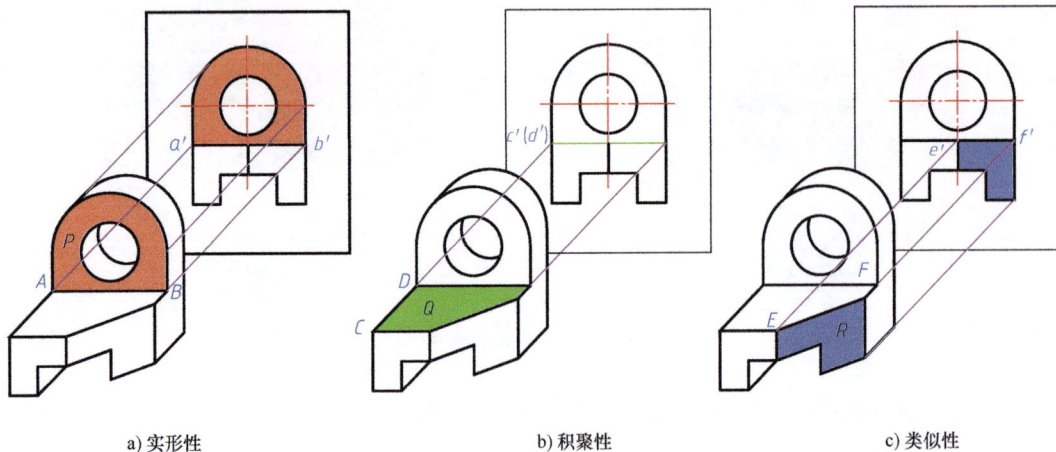

a) 实形性　　　　　　b) 积聚性　　　　　　c) 类似性

图 1.34　正投影的基本性质

此外，正投影还有：平行性，即空间相互平行线段的投影仍然相互平行；定比性，即空间平行线段的长度比在投影中保持不变；从属性，即几何元素的从属关系在投影中不会发生改变，如属于其直线的点的投影必属于该直线的投影，属于某平面的点和线的投影必属于该平面的投影等性质。

第六节 三视图的产生

三视图的产生

一、三视图的产生过程

几何体经过以上三个步骤的正投影，在三个投影面上产生三个投影。为了将三个投影视图画在一张图纸上，须将三个投影面展开到一个平面上（图 1.35）。三视图的投影关系如图 1.36 所示。

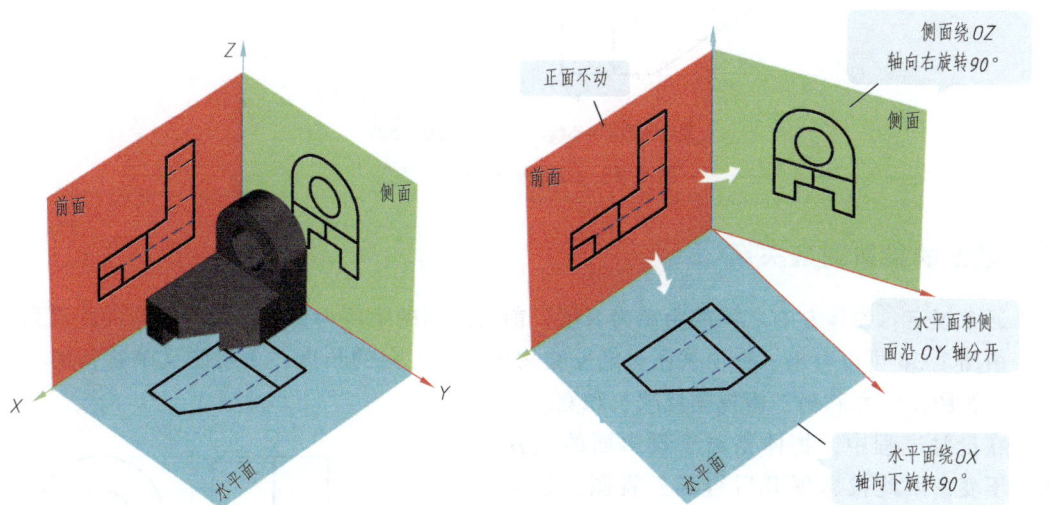

a) 三面投影体系中的三个投影

b) 旋转

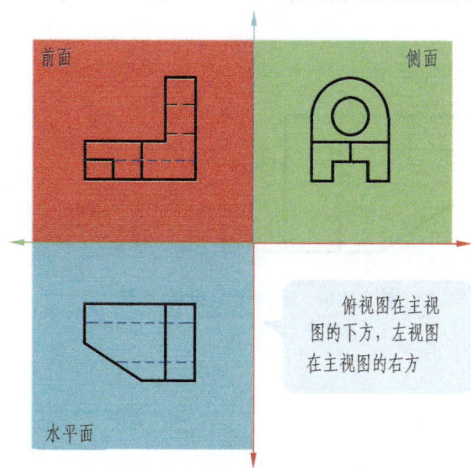

c) 视图间的位置关系

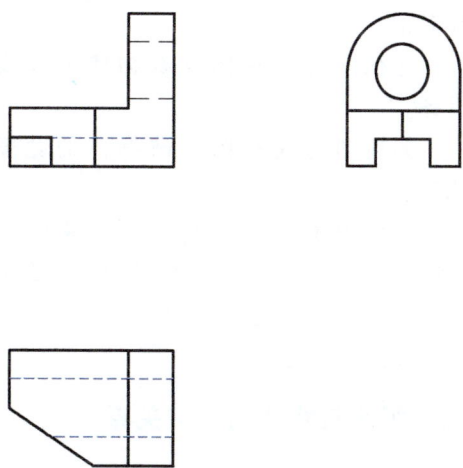

d) 去掉投影面和边框

图 1.35 三视图的展开

1

CHAPTER

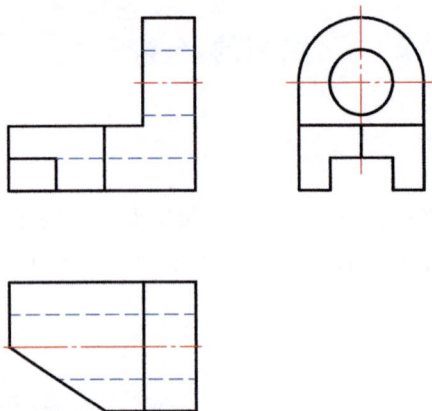

e) 规范视图加中心线，最终得到完整三视图

图 1.35　三视图的展开（续）

二、视图的投影对应关系

通常规定：物体左右之间的距离为长度，前后之间的距离为宽度，上下之间的距离为高度。由图 1.36 可以看出，一个视图只能反映物体两个方向的长度，主视图反映物体的长和高，左视图反映宽和高，俯视图反映长和宽。

在投射过程中，物体相对于投影面的位置始终不变，因此投影展开后得到三视图，且遵循以下三条投影规律：

💡 主视图与俯视图反映物体的长度——长对正。

主视图与左视图反映物体的高度——高平齐。

俯视图与左视图反映物体的宽度——宽相等。

投射物体上的任何点、线、面时，都遵循"长对正、高平齐、宽相等"的投影规律，即"三等规律"，它是三视图的重要特性，也是作图与读图的依据。

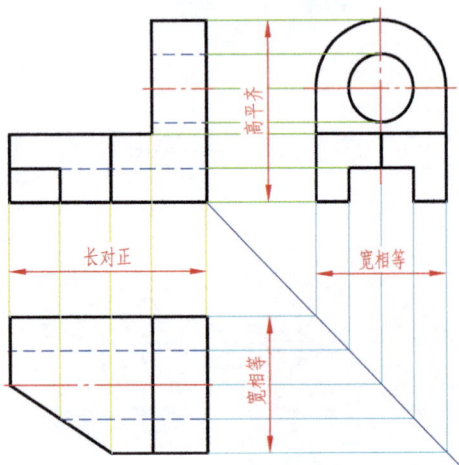

图 1.36　三视图的投影关系

三、视图与物体的对应关系

💡 主视图反映物体前面（及其向后延续）的形状特点，反映物体上、下、左、右的相对位置关系；俯视图反映物体上面（及其向下延续）的形状特点，反映物体前、后、左、右的相对位置关系；左视图反映物体左面（及其向右延续）的形状特点，反映物体上、下、

前、后的相对位置关系，如图 1.37 所示。

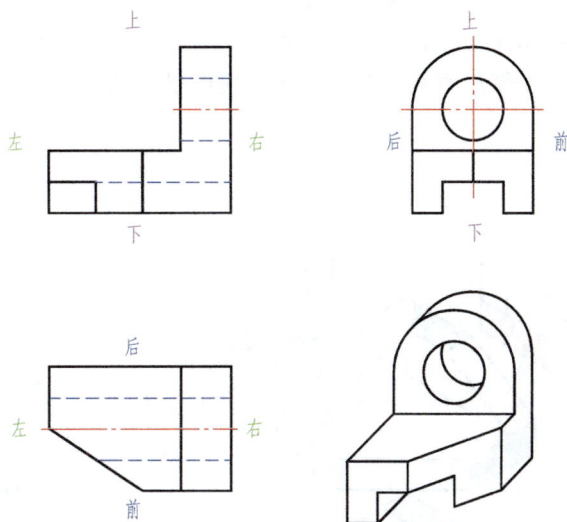

图 1.37 三视图的方位关系

四、正投影体系内的特殊面和线

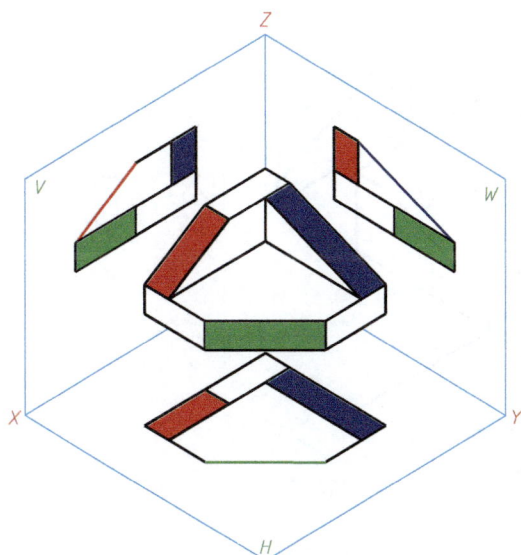

1. 投影面垂直面、平行面

只垂直于一个投影面的平面称为投影面垂直面，根据所垂直的平面不同，分别叫作正垂面、铅垂面、侧垂面（图 1.38），其投影特性为：

1）在所垂直的投影面上的投影积聚成直线；该投影与投影轴的夹角，分别反映平面与相应投影面的夹角。

2）在另外两个投影面上的投影具有类似性，面积缩小。

注意：本部分为了表达清晰，省略了图中的虚线和中心线等。

正投影体系内的
特殊面和线

红色—正垂面

蓝色—侧垂面

绿色—铅垂面

图 1.38 投影面垂直面

平行于一个投影面的平面称为投影面平行面，根据所平行的平面不同，分别叫作正平面、水平面、侧平面（图1.39），其投影特性为：

1）在其所平行的投影面上，投影反映实形。

2）其另外两个投影积聚成直线，且平行于相应的投影轴。

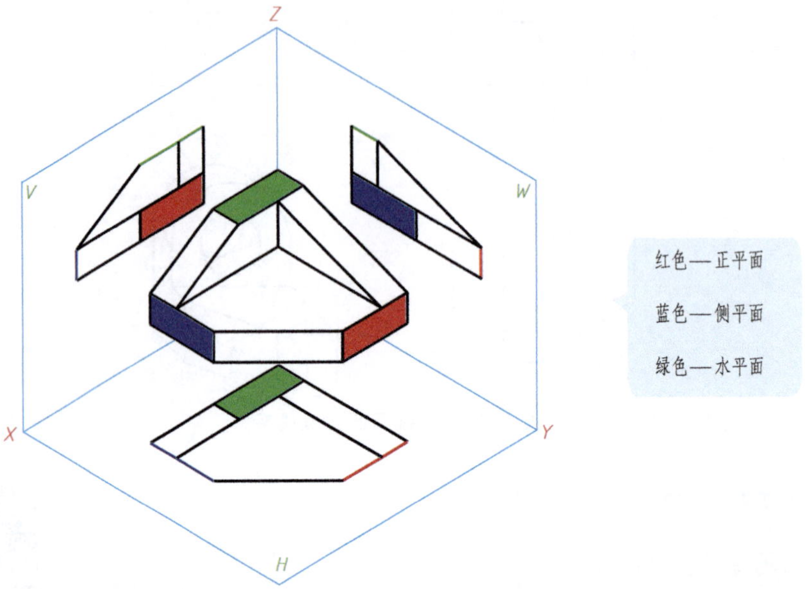

红色——正平面

蓝色——侧平面

绿色——水平面

图 1.39 投影面平行面

2. 投影面平行线、垂直线

平行于某个投影面，倾斜于另外两个投影面的直线，称为投影面平行线。根据所平行的平面不同，分别叫作正平线、水平线、侧平线（图1.40），其投影特性为：

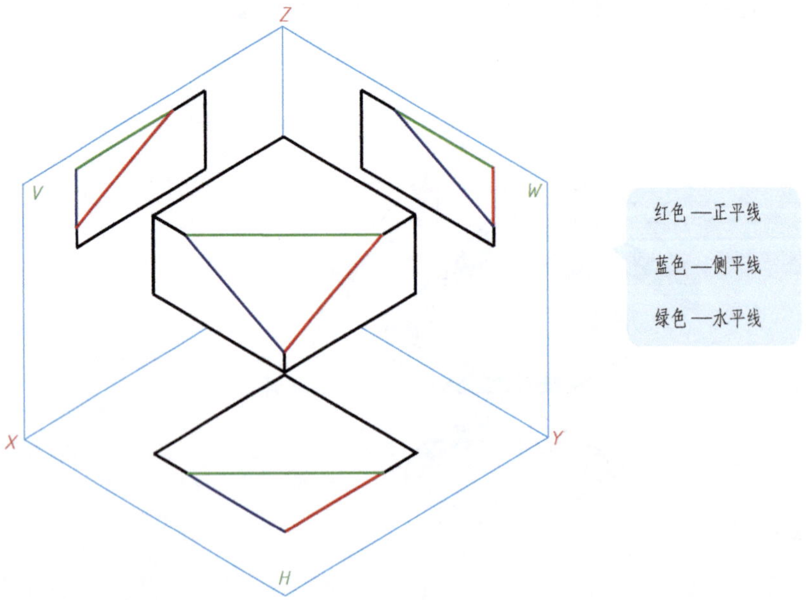

红色——正平线

蓝色——侧平线

绿色——水平线

图 1.40 投影面平行线

1）在其所平行的投影面上的投影为斜线，反映实长。

2）其另外两个投影为横线或竖线，比实长短。

垂直于某个投影面，且平行于另外两个投影面的直线，称为投影面垂直线。根据所垂直的平面不同，分别叫作正垂线、铅垂线、侧垂线（图 1.41），其投影特性为：

1）在其所垂直的投影面上的投影积聚成一点。

2）在其他两个投影面上的投影为平行或垂直于投影轴的横线或竖线，反映实长。

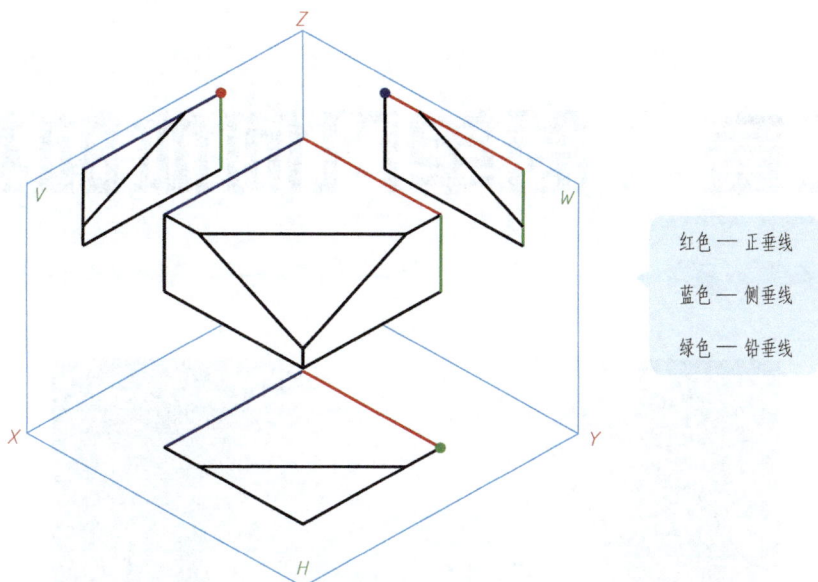

红色 — 正垂线

蓝色 — 侧垂线

绿色 — 铅垂线

图 1.41　投影面垂直线

以上分析的特殊面、线的投影，其投影特性符合正投影的基本性质。我们作这样的分析是为了研究零件特征面的投影特性，为将来绘制零件图样打下基础。而零件上点和点集合的投影，需要根据投影关系和投影的基本性质，以特殊面、线为载体才能得到。

立体是由面、线、点组成的，面由点、线组成，线由点组成，因此可以这样认为：体是面、线、点的载体，面是线、点的载体，线是点的载体。可以利用特殊的面、线作为载体来分析零件特征点的投影。

1

CHAPTER

第二章　简单几何体的投影

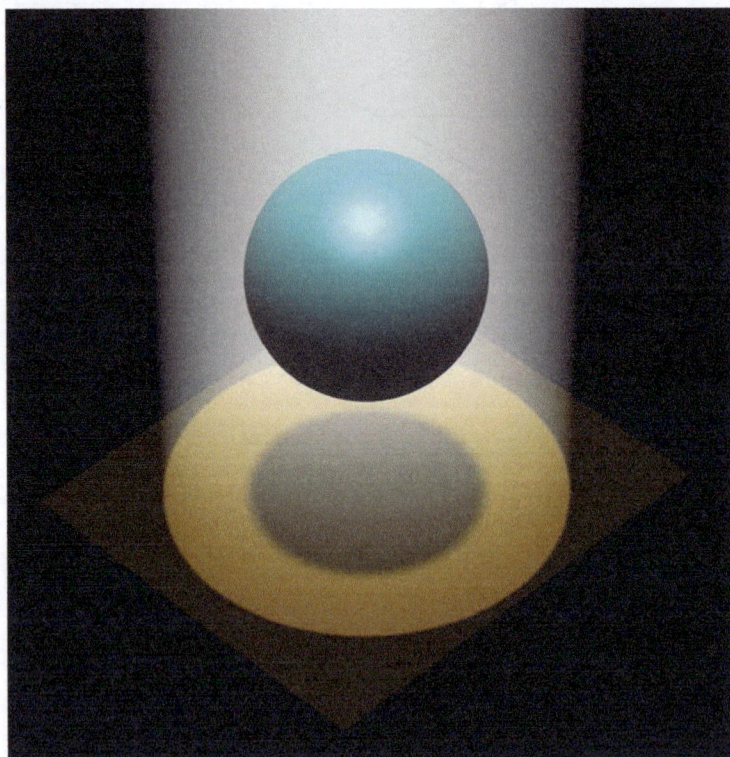

　　生产实际中使用的机械零件，虽然形状多种多样，但一般都可以看成是由一些简单的基本体按照某种方式组合而成的，如棱柱、棱锥、圆柱、圆锥、圆球等。因此，本章首先介绍了基本体的表示方法，立体表面上点、线的投影和作图方法，在此基础上进一步研究立体表面交线的画法。

　　本章要求学生掌握平面立体、回转体的投影特性和作图方法，以及在立体表面上取点、取线的方法；能分析平面与平面立体、平面与回转体截交线的性质，掌握求截交线的方法；学会利用回转体的投影积聚性求回转体相贯线；了解影响相贯线的因素和相贯线的特殊情况。

第一节　基本体的投影及其表面上的点和线

　　根据立体表面的几何性质，可将其分为平面立体和曲面立体。表面都是平面的立体称为平面立体，如棱柱、棱锥等；表面是曲面或曲面和平面的立体，称为曲面立体。若曲面立体的表面是回转曲面，则称其为回转体，如圆柱、圆锥、圆球、圆环等。

求作基本体
表面点的投影

一、平面立体

　　平面立体的表面是若干个多边形，其面与面的交线称为棱线，棱线与棱线的交点称为顶点。绘制平面立体的投影，可归结为绘制其所有多边形表面的投影，也就是绘制其所有棱线及顶点的投影，然后判别它们的可见性，将可见棱线的投影画成粗实线，不可见棱线的投影画成细虚线；当粗实线与细虚线重合时，应画粗实线。

1. 棱柱

　　（1）棱柱的投影　如图 2.1a 所示的正六棱柱，其上、下底面均为水平面；六个侧棱面中，前后两个为正平面，其余四个为铅垂面。

　　棱柱的投影，其中一个视图为多边形，另外两个视图为矩形或矩形组合，如图 2.1b 所示。

　　思考：如果一个投影为多边形，对应视图为矩形或矩形组合，且投影关系正确，能否推断此视图表达的形体为棱柱呢？

　　（2）棱柱表面上取点　在平面立体表面上取点，其原理和方法与在平面上取点相同。如图 2.1b 所示，正六棱柱的各个表面都处于特殊位置，因此，在表面上取点时可利用积聚性原理作图。例如，已知正六棱柱表面上点 M 的正面投影 m'，其他两个投影 m、m'' 的求法如下：

　　1）点 M 在棱面 $ABCD$ 上，点 m 必在线 $a(d)$　$b(c)$ 上。由点的投影规律，根据 m 和 m' 即可求出 m''，m'' 可见。

　　2）先画基准，确定各视图的位置，再画俯视图。

2 CHAPTER

3）按长对正的投影关系及正六棱柱高度实长画主视图。

4）按高平齐、宽相等的投影关系画左视图。作宽相等时可直接量取相等的距离；也可添加 45°辅助线作图。

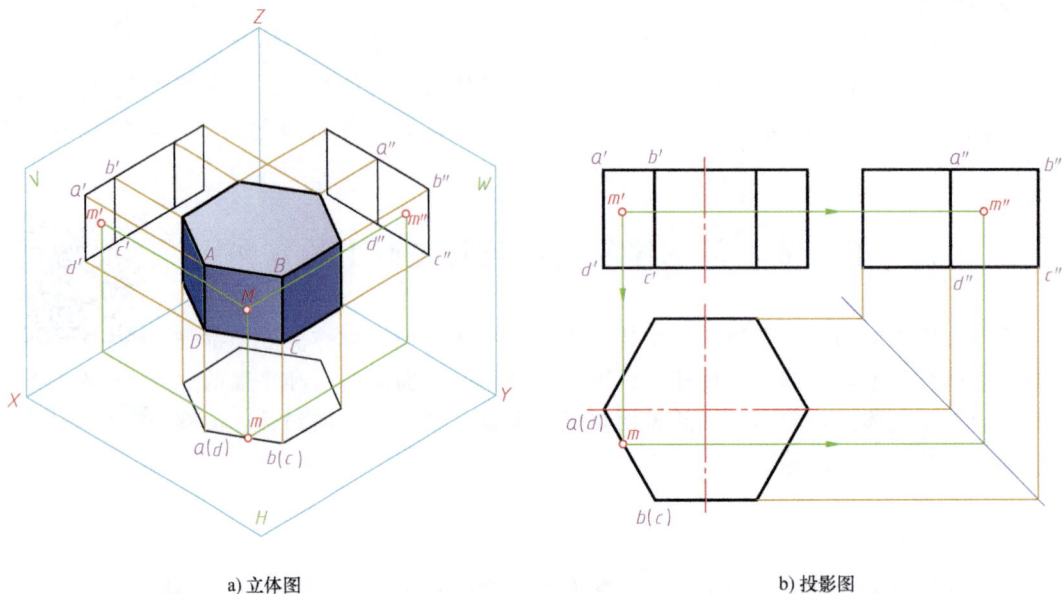

a) 立体图　　　　　　　　　　　　　　　　　b) 投影图

图 2.1　正六棱柱的投影

2. 棱锥

（1）**棱锥的投影**　图 2.2 所示为一正三棱锥的立体图和投影图。锥顶为点 S，底面为 $\triangle ABC$，呈水平位置，底面的水平投影 $\triangle abc$ 反映实形。棱面 $\triangle SAB$、$\triangle SBC$ 为一般位置平面，它们的各个投影均为类似形。棱面 $\triangle SAC$ 为侧垂面，其侧面投影积聚为一条直线，其他两个投影为类似形。底边 AB、BC 为水平线，AC 为侧垂线，棱线 SB 为侧平线，SA、SC 为一般位置直线。它们的投影可根据其不同位置直线的投影性质进行分析。

作正三棱锥投影的具体步骤如下：

1）作出三棱锥底面 $\triangle ABC$ 的各个投影。

2）作出锥顶 S 的各个投影。

3）连接棱线 SA、SB、SC，即得正三棱锥的投影。

棱锥的投影，其中一个视图外轮廓为多边形，内部为三角形对顶组合；另外两个视图为三角形或三角形的组合，如图 2.2b 所示。

思考：如果投影外轮廓为多边形，内部为三角形对顶组合，另外两个视图为三角形或三角形的组合，且投影关系正确，能否推断此视图表达的形体为棱锥呢？

（2）**棱锥表面上取点**　如图 2.3a 所示，已知正三棱锥 $SABC$ 表面上点 M 的正面投影

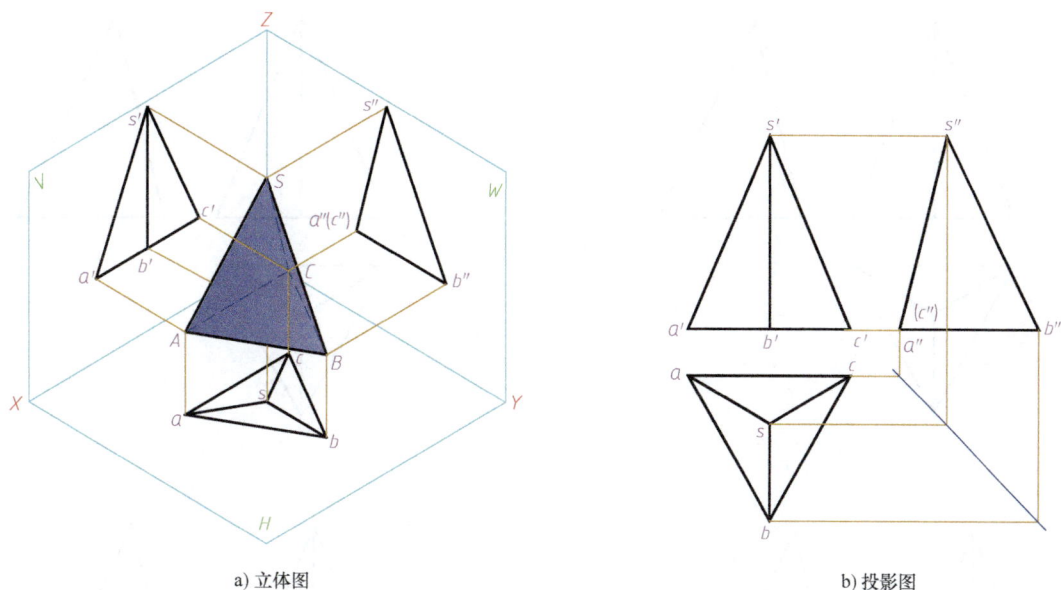

a) 立体图　　　　　　　　　　　　　　　　b) 投影图

图 2.2　正三棱锥的投影

m'，点 N 的水平投影 n，求点 M、N 在其余两投影面上的投影。

如图 2.3b 所示，根据点 N 的水平投影 n 的位置及可见性，可知点 N 在正三棱锥 $SABC$ 的侧面 SAC 上，且平面 SAC 的侧面投影有积聚性，可利用积聚性求出 n''，再由 n 和 n'' 求出 n'。由于点 N 所属棱面 $\triangle SAC$ 的 V 面投影不可见，因此 n' 不可见。

如图 2.3c 所示，由于点 M 所在的平面 $\triangle SAB$ 是一般位置平面，其三面投影均没有积聚性，因此，要求点 M 的其他投影，可利用点在平面上投影的性质，用辅助线法作图。在 $\triangle SAB$ 平面上，连接锥顶 S 与点 M 并延长交 AB 于点 D，即作辅助线 SD，具体步骤如下：

1）连接线段 $s'm'$ 并延长交 $a'b'$ 于点 d'，过点 d' 向下作铅垂线与 ab 相交得点 d，连接 sd；过点 m' 作铅垂投影线与 sd 交于一点，该点即为点 M 的水平投影 m。

2）根据点 d、d' 求出点 d''，连接 $s''d''$，即为直线 SD 的侧面投影；过点 m' 作水平线与 $s''d''$ 相交，即得点 M 的侧面投影 m''。

还可如图 2.3d 所示，用另一种作辅助线求解的方法，具体步骤读者可自己分析。

二、曲面立体

工程上常见的曲面立体是回转体，它由回转面或回转面与平面组成。回转面是由一根动线（曲线或直线）绕一固定轴线旋转一周所形成的曲面，该动线称为母线，母线在回转面上的任意位置称为素线。母线上的各点绕轴线旋转时，形成回转面上垂直于轴线的纬圆。最基本的回转体有圆柱、圆锥、圆球、圆环等。

在画回转体的投影图时，除了画出回转体的轮廓线和转折点的投影以外，还要画出转向轮廓线。例如，图 2.4 中所示的球面的水平投影，是球面上水平大圆的水平投影，这个水平大圆是可见的上半球面与不可见的下半球面的分界线，因此，这个水平大圆的水平投影是球面水平投影的轮廓线。

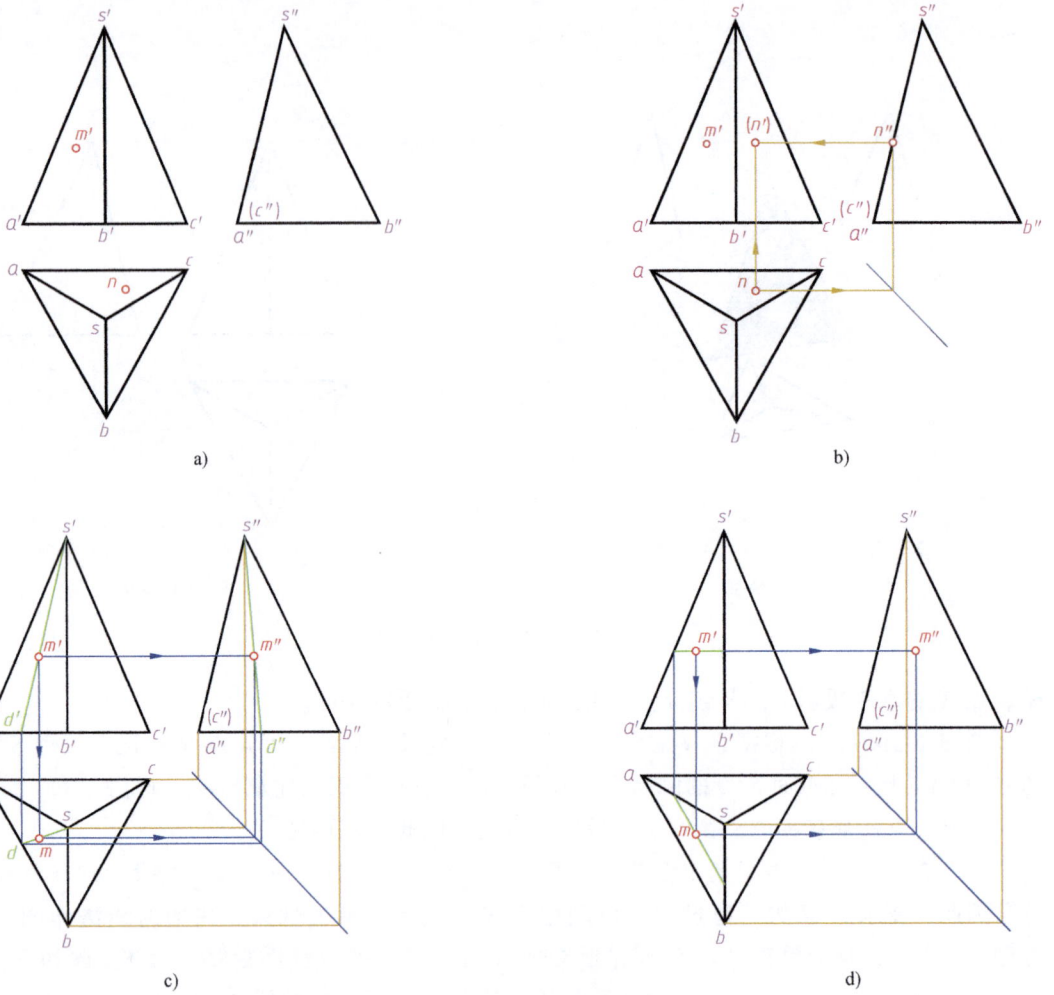

a)

b)

c)

d)

图2.3 正三棱锥表面取点

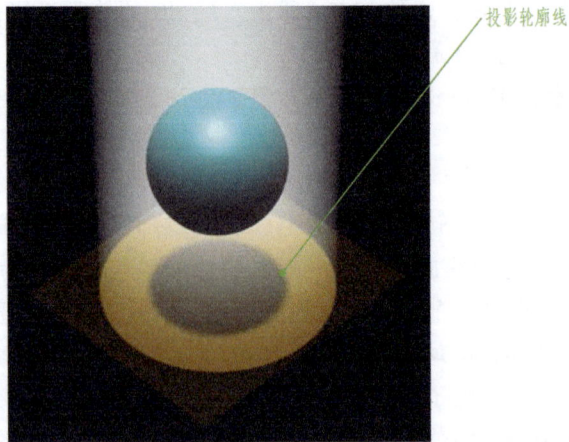

投影轮廓线

图2.4 球的水平投影轮廓线

画回转体的投影图时，应在投影图中用点画线画出轴线的投影和圆的中心线。

1. 圆柱

圆柱表面是由圆柱面和顶圆、底圆组成的。圆柱面是一条母线绕与其平行的轴线回转而成的，如图 2.5a 所示。

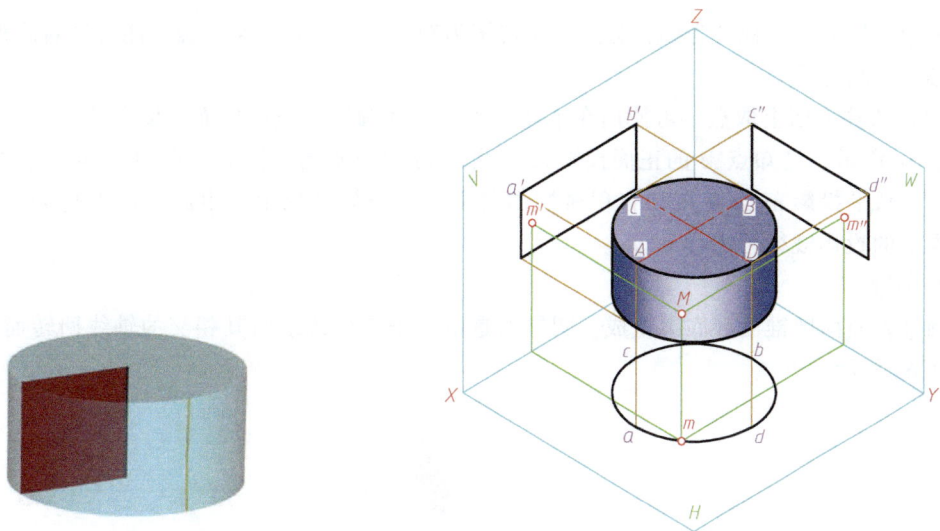

a) 圆柱图

b) 立体图

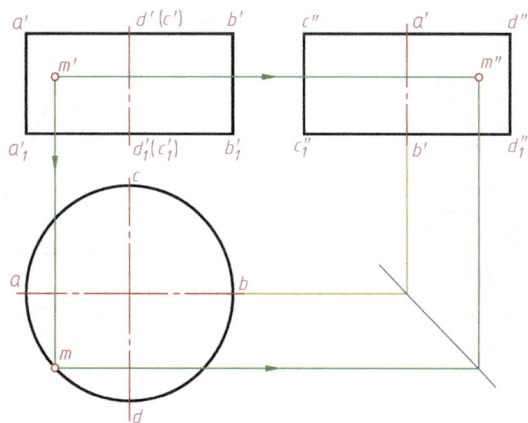

c) 投影图

图 2.5 圆柱的投影

（1）圆柱的投影 圆柱的轴线垂直于面 H，其上下底圆为水平面，在水平投影中反映实形，正面和侧面投影为一直线，如图 2.5b 所示。

圆柱面的水平投影具有积聚性，投影为一圆；在正面和侧面投影上分别画出圆柱正面投影的转向轮廓线和侧面投影的转向轮廓线，其中正面投影上为最左、最右两条素线的投影 $a'a_1'$、$b'b_1'$；在侧面投影上为最前、最后两条素线的投影 $c''c_1''$、$d''d_1''$。作图时可先画出水平投影的圆，再画出其他两个投影，结果如图 2.5c 所示。

圆柱的投影，其中一个视图为圆，另外两个视图为全等矩形，如图 2.5c 所示。

思考：如果一个视图为圆，另外两个视图为矩形，且投影关系正确，能否推断此视图表达的形体为圆柱呢？

（2）圆柱表面上取点　可使用在平面（上、下底圆）上或圆柱面上取点的方法来作图。如图 2.5c 所示，已知点 M 的正面投影 m'，由于 m' 是可见的，因此，点 M 必定在前半个圆柱面上，水平投影 m 必定在具有积聚性的前半水平投影圆周上，由此可以求得 m。由 m、m' 根据点的投影规律可求得 m''。

2. 圆锥

圆锥表面由圆锥面和底圆组成。圆锥面是由一条直母线绕与其相交的轴线回转而成的，如图 2.6a 所示。

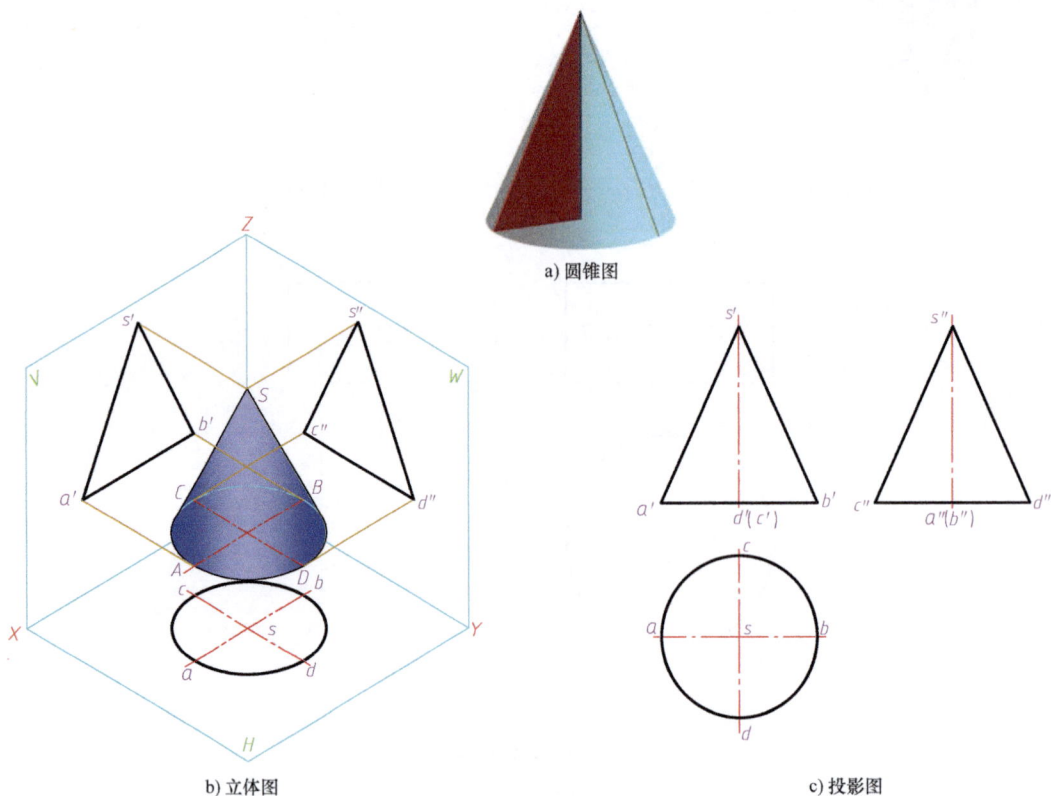

a) 圆锥图

b) 立体图

c) 投影图

图 2.6　圆锥的投影

（1）圆锥的投影　图 2.6b 所示为一轴线垂直于水平面的圆锥。底面为水平面，因此，其水平投影反映实形（圆），正面和侧面投影积聚成一直线。对圆锥面要分别画出决定其投影范围的外形轮廓线，其中最左面的素线 SA、最右面的素线 SB 为圆锥面前后可见和不可见部分的分界线，即前半圆锥面可见，后半圆锥面不可见；在侧面投影中，最前面的素线 SC、最后面的素线 SD 是圆锥面左右可见和不可见部分的分界线，即左半圆锥面可见，右半圆锥面不可见。

作图时，先画出轴线和对称中心的各面投影，然后画出底面圆的三面投影及锥顶的投影，最后分别画出其外形轮廓线，即完成圆锥的各面投影，如图 2.6c 所示。

圆锥的投影，其中一个视图为圆，另外两个视图为全等的等腰三角形，如图 2.6c 所示。

思考：如果一个视图为圆，另外两个视图为等腰三角形，且投影关系正确，能否推断此视图表达的形体为圆锥呢？

（2）圆锥表面上取点

1）辅助素线法，如图 2.7a 所示。

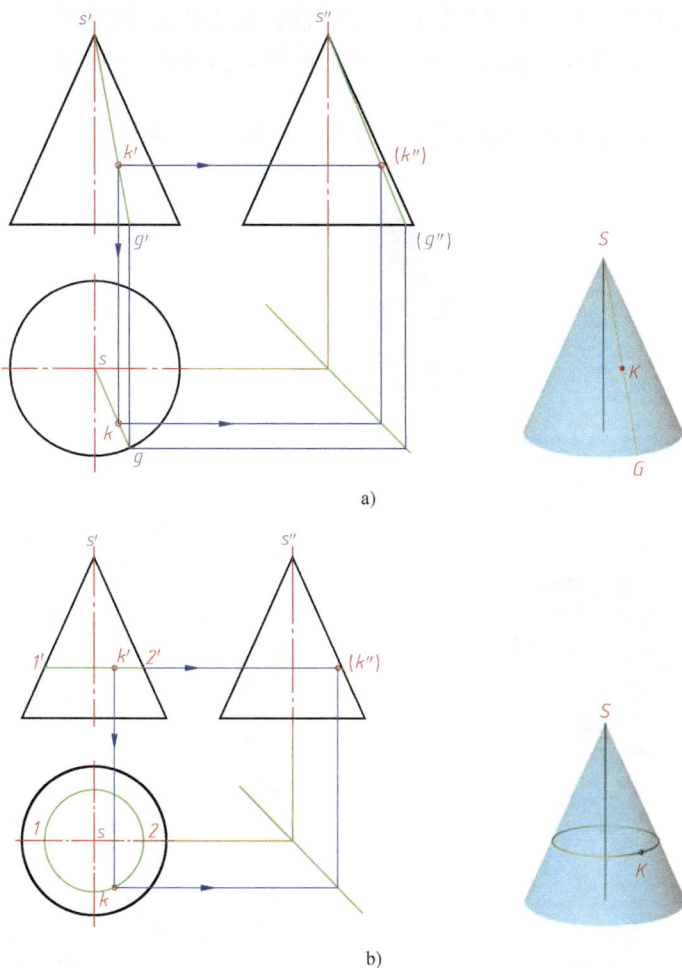

a)

b)

图 2.7 圆锥表面取点

① 过锥顶 S 与点 K 作辅助素线 SG 的三面投影。

② 根据直线上点的投影规律作出 k、k''。

③ 进行可见性判别。由 k' 的位置及可见性可知，点 K 在右前半圆锥面上，所以 k 可见，k'' 不可见。

2）纬圆法，如图 2.7b 所示。

① 过点 K 作平行于锥底的辅助圆，即在正面投影中过 k' 作一水平线 $1'2'$，则 $1'2'$ 即为辅助圆的正面投影，并反映辅助圆的直径。

② 在水平投影上，以 s 为圆心，以 $1'2'$ 为直径作圆，该圆即为辅助圆的水平投影。

③ 由正面投影和水平投影可得辅助圆的侧面投影。

④ 点 K 在辅助圆上，可根据辅助圆的三面投影求出点 K 的另两个投影 k、k''。

3. 圆球

圆球由球面围成。球面是以半圆为母线，绕直径回转一周所形成的回转面，如图 2.8a 所示。

（1）圆球的投影　如图 2.8b 所示，圆球的各面投影均为与其直径相同的圆，但各个投影面上的圆是不同大圆的投影，正面投影的圆是平行于正投影面的最大圆的投影，水平投影和侧面投影的圆分别是平行于水平投影面和侧面投影面的最大圆的投影。作图时，首先确定球心的三个投影，然后再以三个球心投影为圆心画出与圆球等直径的圆。

💡 圆球在任何方向上的投影均为等径圆，如图 2.8c 所示。

a) 圆球

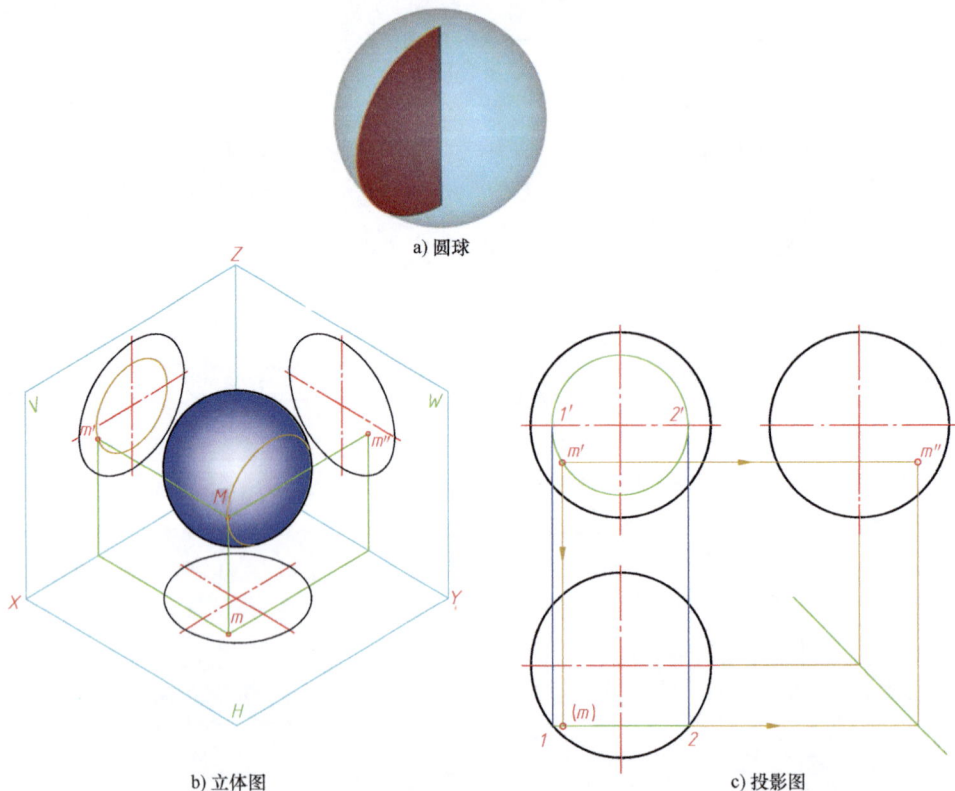

b) 立体图

c) 投影图

图 2.8　圆球的投影及表面取点

思考：如果两个不同投射方向的视图中有两个圆（或两段圆弧），且投影关系正确，能否推断此视图表达的形体为圆球呢？

（2）圆球面上取点 由于圆球面是回转面，在圆球面上求点的投影时，须过该点在圆球面上作一平行于任一投影面的辅助纬圆，然后在该纬圆的投影上取点。如图 2.8c 所示，已知圆球面上点 M 的水平投影，作出正面投影 m' 和侧面投影 m''。具体步骤如下：

1）过点 M 作平行于 V 面的辅助纬圆，水平投影为线 12，正面投影是以 $1'2'$ 为直径的圆，m' 必在该圆上。

2）由 m 作出 m'，再由 m、m' 求出 m''。

3）点 M 是在前、左半球上，因此，正面投影 m' 和侧面投影 m'' 都可见。

也可通过作平行于 H 面或 W 面的辅助纬圆来求 m'、m''，读者可自行分析。

4. 圆环

圆环由环面围成。环面由圆绕圆平面上圆外的直线旋转而成，如图 2.9a 所示。

（1）圆环的投影 画圆环的投影时，一般把圆环的轴线置于垂直于水平投影面的位置，如图 2.9b 所示。在投影图中，水平投影上画出两个同心圆，是环面在水平投影面上的最大圆和最小圆；在正面投影上，左、右两小圆是前半环面和后半环面分界处的外形轮廓线；在侧面投影上，左、右两小圆是左半环面和右半环面分界处的外形轮廓线；正面投影和侧面投影中上、下两条水平直线是内环面和外环面分界处的外形轮廓线。

圆环的投影，其中一个视图为同心圆，另外两个视图为相等半圆头形，如图 2.9b 所示。

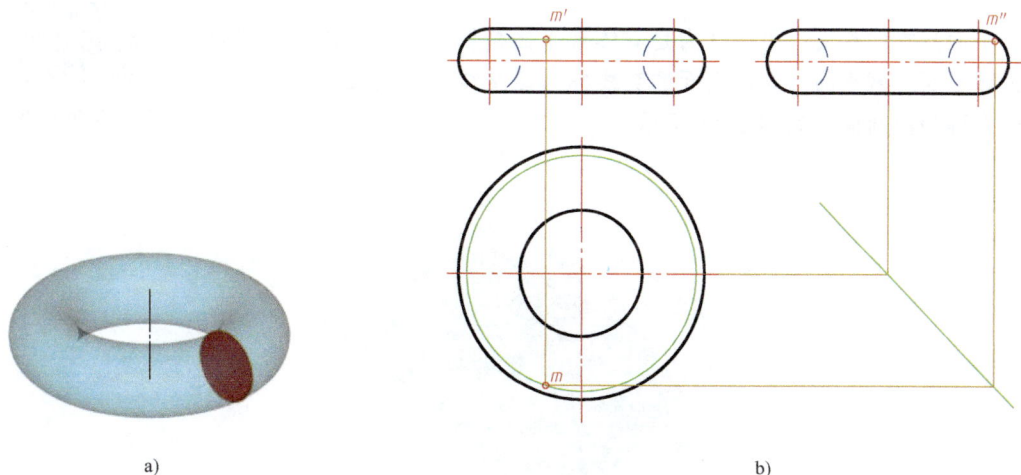

a)

b)

图 2.9 圆环的投影及表面取点

2

CHAPTER

思考：如果一个视图为同心圆，另外两个视图为半圆头形，且投影关系正确，能否推断此视图表达的形体为圆环呢？

（2）圆环面上取点 圆环面是一个回转面，在圆环面上取点时，仍采用在圆环面上作辅助圆的方法，如图2.9b所示。已知圆环面上点M的正面投影m'，求出m和m''。具体步骤如下：

1）过点M作水平辅助圆，其正面投影为一直线，水平投影为圆，点M必在该圆上。

2）由m'作出m，再由m、m'求出m''。

第二节　立体表面的交线

在机械零件表面经常出现一些交线，这些交线有些是平面与立体表面的交线——截交线，有些则是由两立体表面相交而形成的线——相贯线，如图2.10所示。为了准确表达出它们的形状，下面详细介绍立体表面截交线和相贯线的画法。

a) 截交线(一)　　　　　b) 截交线(二)　　　　　c) 相贯线

图2.10　带有交线的零件

一、平面截切平面立体

平面与立体相交，可以认为是立体被平面截切，因此，该平面通常称为截平面。截平面与立体表面的交线称为截交线，截交线所围成的平面图形称为截断面，如图2.11所示。

平面截切立体

截平面

截交线

图2.11　平面截切平面立体

截交线的一般性质如下:

1) 截交线既在截平面上, 又在立体表面上, 因此, 截交线是截平面与立体表面的共有线, 截交线上的点是截平面与立体表面的共有点。

2) 由于立体表面是封闭的, 因此, 截交线必定是封闭的线条, 截断面是封闭的平面图形。

3) 截交线的形状取决于立体表面的形状和截平面与立体的相对位置。

1. 平面立体的截交线

平面立体的截交线是一个多边形, 它的顶点是平面立体的棱线或底边与截平面的交点, 它的边是截平面与平面立体表面的交线。

【例 2.1】 如图 2.12 所示, 已知三棱锥 $S\text{-}ABC$ 和正垂的截平面 P_v, 求作截交线的三面投影。

分析: 由于 P_v 的正面投影具有积聚性, 因此, 截交线的正面投影与 P_v 重影, 只需求水平投影和侧面投影。作图步骤如下:

1) P_v 与 $s'a'$、$s'b'$、$s'c'$的交点 $1'$、$2'$、$3'$为截平面与各棱线的交点 Ⅰ、Ⅱ、Ⅲ的正面投影。

2) 根据线上取点的方法作出其水平投影 1、2、3 及侧面投影 $1''$、$2''$、$3''$。

3) 由于点 Ⅰ、Ⅱ、Ⅲ的各面投影均可见, 因此, 连接各点的同面投影即得截交线的三面投影。

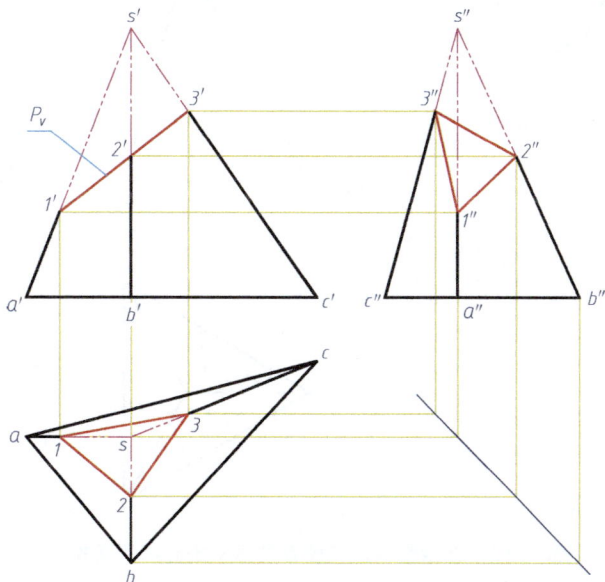

图 2.12 平面截切三棱锥

2. 平面立体的切割

在形状较为复杂的机械零件上, 经常有平面与平面立体相交而形成的具有缺口的平面立体或穿孔的平面立体。作图时, 只需逐个作出各个截平面与平面立体的截交线, 并画出截平面之间的交线, 就可以作出这些平面立体的投影图。

2

CHAPTER

【例 2.2】　图 2.13 所示为一带缺口的三棱锥，已知其正面投影，补全它的水平投影和侧面投影。

分析：缺口由水平截平面和正垂截平面组成，其正面投影有积聚性。水平截平面与三棱锥的底面平行，因此，它与 △SAB 棱面的交线 FH 必平行于底边 AB，与 △SAC 棱面的交线 GH 必平行于底边 AC，正垂截平面分别与 △SAB、△SAC 棱面交于 EF 和 EG。由于组成缺口的两个截平面都垂直于正投影面，因此，两截平面的交线 FG 一定是正垂线。然后判断各交线的可见性，最后画出这些交线的投影，即可完成缺口的水平投影和侧面投影。作图步骤如下：

绘图视频

1）由 h' 在 sa 上作出 h，然后由 h 作 hf//ab、hg//ac；再分别由 f' 和 g'，在 fh 和 gh 上作出 f、g。由 f'h' 和 fh 作出 f"h"，由 g'h' 和 gh 作出 h"g"。

2）由 e' 分别在 sa 和 s"a"上作出 e 和 e"，然后再分别与 f、g 和 f"、g"连成 ef、eg 和 e"f"、e"g"。

3）求平面 P 与平面 Q 的交线 FG。需要注意的是，组成缺口两截面交线的水平投影 fg 应连成细虚线，即完成缺口的水平投影和侧面投影。

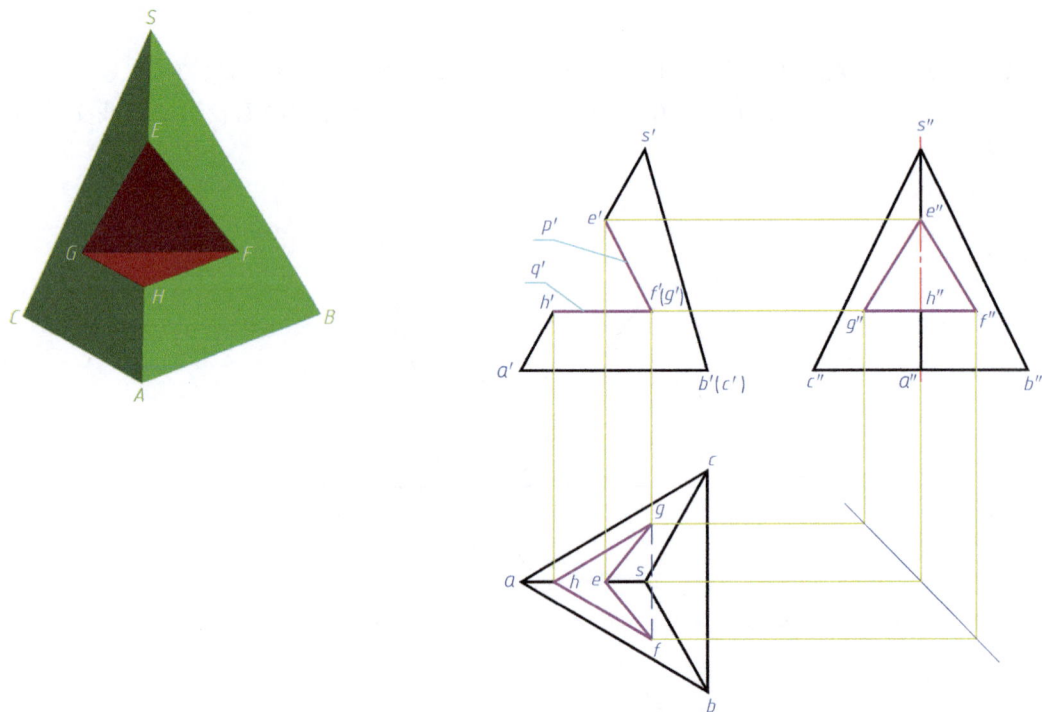

图 2.13　补全带缺口三棱锥的水平投影和侧面投影

二、平面截切回转体

平面与回转体相交的截交线是两者的共有线，一般是封闭的平面曲线，也可能是由截平面上的曲线和直线所围成的平面图形或多边形。其形状取决于回转体的几何特征，以及回转体与截平面的相对位置。当截交线是圆或直线时，可借助绘图仪器直接作出截交线的投影。

当截交线为非圆曲线时，则需要采用描点作图法。即先作出能确定截交线形状和范围的特殊点，再作出若干个一般点，判断可见性，然后将这些共有点连成光滑曲线。所谓特殊点，包括曲面投影转向轮廓线上的点，截交线在对称轴上的点，以及截交线上的最高、最低点，最左、最右点，最前、最后点等。

1. 平面与圆柱相交

平面与圆柱体表面的交线有三种情况，见表2.1。

表2.1　平面与圆柱相交的三种情况

截平面位置	垂直于轴线	倾斜于轴线	平行于轴线
截交线	圆	椭圆	矩形
立体图			
投影图			

【例2.3】　图2.14所示为圆柱被正垂面截切，求其截交线的投影。

分析：截平面与圆柱的轴线斜交，截交线为椭圆。其正面投影积聚为一条直线，水平投影则与圆柱面的投影积聚，故只需求其侧面投影。作图步骤如下：

1）作出完整圆柱的侧面投影。

2）作特殊点的投影。点1′、5′、3′、7′分别为椭圆长、短轴的端点及上下、前后的极限位置点，同时也是圆柱轮廓线上的点。根据投影关系，可作出其侧面投影1″、5″、3″、7″及水平投影1、5、3、7。

3）作一般点。在正面投影上定出一般点的位置，如点4′（6′）和点2′（8′），其水平投影4、

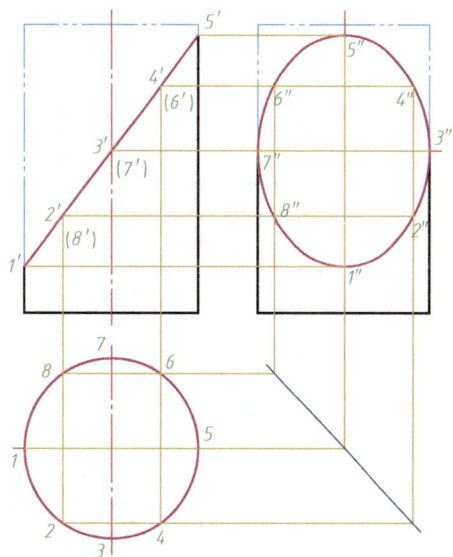

图2.14　补画开方槽圆柱的投影

45

6 和 2、8 应在圆柱面积聚性投影圆周上,再根据投影关系求出其侧面投影 4″、6″ 和 2″、8″。

4)连线。在侧面投影上依次光滑连接各点,由于截交线的侧面投影可见,采用粗实线连接,就得到了截交线的投影。

思考:截平面与圆柱轴线斜交,截交线随截平面与圆柱轴线夹角 β 的变化而变化,当 $\beta=45°$ 时,截交线的侧面投影是圆还是椭圆?为什么?

【例 2.4】 如图 2.15b 所示,已知圆柱上方开一方槽后的正面投影和水平投影,试求作其侧面投影。

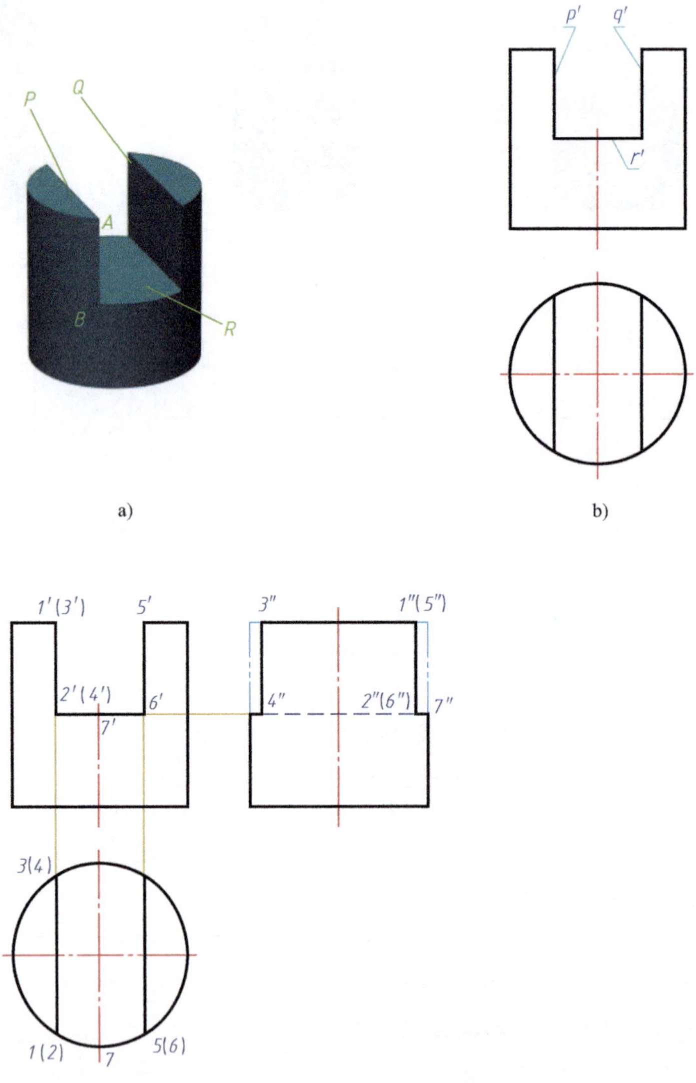

绘图视频

图 2.15 补画开方槽圆柱的投影

分析:被两个或两个以上平面截切的回转体的投影图的作图方法,是逐个分析和绘制其截交线。从图 2.15a 中可以看出，方槽口是被两个侧平面 P、Q 和一个水平面 R 截切而成的。前者与圆柱面的交线为直线，后者与圆柱面的交线是水平圆弧。作图步骤（图 2.15c）如下：

1）先画出整个圆柱的侧面投影。

2）按投影关系，先求平面 P 与圆柱面截交线的侧面投影 1″2″ 和 3″4″，再求平面 R 与圆柱截交线的侧面投影 2″(6″)7″。

3）补画截平面之间交线的投影，其侧面投影不可见，应画成细虚线。

4）整理轮廓线并加深。圆柱侧面轮廓线在点 7 以上就被切掉不应再画出。加深所有可见轮廓线，完成作图。

2. 平面与圆锥相交

平面与圆锥表面的交线常见的有五种情况，见表 2.2。

表 2.2　平面与圆锥相交常见的情况

截平面位置	通过锥顶	垂直于轴线	倾斜于轴线且 $\alpha > \phi$	倾斜于轴线且 $\alpha = \phi$	平行于轴线
截交线	等腰三角形	圆	椭圆	抛物线加直线段	双曲线加直线段
立体图					
投影图	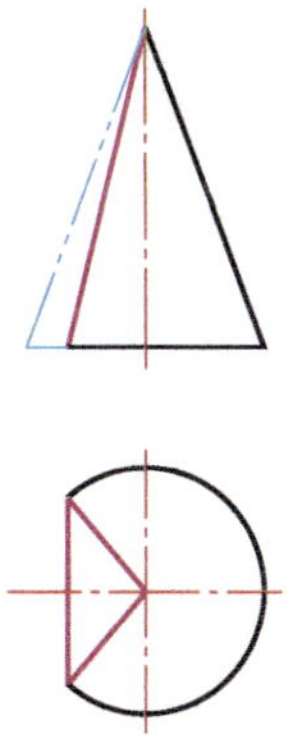	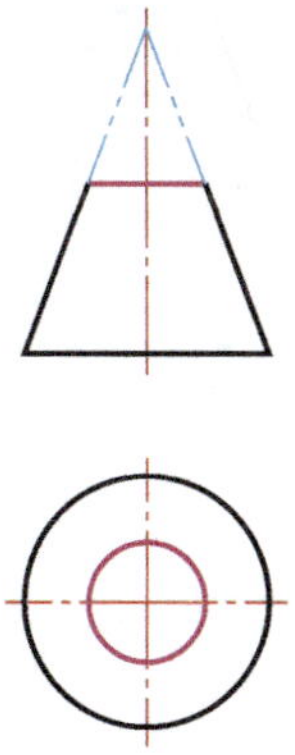	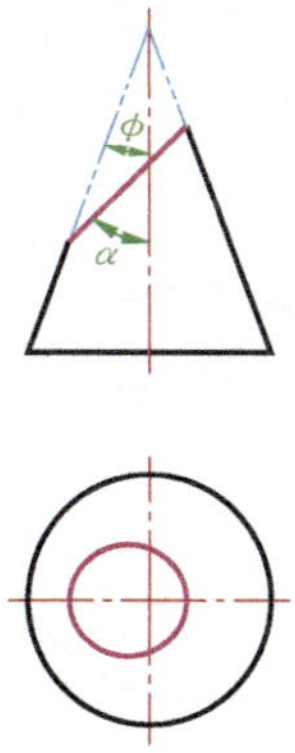	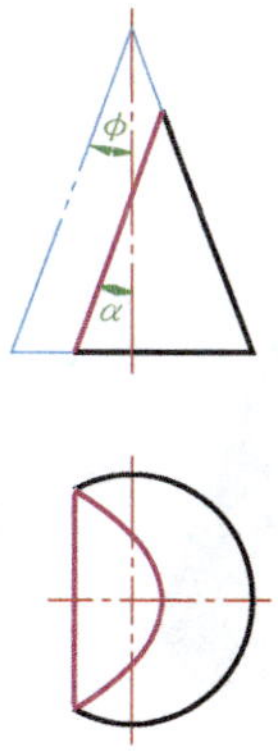	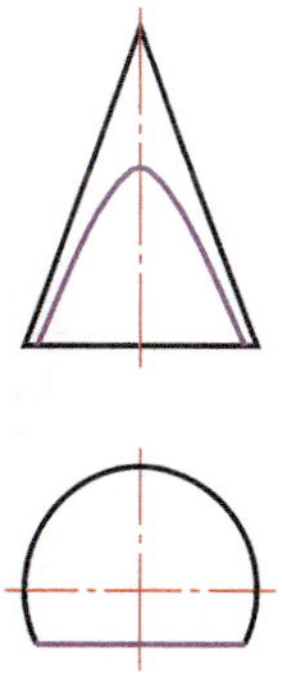

【例 2.5】　求作圆锥被正平面截切的截交线，如图 2.16a 所示。

分析：截平面为不过锥顶但平行于圆锥轴线的正平面，其截交线是双曲线和直线围成的平面图形。截交线的水平投影和侧面投影都积聚为直线，只需求出正面投影，正面投影反映双曲线实形。作图步骤如下：

1）求特殊点。点 Ⅲ 为最高点，位于最前素线上；点 Ⅰ、Ⅱ 为最低点，位于底圆上。可由其水平投影 3、1、5 及侧面投影 3″、1″、5″，求得正面投影 3′、1′、5′。

2）求一般点。在截交线已知的侧面投影上适当取两点的投影 2″、4″，然后采用辅助圆法在圆锥表面上取点，求得其水平投影 2、4 和正面投影 2′、4′。

　　3）光滑连接各点。

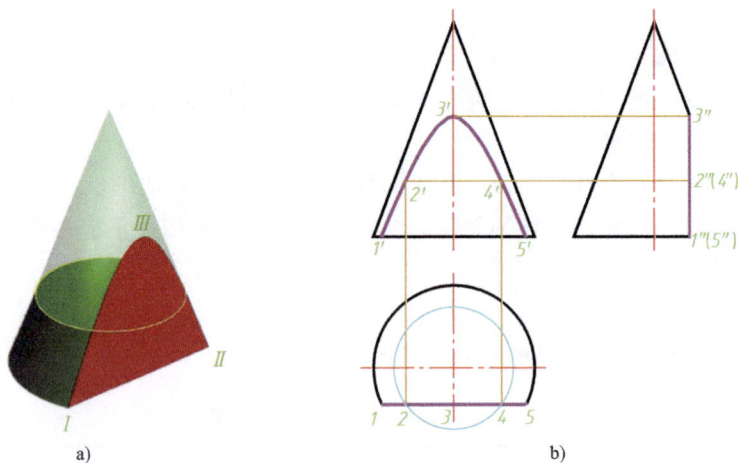

图 2.16　正平面截切圆锥

　　【例 2.6】　如图 2.17 所示，圆锥被正垂面截去左上端，截切掉的圆锥用双点画线画出，作截交线的水平投影和侧面投影。

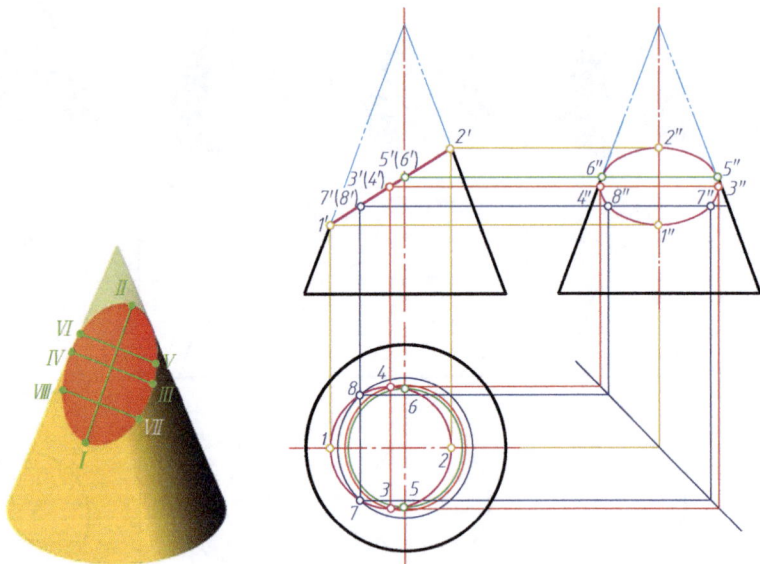

绘图视频

图 2.17　正垂面截切圆锥

　　分析：因为截平面倾斜于圆锥的投影轴，由表 2.2 可知，截交线是椭圆，其正面投影积聚成一直线。同时，由于圆锥前后对称，因此正垂面与它的截交线也是前后对称的，断面椭圆的长轴是截平面与圆锥的前后对称面的交线，端点在最左、最右素线上；而短轴则是通过长轴中点的正垂线。作图步骤如下：

　　1）求特殊点。点 Ⅰ 和点 Ⅱ 既是截交线的最左和最右点，又是最低和最高点，由 1′、2′可作出 1、2 和 1″、2″。1′2′的中点 3′（4′）也是椭圆最前和最后点的正面投影，过 3′、4′作

2

CHAPTER

辅助水平圆，再作出该圆的水平投影，采用表面取点的方法，即可求得 3、4 和 3″、4″。

2）求一般点。在各特殊点之间分别取一般点 Ⅴ、Ⅵ、Ⅶ、Ⅷ。作图时，先在正面投影上确定出 5′、6′ 和 7′、8′，再用辅助圆法求出 5、6 和 7、8，以及 5″、6″ 和 7″、8″。应注意 Ⅴ、Ⅵ 是最前和最后两条素线上的点，因此，5″、6″ 是截交线侧面投影与圆锥侧面投影外形轮廓线的切点。

3）判别可见性，然后依次光滑连接各点，即得截交线的水平投影和侧面投影。

3. 平面与圆球相交

💡圆球被平面截切，无论截平面的位置如何，其截交线均是圆。当截平面平行于投影面时，截交线在其所平行的投影面上的投影为圆，其余两面投影积聚为直线，如图 2.18 所示。当截平面倾斜于投影面时，截交线的投影为一般椭圆。

【例 2.7】　求作半球开槽后的水平投影和侧面投影，如图 2.19a 所示。

分析：半球上的槽是被两个对称的侧平面和一个水平面截切而成的。两个侧平面与球面的交线均为一段平行于侧面的圆弧，截平面为弓形，

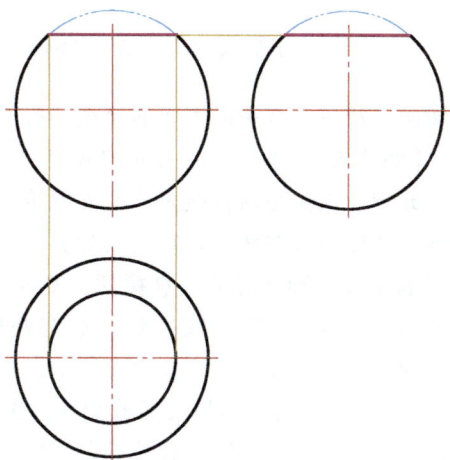

图 2.18　球面的截交线

其侧面投影反映实形。水平面与球面的交线是两段水平的圆弧，其水平投影反映实形。作图的关键是确定各段圆弧的半径。作图步骤如下：

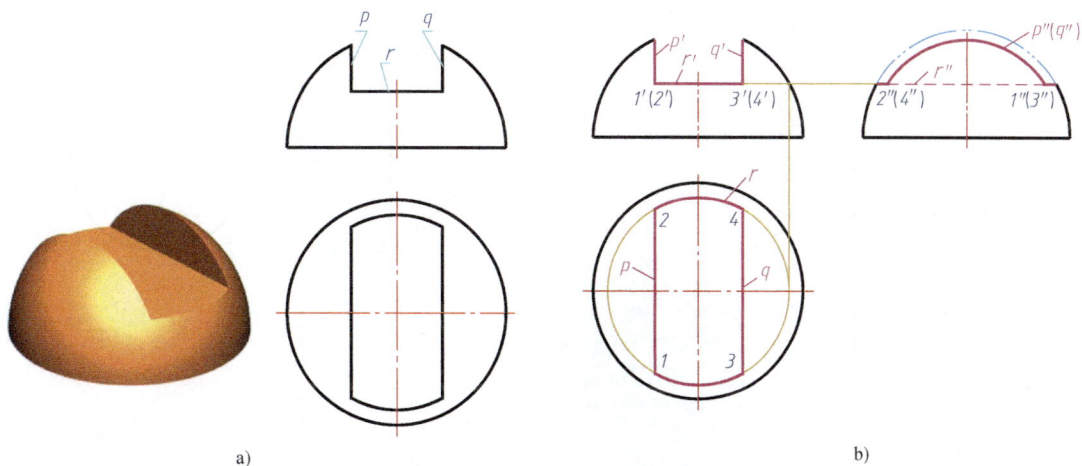

a)　　　　　　　　　　　　　　　　　b)

图 2.19　半球被平面截切

1）画出完整半球的水平投影和侧面投影。

2）作平面 P、Q 与球面的截交线。因在正面投影中平面 P、Q 分别积聚为一直线，其截交线也积聚在直线 p′、q′ 上；平面 P、Q 的侧面投影为重影圆弧 p″、q″，半径由正面投影 p′、q′ 确定。截交线的水平投影也积聚为直线，其端点 1、2、3、4 可由 1″、2″、3″、4″ 确定，

也可由水平投影截面 R 的投影确定。

3）作水平面 R 与球面的截交线。在正面投影中，水平面 R 积聚为直线 r′；水平投影为两段圆弧 $\overarc{13}$、$\overarc{24}$，其直径由正面投影 r′ 确定；侧面投影 1″3″、2″4″圆弧积聚为直线，并且是可见的，而两平面的交线 1″2″、3″4″是不可见的，画成细虚线。

4. 平面与组合回转体相交

由两个或两个以上回转体组合而成的形体称为组合回转体。

在求作平面与组合回转体截交线的投影时，可分别作出平面与组合回转体的各段回转面以及各个截平面表面的交线的投影，然后拼成所求截交线的投影。

【例 2.8】 求作顶尖头部的截交线投影，如图 2.20 所示。

分析： 顶尖是由轴线垂直于底面的圆锥和圆柱组成的同轴回转体，圆锥与圆柱的公共底圆是它们的分界线。顶尖的切口由平行于轴线的平面 P 和垂直于轴线的平面 Q 截切，平面 P 与圆锥面的交线为双曲线，与圆柱面的交线为两条直线；平面 Q 与圆柱的交线是一圆弧。平面 P、Q 彼此相交于直线段，如图 2.20a 所示。作图步骤如下：

绘图视频

1）求作平面 P 与顶尖的截交线。由于其正面投影和侧面投影有积聚性，故只需求出水平投影。首先找出圆锥与圆柱的分界线，由正面投影可知，分界点即为 1′、2′，侧面投影为 1″、2″，进而可求出 1、2。分界点左边为双曲线，其中点 1、2、3 为特殊点，点 4、5 为一般点。

2）平面 Q 的正面投影和水平投影都积聚为直线，侧面投影积聚为圆周上的一段圆弧，可直接求出。

3）判别可见性，将各点依次光滑连接并加深。

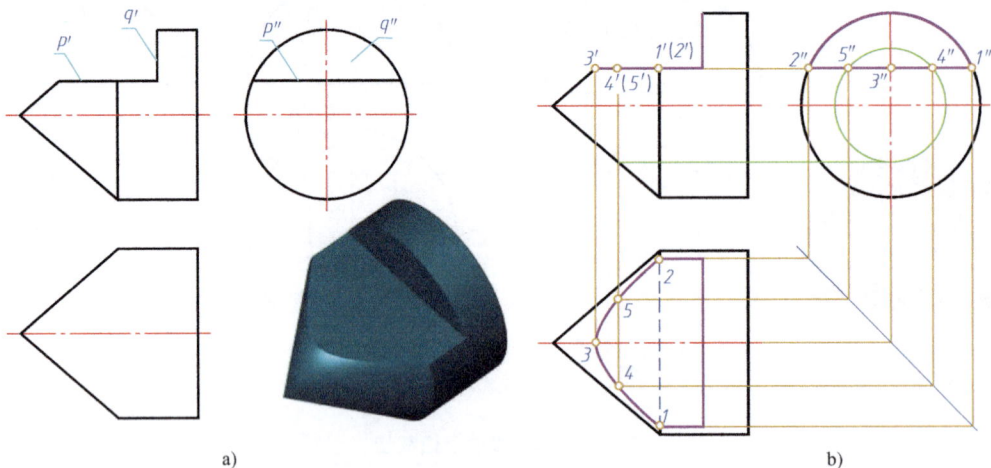

a) b)

图 2.20 顶尖头部的截交线

三、两回转体表面相交

按照立体表面的性质，两立体相交可分为两平面立体相交、平面立体与曲面立体相交和两曲面立体相交三种情况，如图 2.21 所示。两立体表面的交线称为 相贯线。

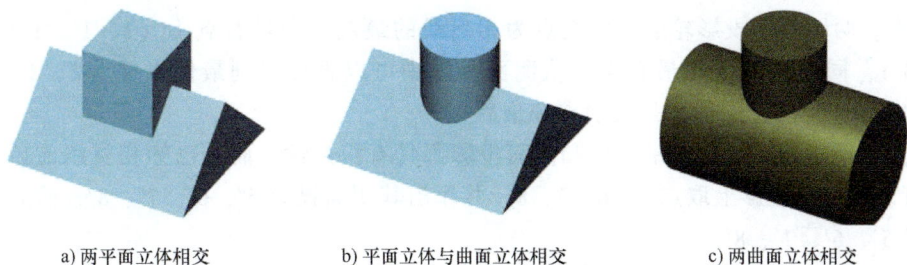

两回转体
表面相交

a) 两平面立体相交　　　　b) 平面立体与曲面立体相交　　　　c) 两曲面立体相交

图 2.21　两立体相交的种类

图 2.21a 所示立体的表面均为平面，因而平面立体与平面立体相交，其实质是平面与平面立体相交的问题；图 2.21b 所示为平面立体与曲面立体相交，其实质是平面与曲面立体相交的问题，故不再详述。本节主要论述两曲面立体中两回转体相交时相贯线的性质和作图方法。

💡相贯线的主要性质如下：

（1）共有性　相贯线是两立体表面的共有线，相贯线上的点是两立体表面的共有点。

（2）分界性　相贯线是两立体表面的分界线。

（3）封闭性　由于立体的表面是封闭的，因此，相贯线一般是封闭的空间曲线，特殊情况下为平面曲线或直线，或不封闭。

相贯线的作图方法：根据相贯线的性质，求相贯线的问题实质上是求相贯的两立体表面的共有点，再将这些点光滑地连接起来，即得相贯线。其作图方法主要有三种：积聚性法、辅助平面法、辅助球面法。

💡求相贯线的一般步骤如下：

1）分析两立体的形状、大小和相互位置，以及它们与投影面的相对位置，然后分析相贯线的性质。

2）求特殊点。特殊点就是能确定相贯线形状和范围的点，如立体转向轮廓线上的点、对称的相贯线在其对称平面上的点，以及相贯线的最高和最低点、最前和最后点、最左和最右点。

3）求一般点。为使作出的相贯线更加准确，需要在特殊点之间求出若干个一般点。

4）判别可见性。对相贯线的各投影应分别判别可见性。

5）依次光滑连接各点的同面投影，即为所求相贯线。

1. 利用积聚性法求相贯线

当两曲面立体相交，其中至少有一个为圆柱体，且其轴线垂直于某投影面时，圆柱面在该投影面上的投影为一个圆，其他投影可根据表面上取点的方法作出。

【例 2.9】　如图 2.22a 所示，求作轴线正交的两圆柱的相贯线的投影。

分析：由于两圆柱正交，因此相贯线为前后、左右均对称的空间曲线。其水平投影重影于直立圆柱的水平投影上，侧面投影重影于水平圆柱的侧面投影上，因此，只需作相贯线的正面投影。作图步骤如下：

1) 求特殊点。两圆柱面投影轮廓线的交点为相贯线的最左点和最右点 Ⅰ （1、1′、1″）和 Ⅲ （3、3′、3″），同时它们又是最高点。从侧面投影中可以直接得到最低点 Ⅱ （2、2′、2″）和 Ⅳ （4、4′、4″），同时它们又是最前点和最后点。

2) 求一般点。由于相贯线的水平投影和侧面投影都具有积聚性，而且已知相贯线前后左右都对称，可以在水平投影上取点 5、6、7、8，并作出其侧面投影 5″、6″、7″、8″，然后求得其正面投影 5′、6′、7′、8′。

3) 判别可见性。相贯线正面投影的可见与不可见部分重合，故画成粗实线。

4) 依次光滑连接各点的正面投影，即为所求。

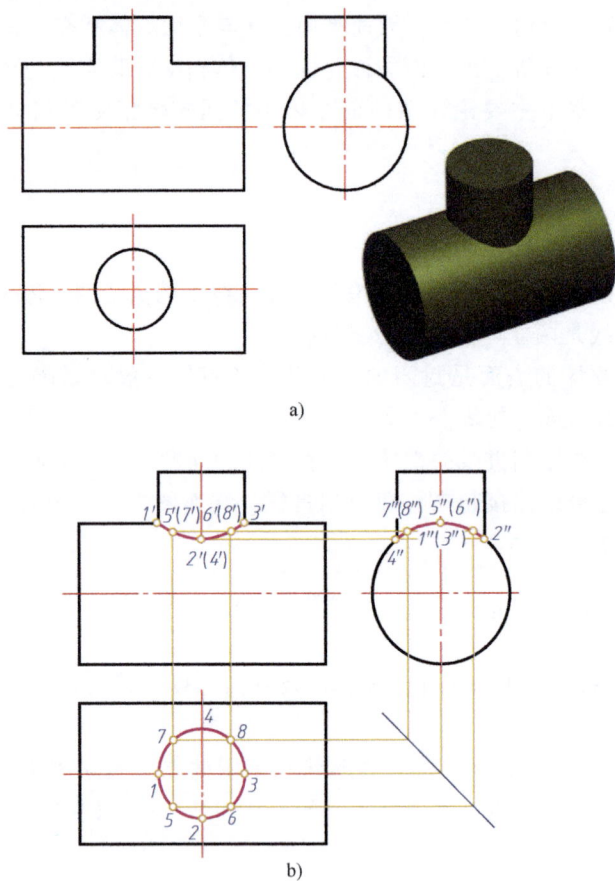

a)

b)

图 2.22 两圆柱相贯

由于圆柱面可以是圆柱体的外表面，也可以是圆柱孔的内表面，因此，两圆柱轴线垂直相交可以有三种形式：两圆柱外表面相交，如图 2.22 所示；外表面与内表面相交，如图 2.23a 所示；两内表面相交，如图 2.23b 所示。

当圆柱与圆柱、圆柱与圆锥轴线正交时，若相贯的两立体相对位置保持不变，而相对尺寸发生变化，则相贯线的形状和位置也将随之变化，见表 2.3。

2

CHAPTER

a) 外表面与内表面相交

b) 两内表面相交

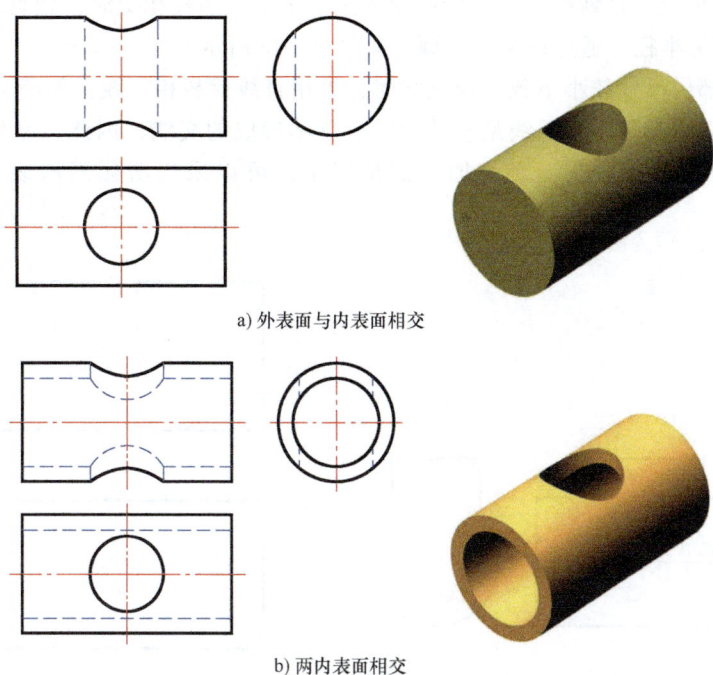

图 2.23　两圆柱的相贯线

表 2.3　圆柱与圆柱、圆柱与圆锥轴线正交相贯的各种情况

相对位置	形状	两立体尺寸变化		
轴线正交	圆柱与圆柱相贯	直立圆柱直径小于水平圆柱直径	两圆柱直径相等	直立圆柱直径大于水平圆柱直径
	圆柱与圆锥相贯	圆柱穿过圆锥	圆柱与圆锥内切于一圆球	圆锥穿过圆柱

2. 相贯线的简化画法

1）国家标准规定，允许采用简化画法作出相贯线的投影，即用圆弧代替非圆曲

线。当轴线垂直相交，且轴线均平行于底面的两个不等径圆柱相交时，相贯线的正面投影是以大圆柱的半径为半径，通过两交点的弧，如图 2.24a 所示。

2）在相贯部位尺寸较小不致引起误解时，可用直线代替相贯线，如图 2.24b、c 所示。

3）在大多数情况下，相贯线是零件加工后自然形成的交线，因此，零件图上的相贯线实质上只起示意的作用，在不影响加工的情况下，可以采用简化画法表示，如图 2.24d 所示。

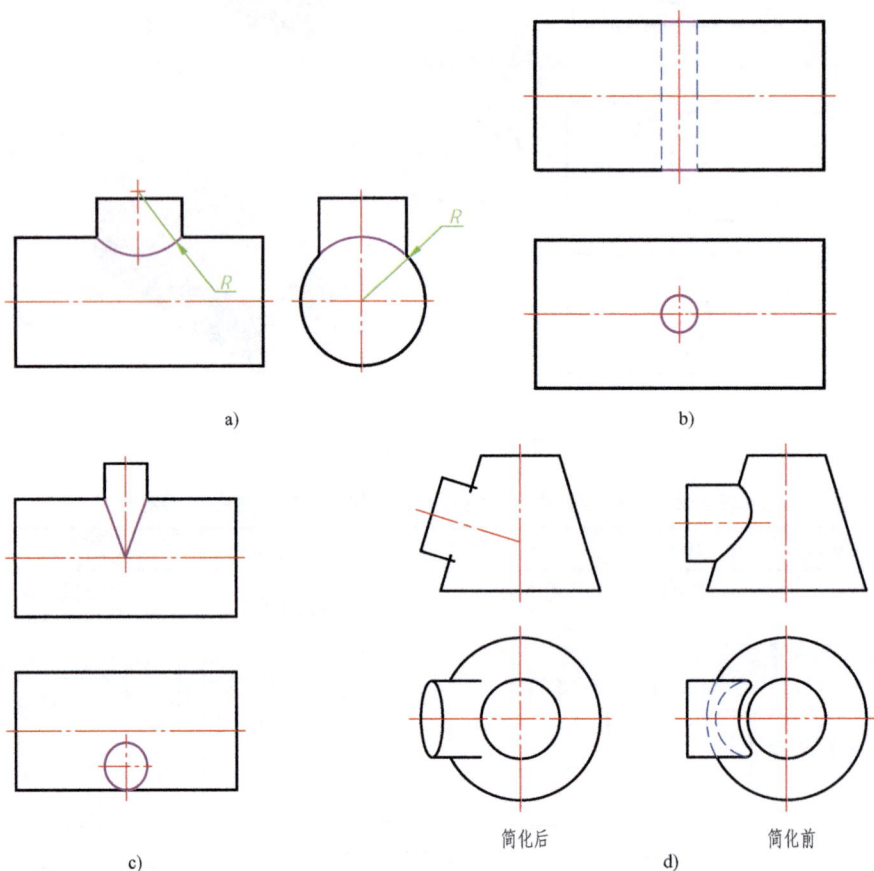

a)　b)　c)　简化后　简化前　d)

图 2.24　相贯线的简化画法

3. 相贯线的特殊情况

1）轴线相交且平行于同一投影面的圆柱与圆柱、圆柱与圆锥、圆锥与圆锥相交时，若它们能公切于一个球，则其相贯线是垂直于这个投影面的椭圆。

图 2.25 所示的圆柱与圆柱、圆柱与圆锥、圆锥与圆锥相交，它们的轴线都分别相交，且都平行于正平面，还公切于一个球。因此，它们的相贯线都是垂直于正平面的两个椭圆。

2）两个同轴回转体的相贯线是垂直于轴线的圆，如图 2.26 所示。

3）相贯线是直线的情况：

① 两圆柱的轴线平行时，相贯线在圆柱面上的部分是直线，如图 2.27a 所示。

② 两圆锥共锥顶时，相贯线在圆锥面上的部分是直线，如图 2.27b 所示。

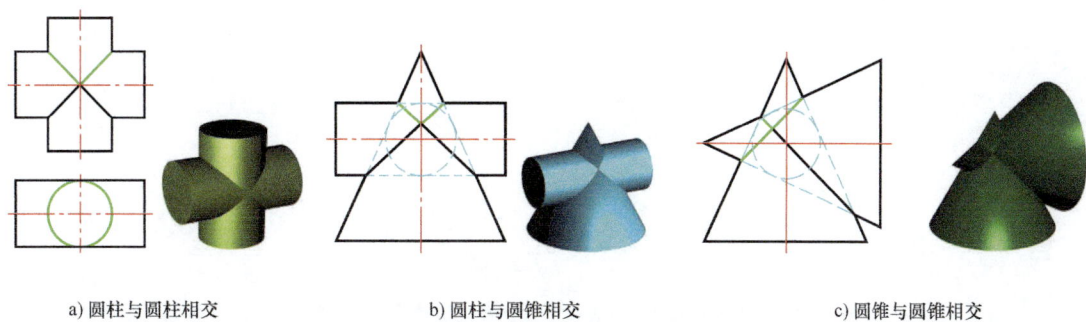

a) 圆柱与圆柱相交　　　　　b) 圆柱与圆锥相交　　　　　c) 圆锥与圆锥相交

图 2.25　公切于同一个球的圆柱、圆锥的相贯线

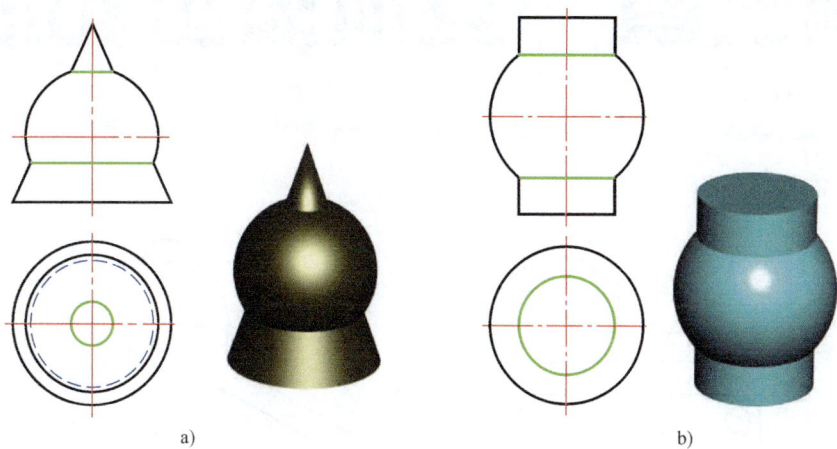

a)　　　　　　　　　b)

图 2.26　两个同轴回转体的相贯线

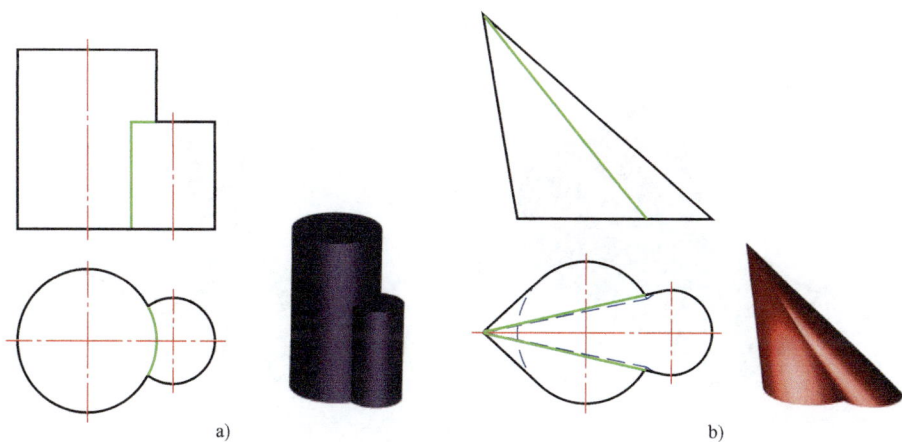

a)　　　　　　　　　b)

图 2.27　相贯线是直线的情况

2

CHAPTER

第三章　立体思维拓展

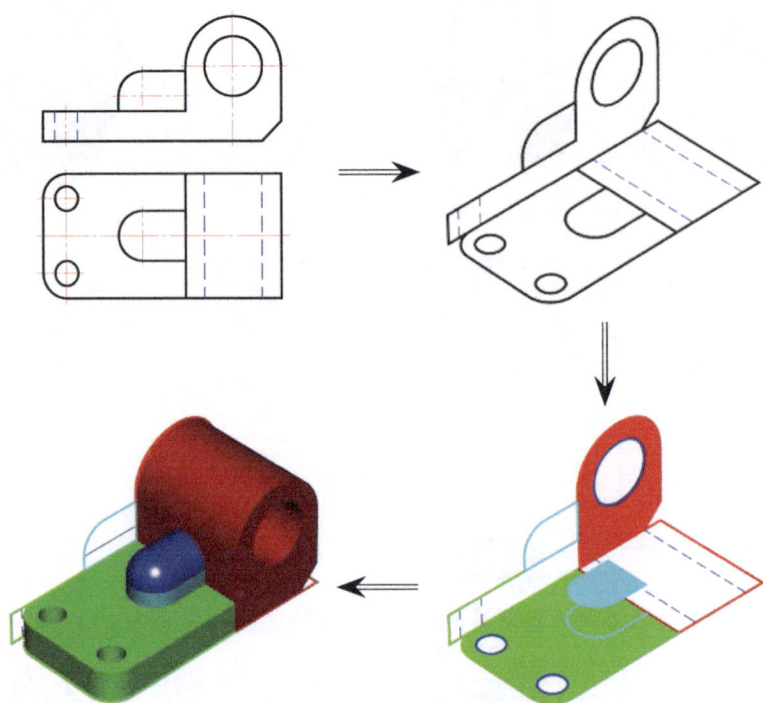

第一节　立体思维的概念及正投影深度思考

一、立体思维的概念

立体思维也称"多元思维""全方位思维""整体思维""空间思维"或"多维型思维"，是指跳出点、线、面的限制，能从上下左右、四面八方去思考问题的思维方式，也就是要"立起来"思考。其实，很多事物都是跃出平面、伸向空间的结果。从多个角度、角色、心态、时间、文化、环境因素组合的基础上思考问题，这种思维方式即为立体思维。

客观物质世界中绝大部分物体的结构和运动都是三维的，我们就是生活在这个三维空间里。物体的空间特性（形状、大小、距离、方位等）直接作用于视觉、触觉等器官，或者通过语言、文字描述和图形示意等形式间接作用于视觉、听觉等器官，经过表面现象和外部联系的综合反映而产生知觉，再通过想象这一心理过程，可以获得对直接客体的全面而深刻的认识，也可以获得语言描述或图形示意的间接客体在头脑中的再现形象，甚至创造出新的形象。这是以想象为核心的思维过程，这一过程的熟练与准确程度，决定着人们认识物体空间特性的快慢和深浅程度。

二、正投影视图的深度思考

1. 正投影视图的形象思维方式

正投影视图的
深度思考

（1）压片思维方式　经过正投影得到的三视图，其主视图可以看成是沿着宽度方向压缩，直至将宽度压缩为 0，同时其上任何体素的长度和高度保持不变；左视图可以看成是沿着长度方向压缩，直至将长度压缩为 0，同时其上任何体素的宽度和高度保持不变；俯视图可以看成是沿着高度方向压缩，直至将高度压缩为 0，同时其上任何体素的长度和宽度保持不变，如图 3.1 所示。

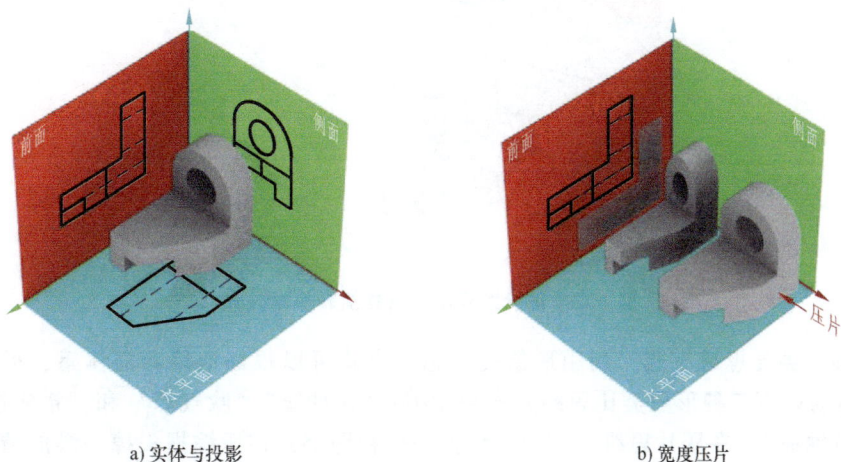

a) 实体与投影　　　　　b) 宽度压片

图 3.1　正投影视图的压片思维方式

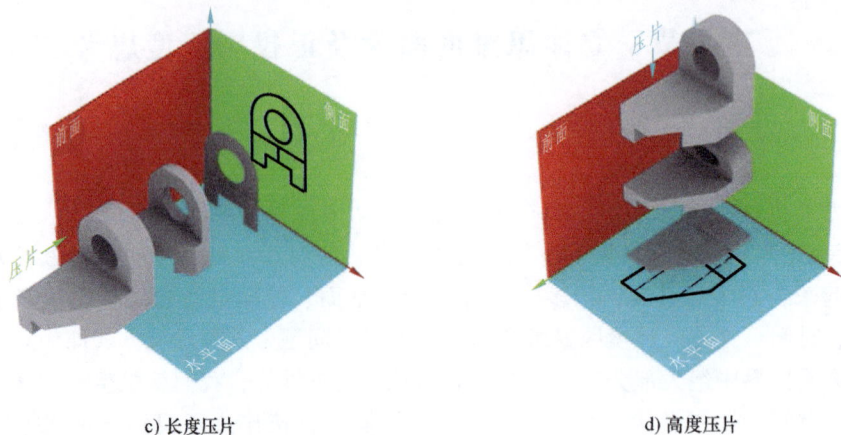

c) 长度压片   d) 高度压片

图 3.1　正投影视图的压片思维方式（续）

（2）自体旋转思维方式　在研究三视图的产生过程时，投影得到三视图后，侧面和水平面需要旋转到与主视图在同一平面内，几个视图实际上是对物体的不同侧面进行投影得到的，而我们看到的图样是在同一图纸平面内，表达机件不同侧面的轮廓形状，因此，可以形象地将视图看成是投影物体经旋转后的特征轮廓。在主视图投影位置不变的情况下，左视图可以看成是机件"实体"沿逆时针方向旋转 90°后左侧面的特征轮廓；俯视图可以看成是在主视图投影位置不变的前提下，机件向前旋转 90°后顶面的特征轮廓，如图 3.2 所示。

图 3.2　正投影视图的自体旋转思维方式

（3）形象类比思维方式　利用形象类比思维方式可以很好地培养立体感，提高读图能力，可以借助以下三种形象类比思维方式来读图："拉抽屉""吹气球"和"搭帐篷"。

1）"拉抽屉"。在压片思维方式中，任何一个视图都是在压缩损失掉一维的情况下得到的。因此，在读单一视图时，可以想象该视图为抽屉面，通过"拉抽屉"的方式将其损失的一维"拉"出来，"拉"的大小限度根据其他视图来定，如图 3.3 和图 3.4 所示。这种思维方式适合读柱体类机件视图。

2) "吹气球"。将单一视图看成是未吹气的橡胶薄皮，通过"吹气球"的方式使其"鼓"起来，补齐损失的一维。"鼓"起来的大小和形状根据其他视图来定，如图 3.5 所示。这种形象思维方式适合读曲面立体类机件视图。

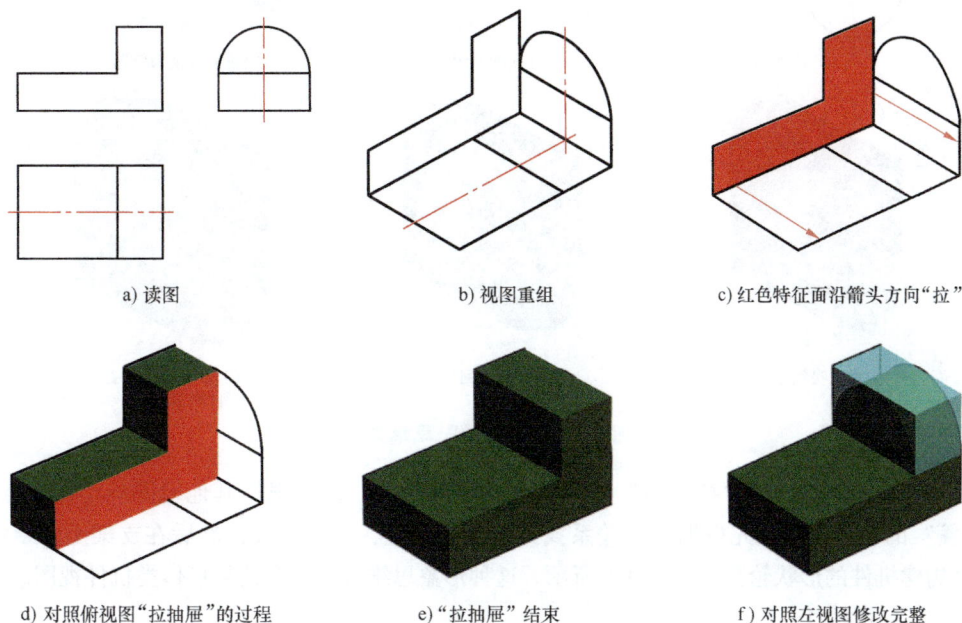

a) 读图   b) 视图重组   c) 红色特征面沿箭头方向"拉"

d) 对照俯视图"拉抽屉"的过程   e)"拉抽屉"结束   f) 对照左视图修改完整

图 3.3 "拉抽屉"思维方式（一）

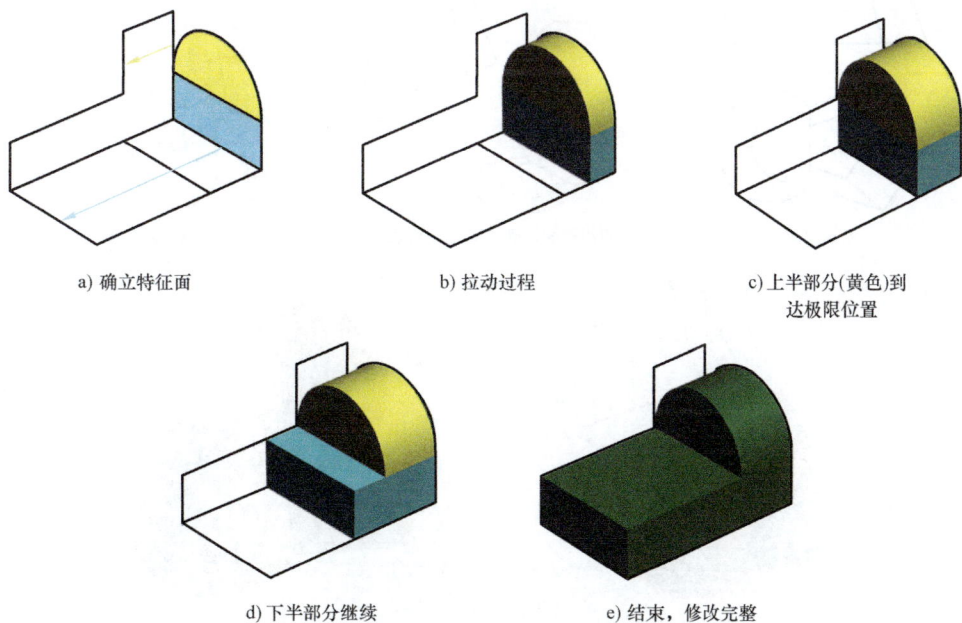

a) 确立特征面   b) 拉动过程   c)上半部分(黄色)到达极限位置

d) 下半部分继续   e) 结束，修改完整

图 3.4 "拉抽屉"思维方式（二）

3

CHAPTER

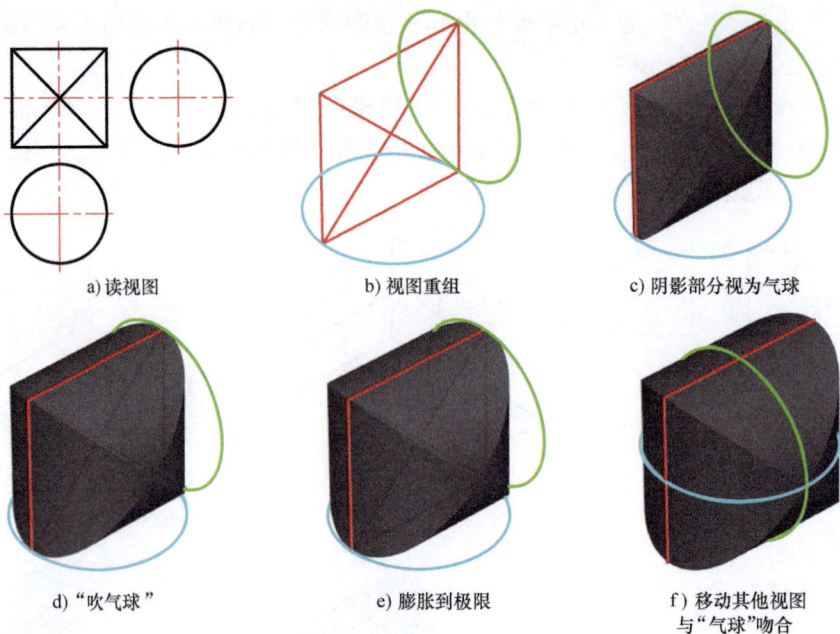

a) 读视图　　　　　　　　b) 视图重组　　　　　　　c) 阴影部分视为气球

d) "吹气球"　　　　　　　e) 膨胀到极限　　　　　　f) 移动其他视图
　　　　　　　　　　　　　　　　　　　　　　　　　与"气球"吻合

图 3.5　"吹气球" 思维方式

3）"搭帐篷"。通过"搭帐篷"的方式来构建损失的一维，根据其他视图确定特征点作为"搭帐篷"的骨干支架，先根据投影关系找到骨干的位置，搭好支架，然后在支架上蒙罩篷布，以此来构建机件的形状轮廓，如图 3.6 所示。这种形象思维方式适合读异形体类机件视图。

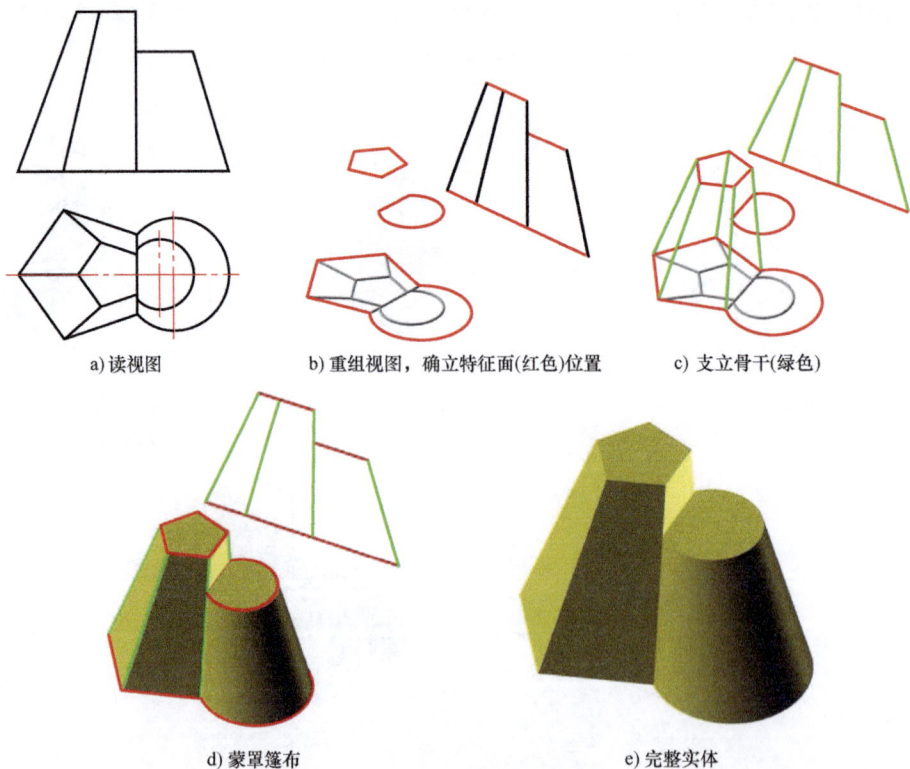

a) 读视图　　　　b) 重组视图，确立特征面(红色)位置　　　c) 支立骨干(绿色)

d) 蒙罩篷布　　　　　　　　　　　e) 完整实体

图 3.6　"搭帐篷" 思维方式

2. 读图样的深度思维过程

（1）划区疑问 根据几个视图的特点，选择其中最复杂的一个视图（一般是主视图）作为思考主线进行综合分析。划分区域，一般先以完整封闭的实线框为一区域，然后再考虑虚线与实线围成的线框，提出以下疑问：

1）线框是否为特征面？

2）线框是平面还是曲面？

3）在其他视图上的对应面（线、线框）如何？

（2）假想 根据形象类比思维方式，对所画线框"拉抽屉""吹气球""搭帐篷"，对视图所表达的形体提出几种假设方案。

（3）验证 对照其他视图上对应的线框或线，轮廓与其吻合即正确，否则应重新假想、验证。

（4）构想 对于复杂构件，如果经过划区疑问、假想、验证后仍然不能确定形状尺寸，可以从反映物体形状特征的主视图着手，对照其他视图，初步分析出该物体是由哪些基本体以及通过什么连接关系形成的。然后按投影特性逐个找出各基本体在其他视图中的投影，以确定各基本体的形状和它们之间的相对位置，最后综合想象出物体的总体形状。

【例 3.1】 读图 3.7a 所示视图，构建完整实体。

1）重组视图，划分区域线框，找到三个假想特征面（红色、绿色、蓝色）的对应线、面并对齐，如图 3.7b 所示。

2）对三个假想特征面沿对应线、线框"拉抽屉"，如图 3.7c 所示。

3）以对应线、线框为界"拉"到极限，如图 3.7d 所示。

4）对照主视图蓝色线框上半部分，对图示部分"吹气球"，直到与蓝色线框吻合，如图 3.7e、f、g 所示。

5）验证与其他视图轮廓的吻合情况，完成构建。

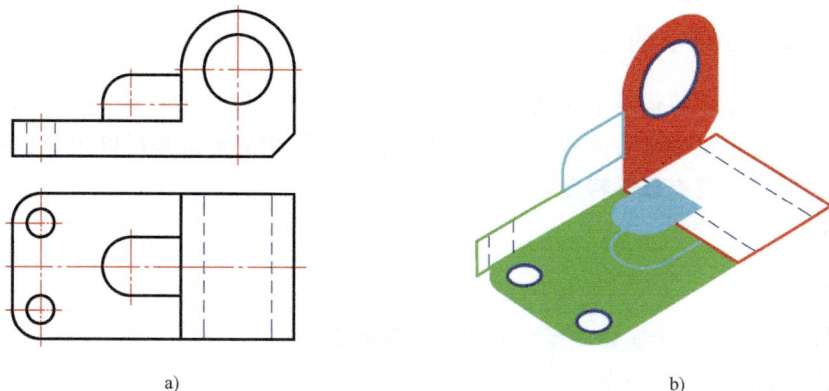

a)   b)

图 3.7 读图样的深度思维过程

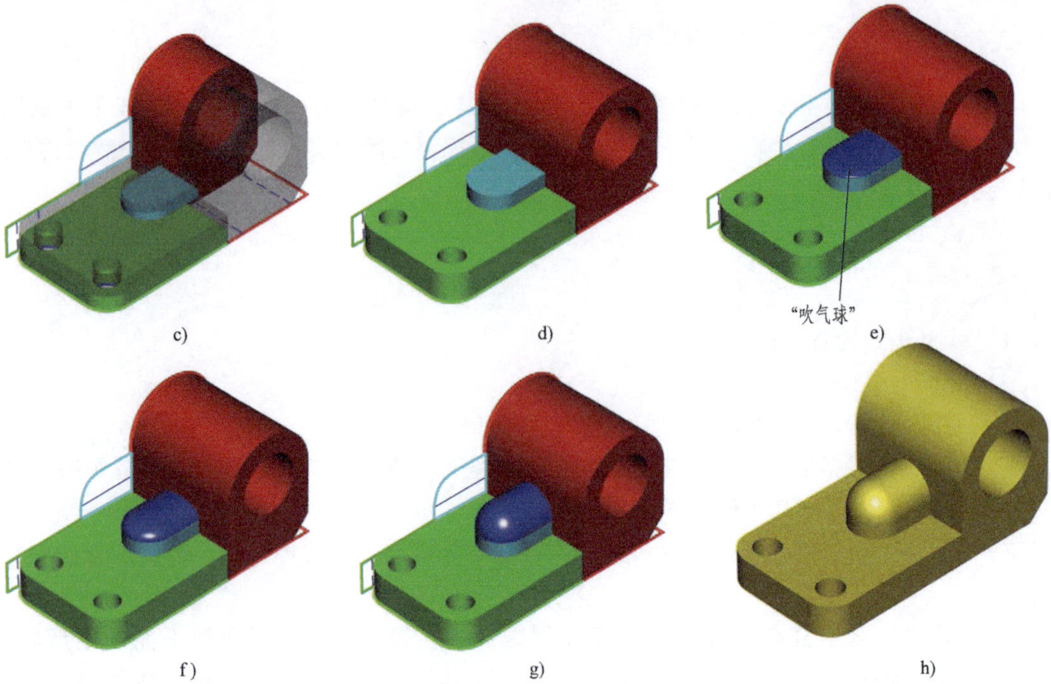

图 3.7　读图样的深度思维过程（续）

第二节　几何体三维特征建模

　　任何机器或部件都是由若干零件按一定的装配关系和技术要求装配起来的，零件是构成机器或部件的基本单元。装配体之间的装配关系、零件在机器或部件中的作用、零件加工制造中的工艺要求决定了零件的结构。

　　零件设计时表达需要对其结构特性、构成机理进行分析，寻找构成零件的特殊规律，使零件的设计表达更合理、更快捷。那么，如何建模？如何将符合设计要求的零件或产品表达出来呢？零件是由基本几何体组成的，因此，研究零件的建模，首先要研究基本几何体的建模。

一、几何体三维特征的建立

　　三维建模是基于特征的实体建模。所谓特征，是指可以作为事物特点的征象、标志等。对实体而言，特征反映某实体所特有的构成形态，这种构成形态是可以用参数驱动的实体模型。通常，特征应具有以下特点：

　　1）特征必须是一个实体或零件中的具体构成之一。

　　2）特征能对应于某一形状。

　　3）特征的性质是可以预料的，并能赋予一定的实际意义。

按照特征生成的方法不同，可将实体特征的建模方式分为绘制性特征和置放性特征。

1. 绘制性特征

绘制性特征是先通过绘制来定义形体某一特征面的轮廓形状，建立特征面，再利用特征运算方式而形成的一类实体特征，该特征是实体建模过程中最基本的特征。绘制性特征所建立的特征具有很大的设计变更空间与建模能力。其中，特征运算方式是指在已定义好的特征面上进行实体建模，以某种运算方式形成基本体征。特征运算方式主要有以下几种：

（1）拉伸运算方式　将一特征面沿该平面的法线方向拉伸，以建立基本体征的方式。它适合构造柱体类（包括广义柱体类）实体。

（2）旋转运算方式　以特征面为原始面，沿轴线旋转形成基本体征的方式。它适合构造回转体类实体。

（3）扫掠运算方式　一特征面沿某一路径扫掠成基本体征的方式。

（4）合成运算方式　在不同平面上，由多个已定义的特征面拟合生成形体特征雏形的方式。它适合构造复杂实体。

2. 置放性特征

置放性特征主要是针对已建立好的基本特征实行进一步加工的过程。例如，要给已建立好的某形体的模型粗坯施加圆角特征，只需选取所要施加的特征选项（如圆角）即可。虽然可以利用绘制性特征代替此种特征的构建方式，但置放性特征可以省略设计者的特征构建步骤，达到快速变更的要求。

二、几何体三维建模的方式

建模的方式有以下两种：填料和除料。

1. 填料方式建立新特征

填料方式是指新增特征会增加模型的体积、质量，其结果是建立基本特征或从已有的实体中按照特征新增部分材料，如图 3.8a 所示。

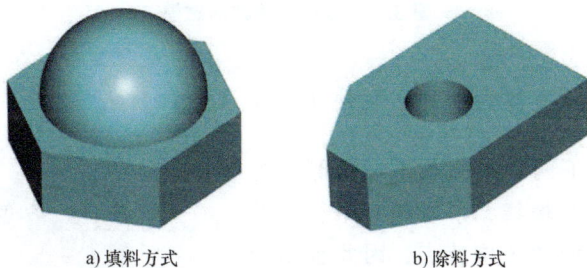

a)填料方式　　　　　　　b)除料方式

图 3.8　建模的两种方式

2. 除料方式建立新特征

除料方式是指以减少模型的体积、质量的方式产生新的特征，其结果是从已有实体中按照特征去除掉部分材料，如图 3.8b 所示。

3

CHAPTER

三、几何体三维建模的步骤

首先利用绘制性特征定义特征面，建立特征面的轮廓形状，其建模步骤如下：

1）分析实体构形特点，确定特征创建的顺序。

2）选取建模方式，如果要建立的新实体是在已有实体上再构建的，则需根据具体情况选择填料或除料方式。

3）设定运算方式，如特征是以拉伸还是以旋转、扫掠或合成方式产生。

4）定义特征面长出方向，即设定特征面是以单方向还是双方向长出特征。

5）定义特征长出的高度、深度或旋转角度。

6）利用各特征之间的位置关系，创建并修改各基本特征。

1. 基本几何体分类

根据立体表面几何性质的不同，可将其分为平面立体和曲面立体两大类。平面立体是指形成立体的各表面全部是平面，即立体全部被平面包围；曲面立体是指全部或部分由曲面围成的立体。工程中最常见的曲面立体是回转体。从立体构成的复杂程度来看，可将其分为简单几何体（简称简单体）和复杂几何体（简称复杂体），简单体中的棱柱体、棱锥体、圆柱体、圆锥体、圆球体等立体又称为基本几何体。

2. 简单几何体的创建

1）通过拉伸创建棱柱、圆柱、广义柱体，如图3.9、图3.10所示。

简单几何体的创建

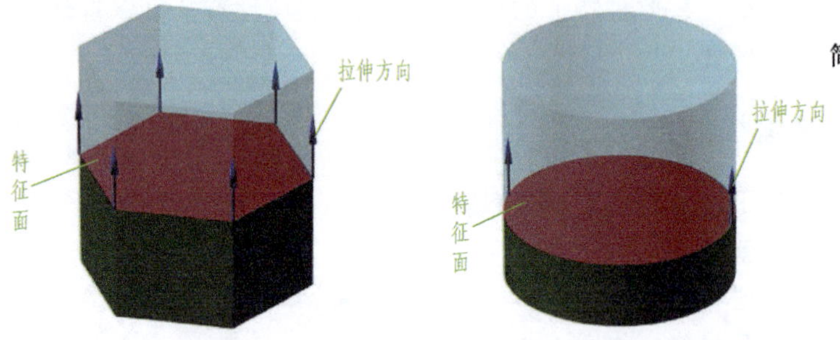

a) 棱柱   b) 圆柱

图3.9 棱柱、圆柱的建模

图3.10所示立体为一种广义柱体，其表面由任意形状的上下两底平面和不规则侧面组成。广义柱体具有所有棱线、素线相互平行，且同时垂直于上下两底面的结构特点，因此也属于柱体类，而且其底面形状反映立体的特征，为特征平面。广义柱体也用拉伸方式建模。

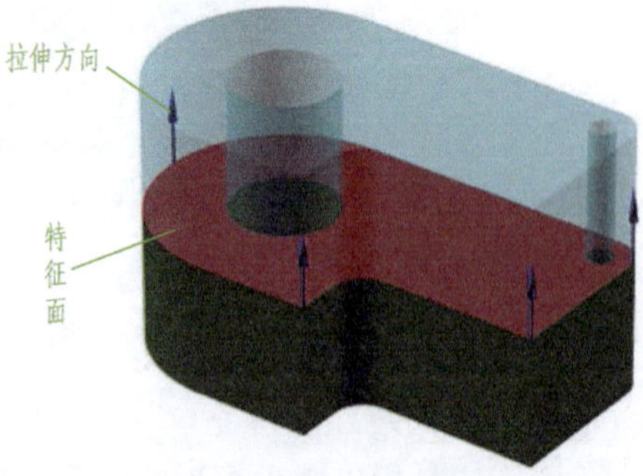

2）通过旋转创建圆柱、球、圆锥、圆环等回转体，如图3.11所示。

图3.10 广义柱体建模

3

CHAPTER

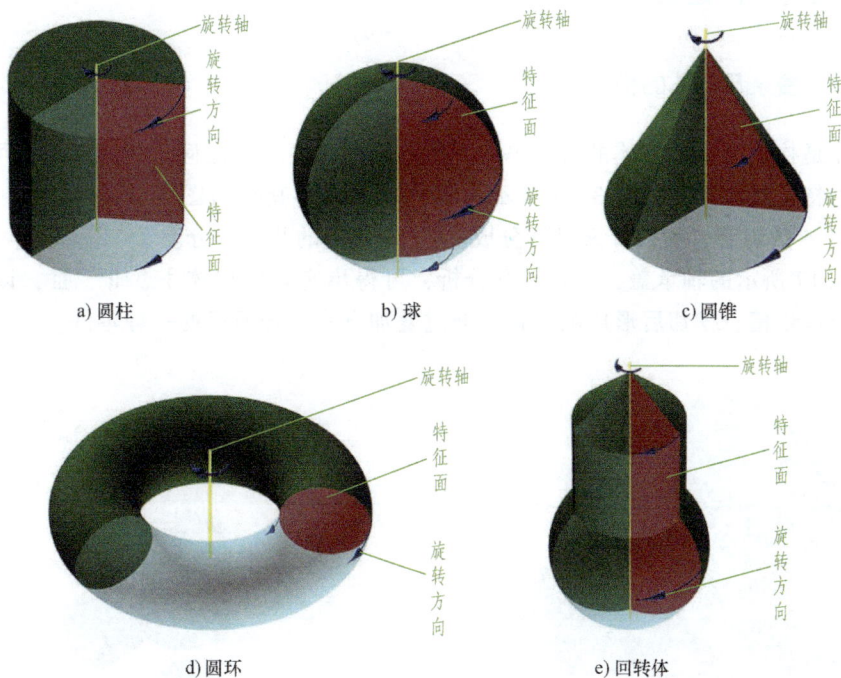

a) 圆柱　　　　　　b) 球　　　　　　c) 圆锥

d) 圆环　　　　　　e) 回转体

图 3.11　回转体建模

3）通过合成（拟合）创建棱锥、棱台、异形体，如图 3.12 所示。

a) 棱台　　　　　　b) 天方地圆　　　　　　c) 异形体

图 3.12　拟合建模

4）通过扫掠创建异形体，如图 3.13 所示。

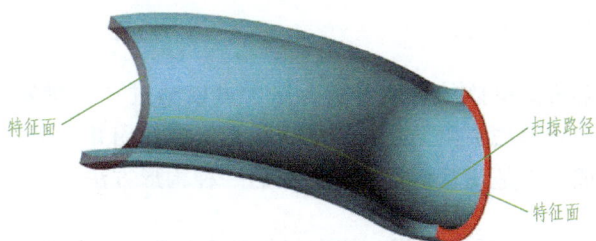

图 3.13　扫掠建模

3 CHAPTER

四、复杂几何体的建模

1. 复杂几何体的构形

简单体是构成复杂几何体的最小单元。从特征的角度看，任何复杂的立体都可看成是由一些简单的特征组成的。如图 3.14 所示的零件，可以将其视为图 3.15 所示件 1、件 2、件 3、件 4、件 5 的组合，而件 2 又可拆分成图 3.16 所示的几个部分。

如图 3.17 所示的轴承盖，经过特征分析，可得出它是由柱体Ⅰ、Ⅱ、Ⅲ，以及在圆柱体基础上经过切槽、挖切后形成的件Ⅳ，通过叠加方式组合而成的一种零件。

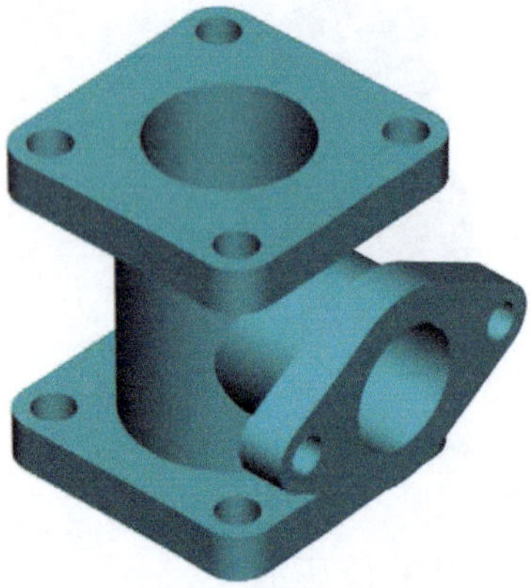

图 3.14　复杂体（零件）

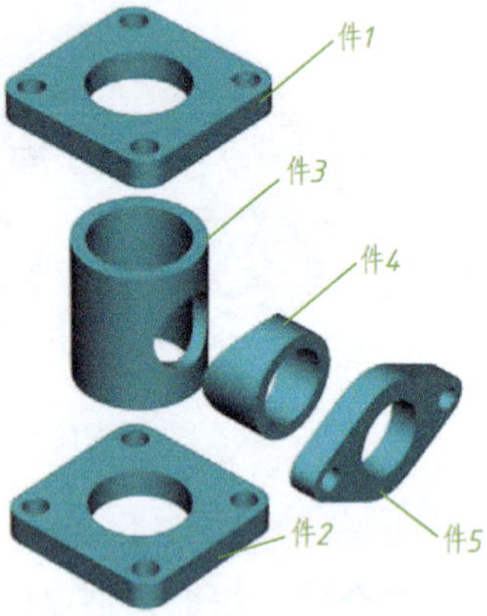

图 3.15　复杂体（拆分）

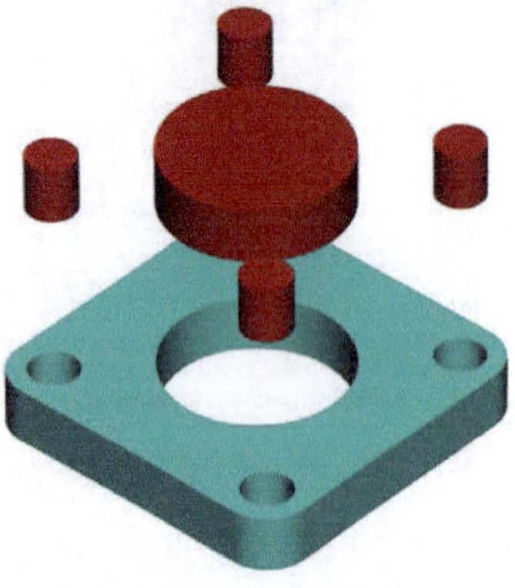

图 3.16　件 2（拆分）

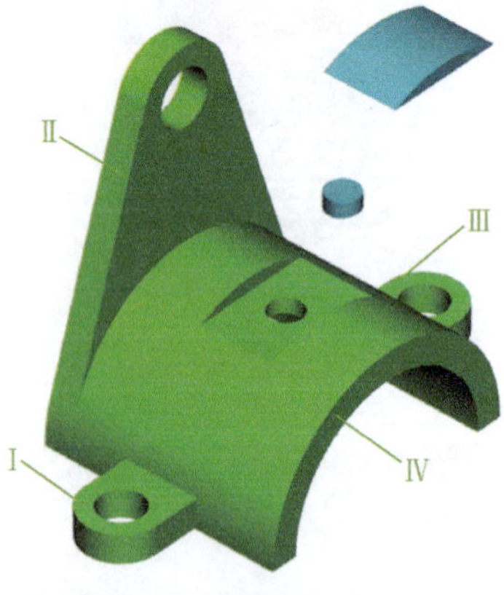

图 3.17　轴承盖的构成

这种将复杂体分解成简单体的形体分析方法，可以通过"三维复杂体构形表示法"来直观地加以描述。这种表示法实质上是利用集合运算，即运用并、交、差运算方式，将复杂体定义为简单体的合成。它是计算机实体造型中的一种构形方法。

复杂体的构形表示法，是用一棵有序的枝权树来表示复杂体的集合构形方式，枝权树的叶结点（或终结点）是体素，根结点为复杂体，其余结点都是规范化布尔运算（并、交、差）运算符号，如图 3.18 所示。树枝表示法能形象地描述复杂体构形的整个 思维过程，对分析、构建模型很有帮助。

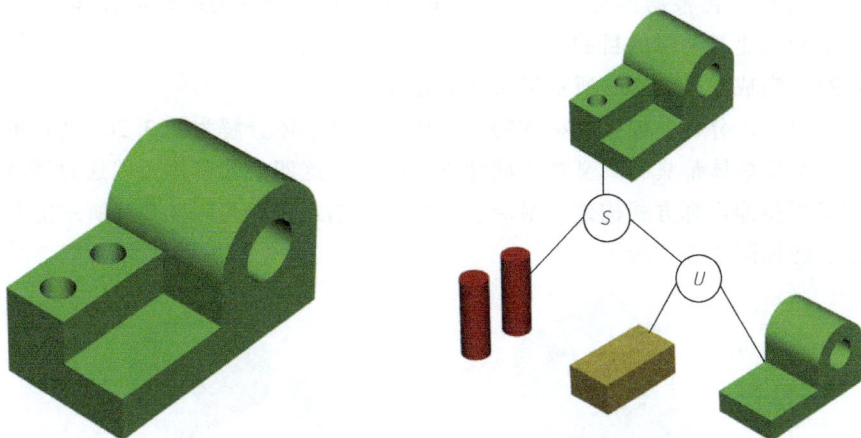

图 3.18　树枝表示法

通过以上分析可知，要构建一个复杂体，拆分是关键。但是，针对某一复杂体，可能存在几种不同的拆分方法，以分解为构成的简单体数量最少、最能反映立体特征为最终目的。图 3.19 所示为针对同一复杂体所能采取的不同分解方案。

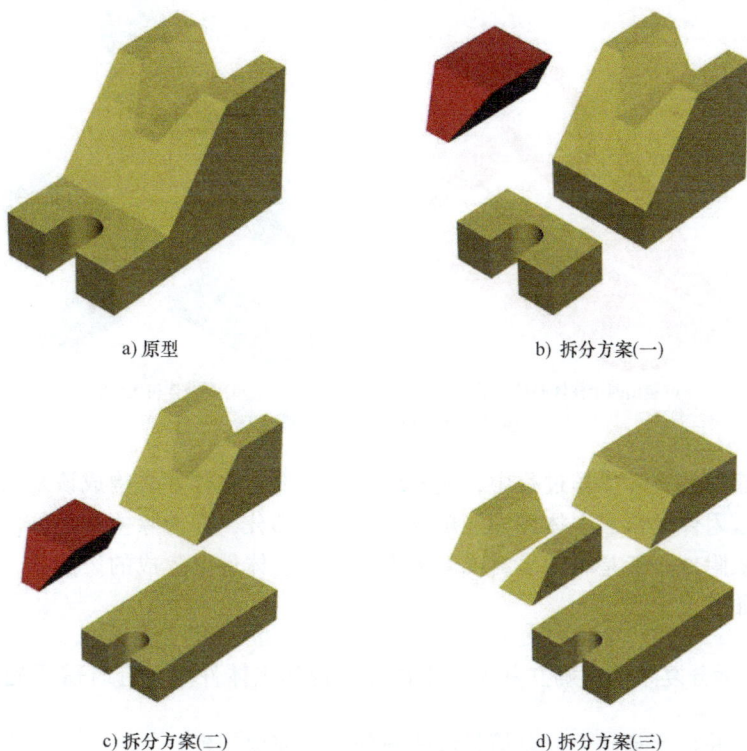

a) 原型

b) 拆分方案(一)

c) 拆分方案(二)

d) 拆分方案(三)

图 3.19　同一复杂体的不同分解方案

2. 复杂几何体的建模方法

构建复杂体的基本方法就是根据复杂体的构成特点，采用形体分析的方法先构建 各简单体，再根据各简单体相接表面之间的相对位置关系确定各部分的位置，达到创建复杂体的目的。

【例 3.2】 完成如图 3.20a 所示复杂体的建模。

分析： 通过形体分析，根据其构成特点，可将该复杂体分解为图 3.20b 所示的四个简单体，并且这四个简单体都具有广义柱体的特性。因此，这四个简单体可以通过图 3.20c 所示的特征平面运用拉伸运算方式构建。最后，将四部分相互叠加为图 3.20a 所示的复杂体。其复杂体树表示法如图 3.20d 所示。

a) 复杂体

b) 分解为四个简单柱体

c) 画出四个柱体的特征平面

d) 复杂体树表示法

图 3.20 复杂体的建模过程

在复杂体建模的实际操作过程中，应先建立主体件，主体件是构成该复杂体的基件；再建立依附件，依附件是依靠主体件才能确立其位置的部分，即为除主体件外，从复杂体分解下来的部分。依附件一般是利用填料或除料方式，在主体件上生成的。因此，复杂体建模的具体操作程序如下：

1）拆分复杂体，确立并构建主体件。构建主体件时，有时需要先建立构成主体件的模型粗坯，并在此基础上，以填料或除料的方式完成构建。

2）根据与主体件的相互位置关系，确立依附件的位置。

3）以填料或除料方式构建各依附件，同时完成该复杂体的建模。

第三节 构 形 设 计

在机械制造中，确定零件合理形状的过程称为零件的构形。任何零件或产品，不论其形体多么复杂，都可以看成是由基本几何体经过组合或分解而成的。构形设计的实质，就是采用不同的构形方法来构造形体。在构形设计过程中，可以体会到一个或者两个视图与形体之间所具有的多解性和多样性特点，可以进一步提高形体叠加组合和形体切割等分析能力及空间想象能力。本节通过介绍几种空间几何体的构思及图形表达过程，使读者掌握空间几何体构思和图形表达思维方法。

一、仿形设计法

仿形设计是根据已知的一面视图，仿照已知形体的结构特点，设计出新的形体，并补画出其余两面视图。

【例3.3】 已知图3.21b所示主视图，仿照图3.21a所示物体的结构特点，设计出新的物体，并画出其余两面视图。

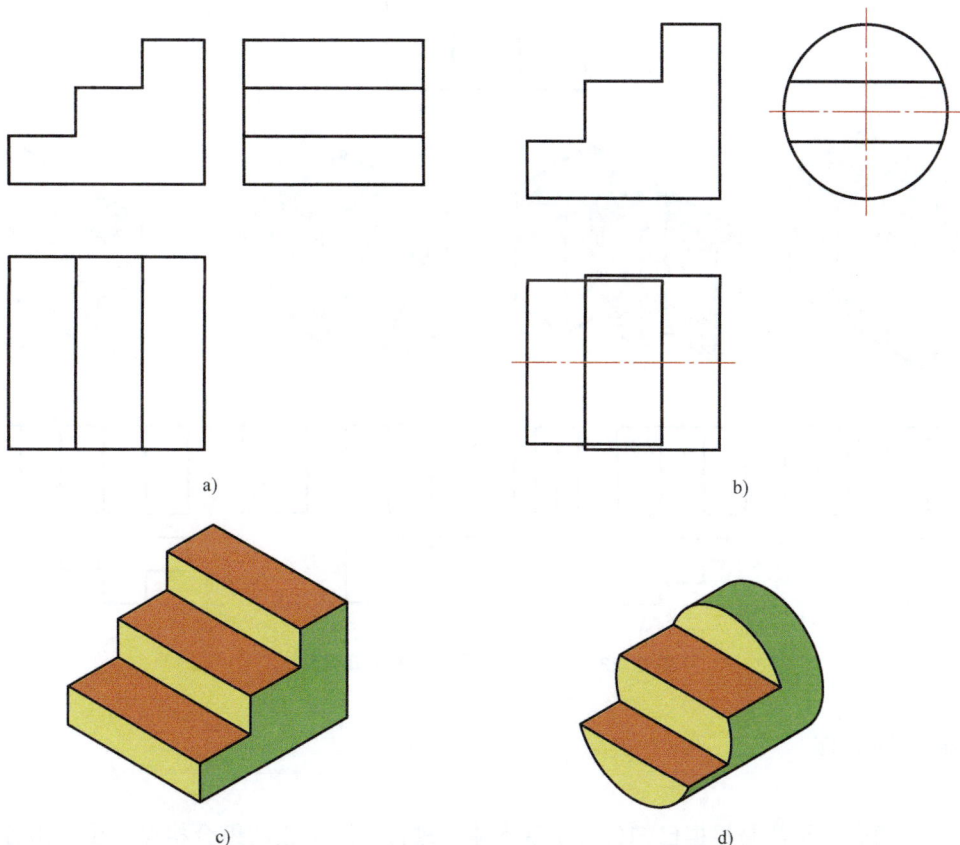

a)   b)

c)   d)

图3.21 仿形设计

分析：如图 3.21a 所示，该几何体的原始形状为长方体。从主视图中的"台阶"形状可以看出，该长方体被切成阶梯状，立体形状如图 3.21c 所示。

根据上述零件的结构特点，构思出新的物体，其立体形状如图 3.21d 所示，其俯、左视图如图 3.21b 所示。

二、一面视图的构形法

一面视图的构形法是根据已知的一面视图，构思出不同的形体，并画出其余两面视图。

根据一面视图构思空间图形时，应从分析已知视图中的线、线框和相邻线框的含义入手，构思出不同形状的物体，使构思出的新物体符合已知视图的要求。

【例 3.4】 根据图 3.22a 所示主视图，试构思出不同的形体，并补画俯、左视图。

分析：通过对主视图的分析可知，主视图中每个线框都是矩形线框，可以将其构思为平面、圆柱面和斜面的投影；再根据不同相邻线框表示不同的位置面，把这些面构思成凸、凹、斜交等关系；然后从立体的空间概念以及结构投影重合性，综合构思出立体图形，如图 3.22b 所示，其三视图如图 3.22c 所示。读者还可以从其他角度考虑，构思出更多的物体。

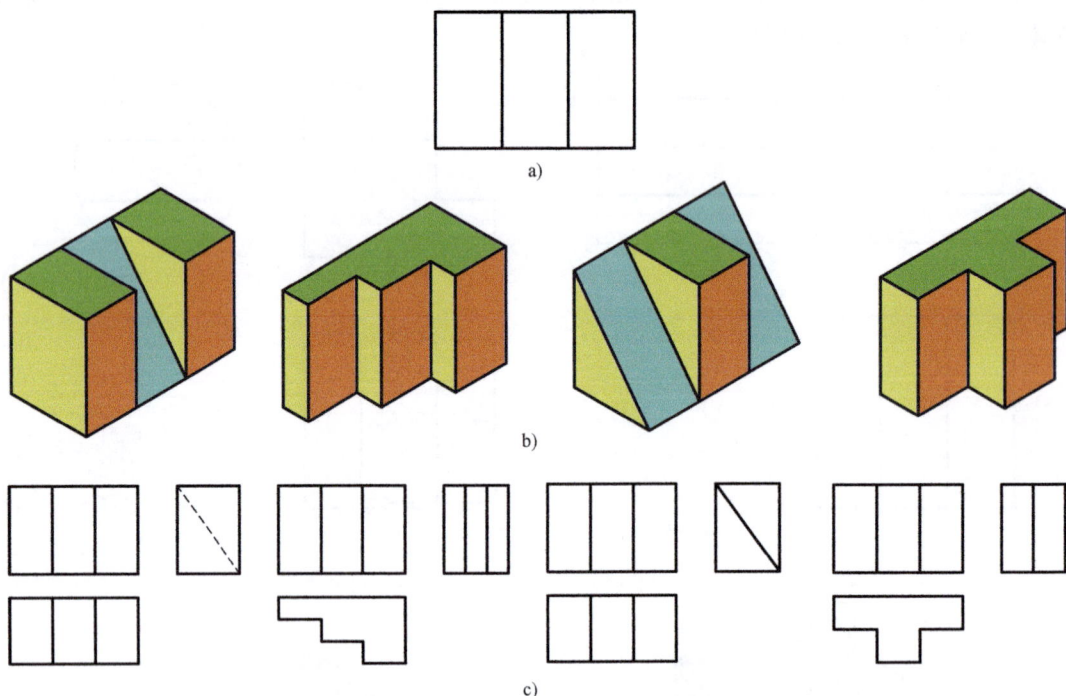

图 3.22 由一面视图构思多种几何体

三、组合构形法

组合构形法是根据已知的若干基本体，进行不同位置的组合构思，设计出各种形体，并画出其三视图的方法。

【例3.5】　对图3.23a所示的三个基本体进行不同位置的组合，构思出新的物体，使其能反映出基本体的结构形状，并画出其三视图。

分析： 对三个基本体进行叠加组合，立体图形如图3.23b所示，形体①为立板，形体②为加强肋，形体③为底板。三视图如图3.23c所示。

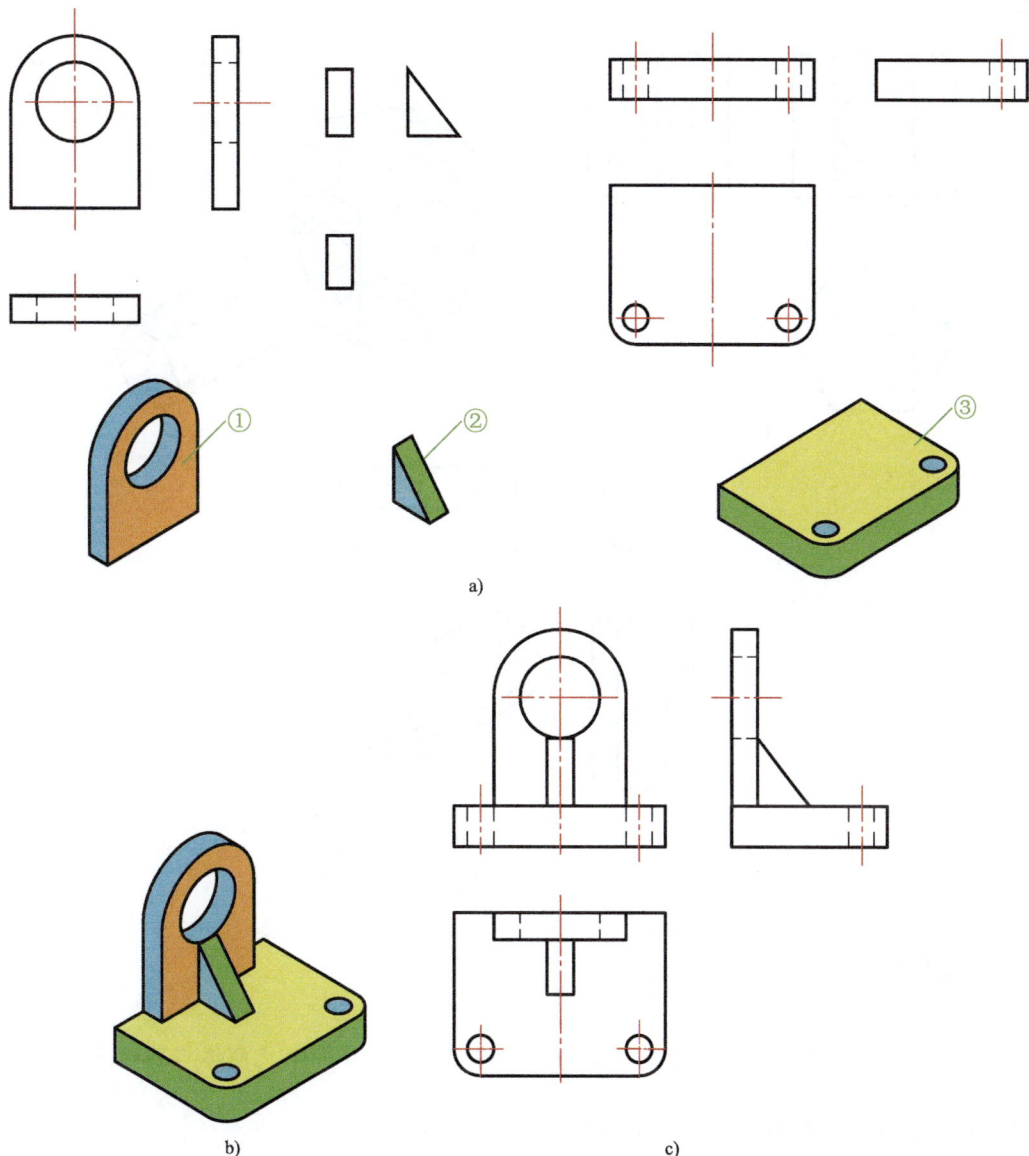

a)

b)

c)

图 3.23　组合构形

四、构形配孔法

构形配孔法是根据物体的形状，构思一个实体与孔相配合的几何体，并画出其三视图的方法。

【例3.6】 试构思一个物体，使其与图3.24a所示物体上的孔相配合。

分析：图3.24a所示立体图形是在一个六棱柱的侧面上挖出一个正六边形孔。如图 3.24b所示，该正六边形孔是由四个正垂面和两个水平面组成的六棱柱面截切六棱柱而成，因此该实体为正六棱柱，其形状如图3.24c所示。将该几何体插入孔中，则为完整的六棱柱。

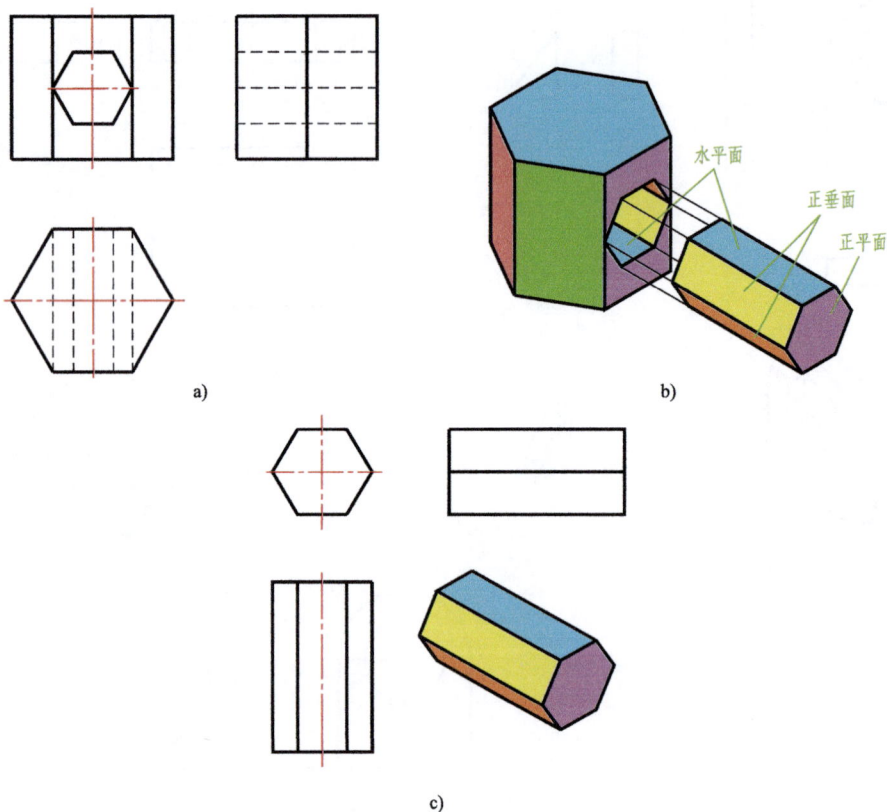

图3.24 构形配孔

五、凸凹构形法

凸凹构形法是根据给定物体上凸与凹的关系，设计一个几何体与其相配，使配合后的几何体成为一个基本几何体，并画出三视图的方法。

【例3.7】 设计一个几何体与图3.25a所示几何体相配，配合后成为圆柱体，并画出所设计几何体的三视图。

分析：由图3.25a所示的三视图可知，该几何体是将圆柱体的右半部分挖出一个凹形槽而形成的，如图3.25a中的立体图所示。构思新几何体时，要使其与已知几何体配合形成圆柱体，则新几何体应是在一个圆柱体两侧挖去部分柱体，使中间部分凸出来，且正好与已知几何体构成该圆柱体。新几何体的形状和三视图如图3.25b所示。

将图 3.25b 所示几何体与图 3.25a 所示几何体相组合，可形成一个完全吻合的圆柱体，如图 3.25c 所示。

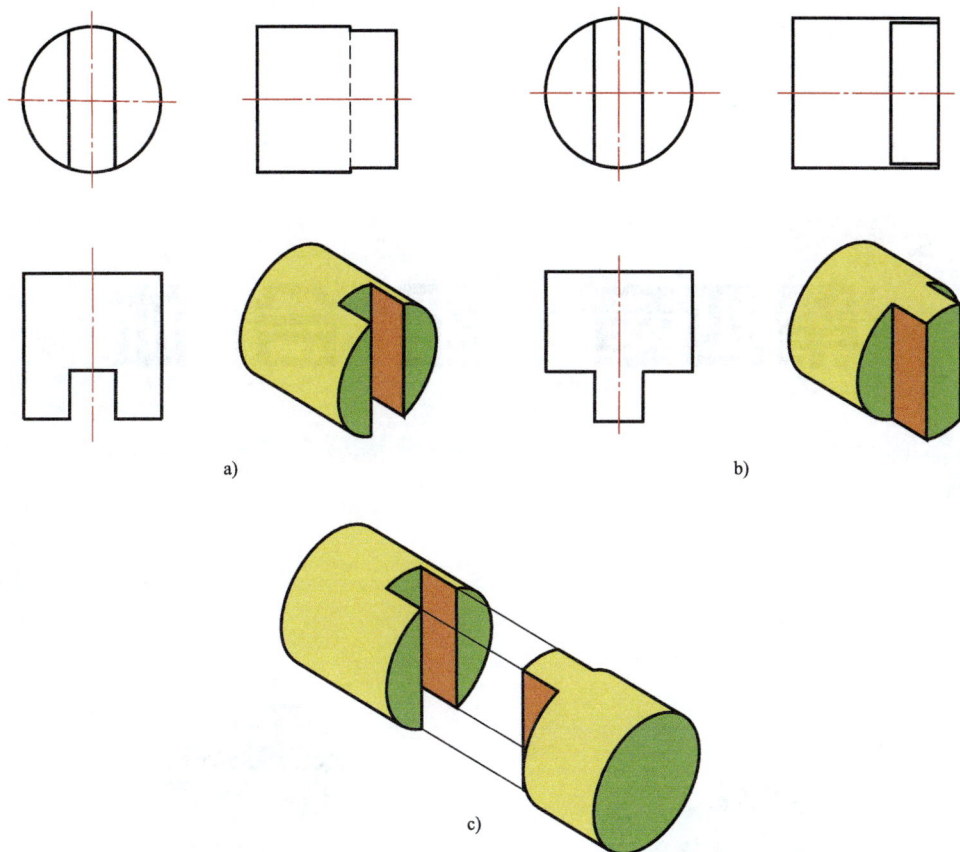

a)

b)

c)

图 3.25　凸凹构形

第四章 组合体

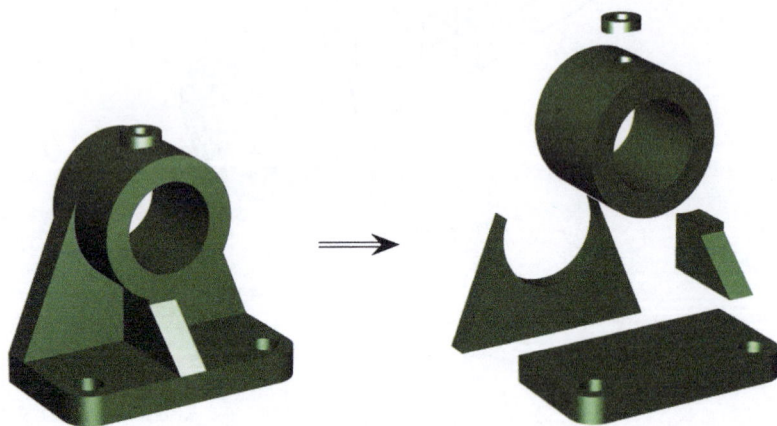

机械零件可以看成是由基本几何体组合而成的，而组合体则是一种"过渡体"。

机械零件＝基本几何体(组合)＋工艺结构

组合体＝基本几何体(组合)

抛开工艺结构（尤其是过渡圆角）的组合体，其组合界限明显，便于形体结构分析。也就是说，研究组合体的图样表达和尺寸标注，是为将来读零件图、画零件图做好知识准备和过渡。

第一节 画组合体的视图

一、组合体的组合形式

由若干个基本体通过一定的组合方式组合而成的物体称为组合体。大多数机器零件都可以看作是由一些基本几何体经过堆叠、切割、穿孔等方式组合而成的组合体。

组合体的组合形式分为堆叠、挖切和综合三种，如图 4.1 所示。一般来说，常见的是综合形式。

（1）堆叠 构成组合体的各基本形体相互堆积、叠加，如图 4.1a 所示。

（2）挖切 从较大的基本形体中挖出或切去较小的基本形体，如图 4.1b 所示。

（3）综合 既有堆叠，又有挖切，如图 4.1c 所示。

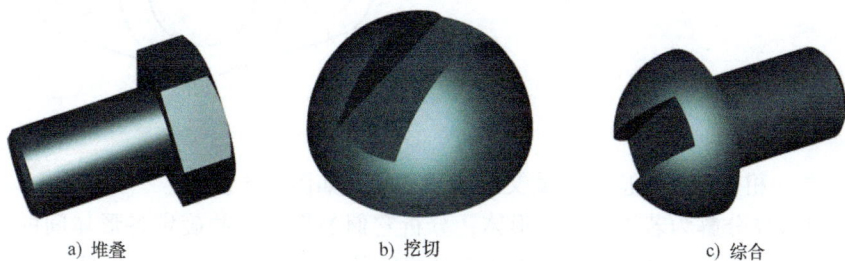

a) 堆叠　　　　　b) 挖切　　　　　c) 综合

图 4.1 组合体的组合形式

二、组合体的形体分析

经堆叠、挖切组合后，形体的邻接表面间可能出现下列几种情况：

（1）平齐或不平齐 两表面间平齐的连接处不应有线隔开，如图 4.2 所示组合体的前表面；两表面间不平齐的连接处应有线隔开，如图 4.3 所示组合体的前表面和左表面。

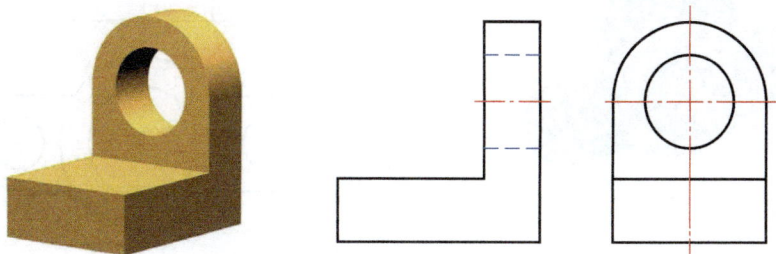

图 4.2 表面平齐叠加

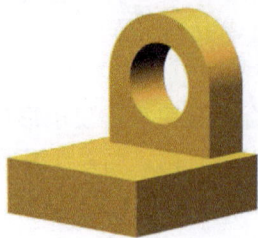

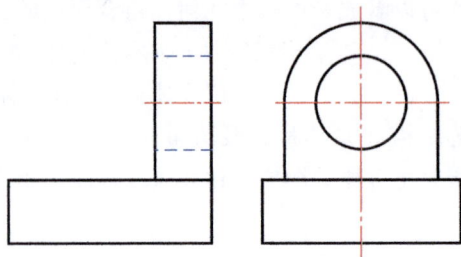

图 4.3　表面不平齐叠加

（2）**相切**　当组合体上的两基本形体相切时，其相切处是圆滑过渡，无棱线，不应画线，如图 4.4 中底板前表面与圆柱面相切，底板上表面的积聚性投影（主视图）应画至切点为止。切点位置由投影关系确定，相切处无线。

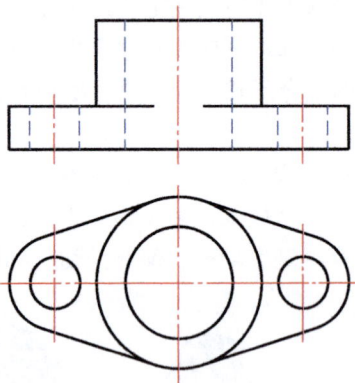

图 4.4　表面相切

（3）**相交**　相交的情况应画出截交线或相贯线，如图 4.5 所示。

假想将组合体分解为若干个基本形体，分析它们的形状，并确定各形体间的组合形式、形体邻接表面间的连接关系，以及各组成部分之间的相互位置，以便于画图、看图和标注尺寸，这种分析组合体的思维方法称为形体分析法。

常见的基本形体可以是完整的基本体，如棱柱、棱锥、圆柱、圆锥、圆球等；也可以是不完整的几何体或它们的简单组合。具体分析时不必太细，对于常见的简单组合体，可将

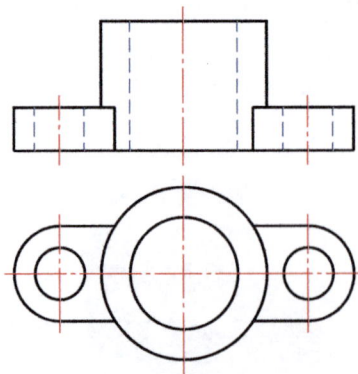

a)

图 4.5　表面相交

b)

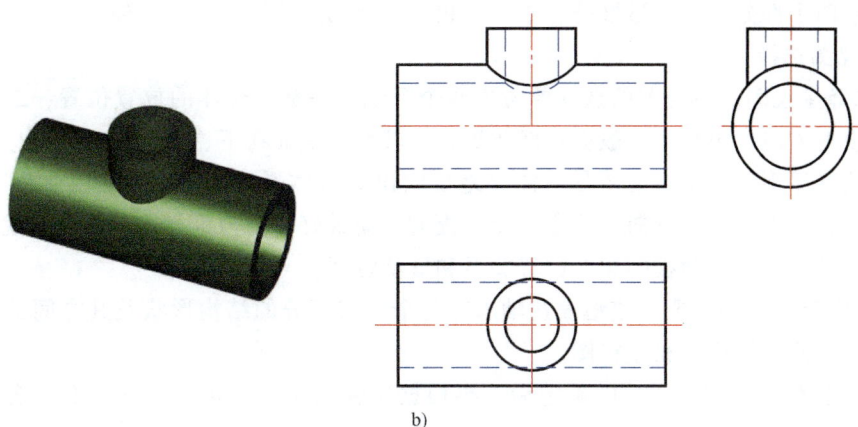

图 4.5　表面相交（续）

其视为一个小整体，类似于图 4.6 中的常见形体可以不必再分解。

图 4.6　常见形体

三、画组合体视图的方法和步骤

组合体一般采用三视图表达。下面通过例题说明画组合体三视图的具体方法与步骤。

【例 4.1】　画出图 4.7 所示拨叉的三视图。

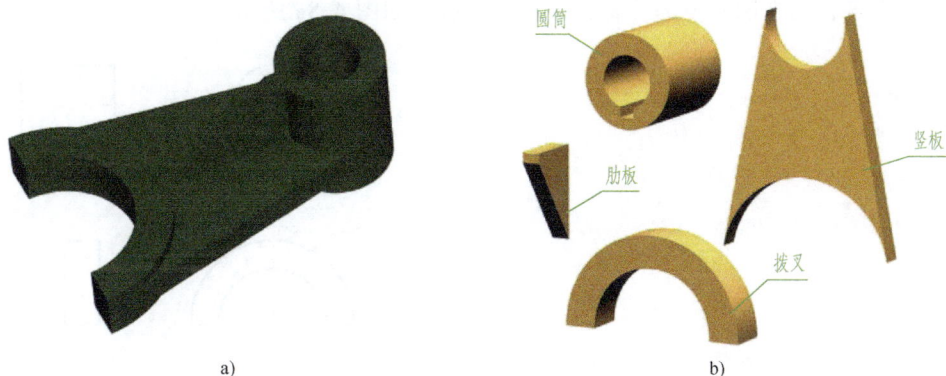

画组合体视图的
方法和步骤

圆筒

竖板

肋板

拨叉

a)　　　　　　　　　　　　　b)

图 4.7　拨叉

画图步骤如下：

（1）形体分析　在画组合体视图之前，首先应对其进行形体分析。把组合体分解为若干个 基本形体，分析其组合形式、各邻接表面间的连接关系，以及各部分之间的相互位置关 系，为下一步画图做好准备。图 4.7 所示拨叉可以分为四个部分——拨叉、竖板、圆筒和肋板。这四个部分之间经过堆叠、相贯、相交、相切形成综合类组合体。

（2）视图选择

1）选择主视图。主视图的选择要考虑两个问题：一是组合体的放置位置，二是组合体主视图的投射方向。组合体一般应自然放置，比较大的底面在下、小的部分在上。主视图投射方向的选择原则是能使主视图尽可能多地反映出组合体形状的主要特征。如对于图 4.7a 所示的位置，将由上向下方向作为主视图的投射方向最好，因为这样主视图可以明显地反映出底板、圆筒、竖板和肋板的相对位置关系和形状特征。

2）确定其他视图。要完整地表达轴承座各个组成部分的结构形状及其之间的相对位置关系，还需要画出俯视图和左视图。

（3）定比例、选图幅　视图确定后，要根据实物大小，按相关国家标准规定选择适当的 比例和图幅。

（4）布图打底稿　布图时，首先算好各视图的总体尺寸，并预留各视图间的适当间距以便标注尺寸，画出基准线，如组合体的对称中心线、轴线、较大平面的积聚性投影线及主要的定位线都可作为基准。

基准线画好后，用细实线将组合体的各组成部分逐个画出。画图顺序一般为：先画 大的形体，后画小的形体；先画主要轮廓，后画细节部分；先画实线，后画虚线；先画定 位尺寸全的部分，后画连接部分。具体画图时，可以从主视图着手，将各基本体的三个视图联系起来画，以利于保证投影关系的正确性和图形的完整性。

注意：底稿线一定要用细实线轻轻地画，自己能看清楚就可以，以便检查时易于修改。

（5）检查、描深　底稿画完后，逐个检查每个组成部分的各视图，改正错误，去掉多余 图线，添画遗漏图线。检查完后，按照国家标准规定的各种线型描深所有图线。描深顺序一般是先描深细线，再描深粗线；描深粗线时先描深曲线，再描深直线。当几种线型重合时，一般按"粗实线、细虚线、细点画线、细实线"的优先顺序画线。

图 4.7 所示拨叉的画图步骤如下：

1）确定各视图在图样中的位置，画出基准线，如图 4.8a 所示。

a)   b)

图 4.8　拨叉的画图步骤

c)

d)

e)

f)

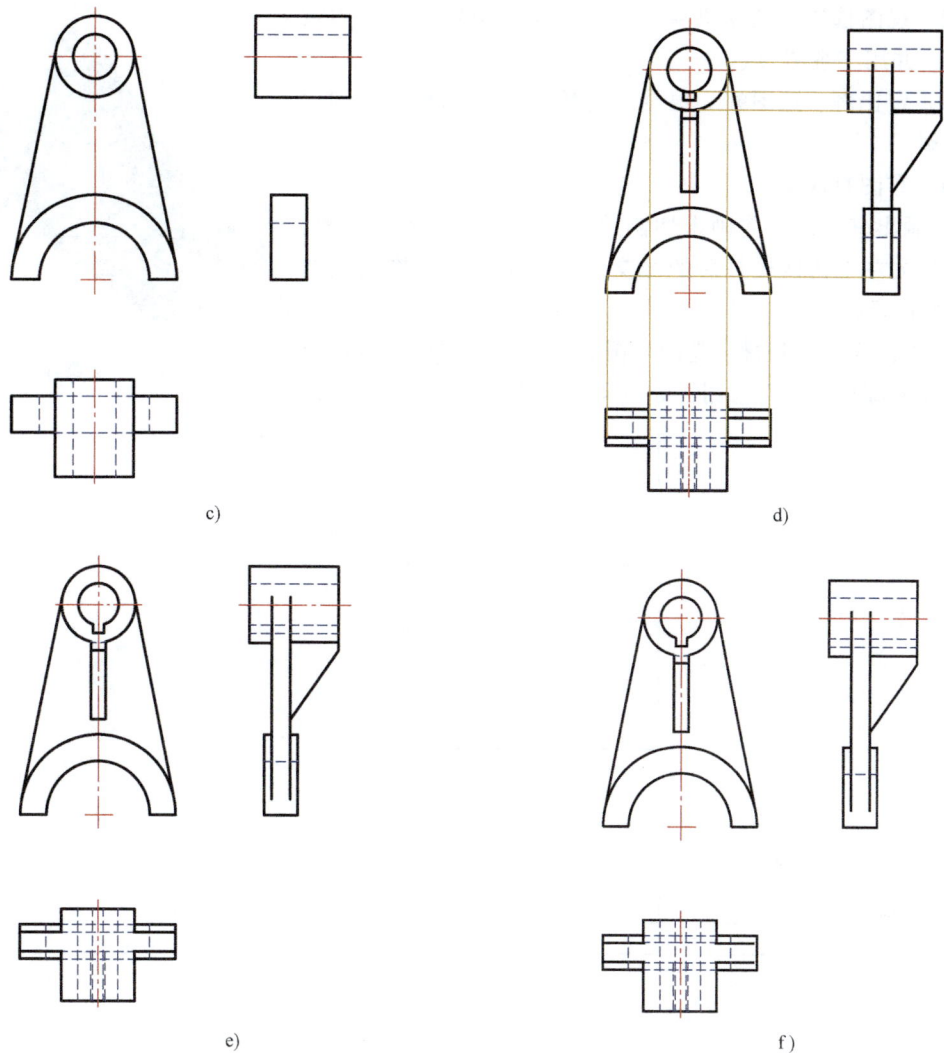

图 4.8 拨叉的画图步骤（续）

2）先画出拨叉的三个视图，然后根据圆筒与拨叉的位置关系，画出圆筒的三个视图，如图 4.8b 所示。

3）根据竖板与拨叉两侧表面相切、与圆筒相切的关系，画竖板的主视图，如图 4.8c 所示。

4）画竖板的俯、左视图及其他细节，如图 4.8d 所示。

5）画其他部分及细节，如图 4.8e 所示。

6）检查视图，去掉多余的图线并描粗、加深图线，如图 4.8f 所示。

【例 4.2】 画出图 4.9 所示切割体的三视图。

画图步骤如下：

（1）形体分析 该形体属于挖切类组合体，其形成过程是在长方体的基础上，用正垂面和水平面切去左上角的四棱柱后，在剩下的六棱柱中再挖去一个四棱柱形成一个侧垂通槽，在左下角挖去一半圆头长槽（广义柱体）。

绘图视频

4

CHAPTER

79

（2）视图选择　选择图 4.9 中的箭头方向作为主视图投射方向，并用三视图表达。

（3）定比例、选图幅　根据组合体的大小选择适当的比例和图幅。

（4）布图打底稿

1）画出基准线，先画未切割前的完整长方体的三视图，再画出切去左上角四棱柱后的截交线，去掉多余的图线，如图 4.10a 所示。

2）画出半圆头长槽。先画半圆头长槽的俯视图，然后根据投影关系画出主、左视图，如图 4.10b 所示。

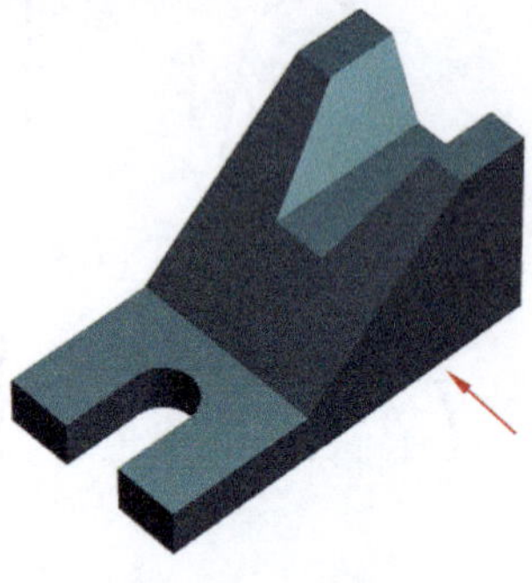

图 4.9　切割体

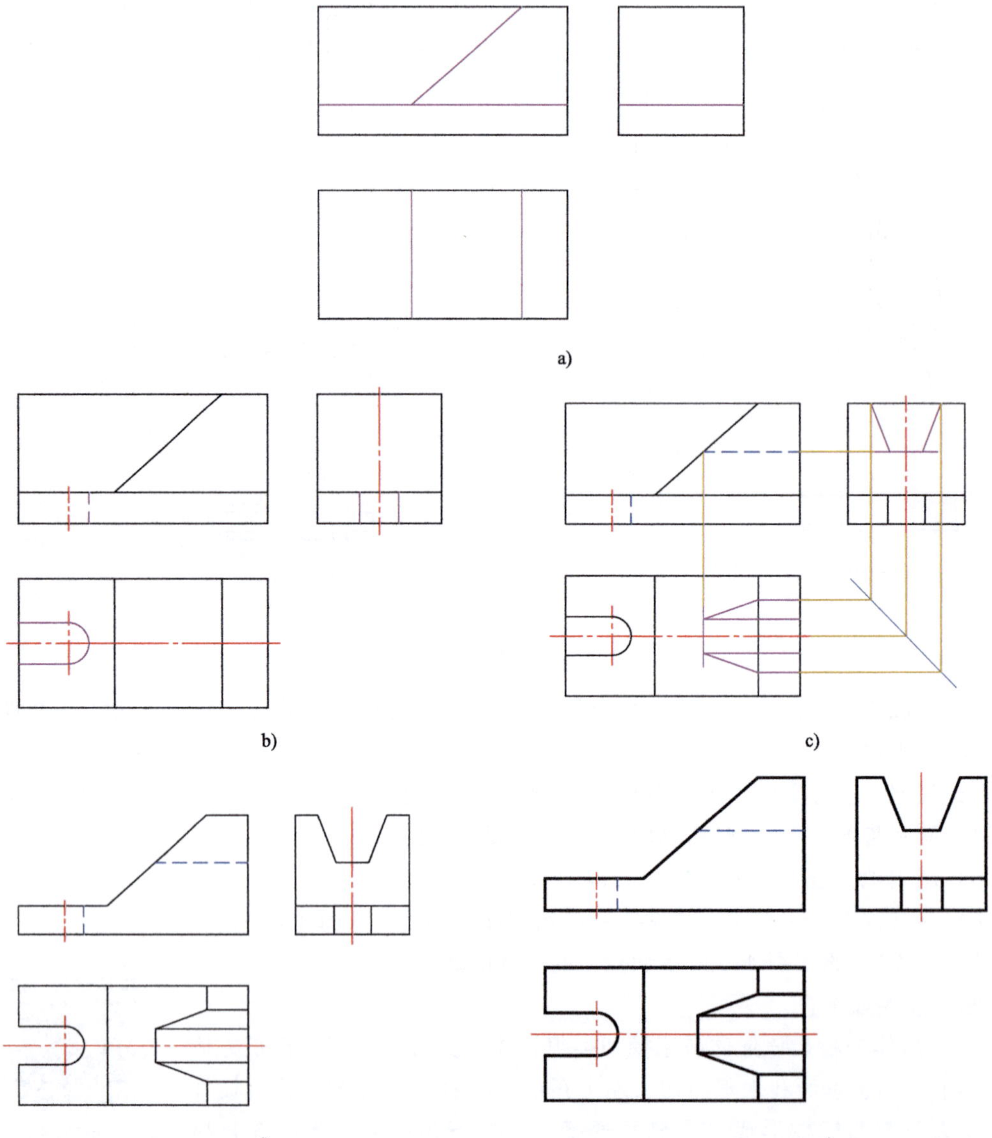

a)

b)

c)

d)

e)

图 4.10　切割体的画图步骤

3）画通槽。先画通槽的左视图，根据槽深画出槽底的主视图，最后根据主视图画出槽底的俯视图及其他图线，如图4.10c所示。

（5）检查、描深

1）去掉多余图线，全面检查投影。用类似法确定左上表面视图的正确性，即其水平投影和侧面投影都是"凹"字形八边形，如图4.10d所示。

2）描深线条，完成画图，如图4.10e所示。

<h2 align="center">第二节　组合体的尺寸标注</h2>

一、组合体尺寸标注的基本要求

机件的视图只表达其结构形状，其大小必须由视图上所标注的尺寸来确定。机件视图上标注的尺寸是制造、加工和检验的依据。因此，标注组合体尺寸时，必须达到以下基本要求：

（1）正确　所注尺寸必须严格遵守国家标准《机械制图》中有关尺寸注法的规定。

（2）完整　所注尺寸必须能完全确定组合体的形状和大小，不得漏注尺寸，也不得重复标注。

（3）清晰　每个尺寸必须注在适当的位置，以便于查找。为使尺寸布置清晰，应该注意以下问题：

1）尺寸应尽量标注在表示形体特征最明显的视图上。

2）同一形体的尺寸应尽量集中标注在同一个视图上。

3）尺寸应尽量标注在视图的外部；与两视图有关的尺寸，最好标注在两视图之间。为了避免尺寸标注凌乱，同一方向上连续的几个尺寸应尽量放在一条线上对齐。

4）同轴回转体的直径尺寸尽量标注在非圆视图上。

5）尺寸应尽量避免标注在虚线上。

6）尺寸线与尺寸线不能相交，尺寸线与尺寸界线应尽量避免相交。

在标注尺寸时，有时会出现不能兼顾上面各点要求的情况，此时必须在保证尺寸完整、清晰的前提下，根据具体情况统筹安排、合理布局。

二、组合体的尺寸分析

组合体的尺寸可以根据其作用分为三类：定形尺寸、定位尺寸和总体尺寸。

1. 定形尺寸

确定组合体中各组成部分的形状大小的尺寸称为定形尺寸，如图4.11中底板的长、宽、高尺寸分别为28mm、17mm、7mm。

2. 定位尺寸

确定组合体中各组成部分之间位置关系的尺寸称为定位尺寸，如图4.11中$R8.5$mm和$\phi 9$mm的中心线高度尺寸21mm。

通常采用较大的平面（如对称面、底面、端面）、直线（如回转轴线、轮廓线）、点（如球心）等作为尺寸基准。一般在长、宽、高三个方向至少各有一个主要尺寸基准，如图4.11a所示。

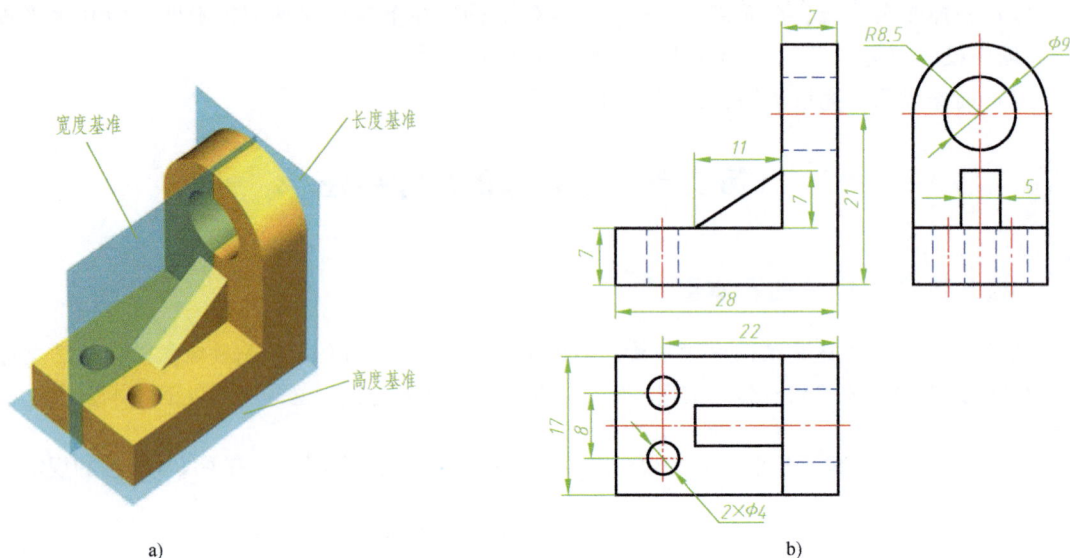

图 4.11　组合体的尺寸分析

3. 总体尺寸

直接确定组合体总长、总宽、总高的尺寸称为总体尺寸，如图4.11中的28mm、17mm、21mm。

如果某个总体尺寸与已有的定形尺寸或定位尺寸重合，则不再重复标注。若组合体的端部是回转体，则该组合体的总体尺寸不直接注出，而是注出回转体轴线到底面的距离，总高由这个距离与回转体半径之和确定，如图4.11b中的高度尺寸21mm。

图4.12～图4.14所示分别为常见基本体、切割体、平板的尺寸标注方法，供参考。另

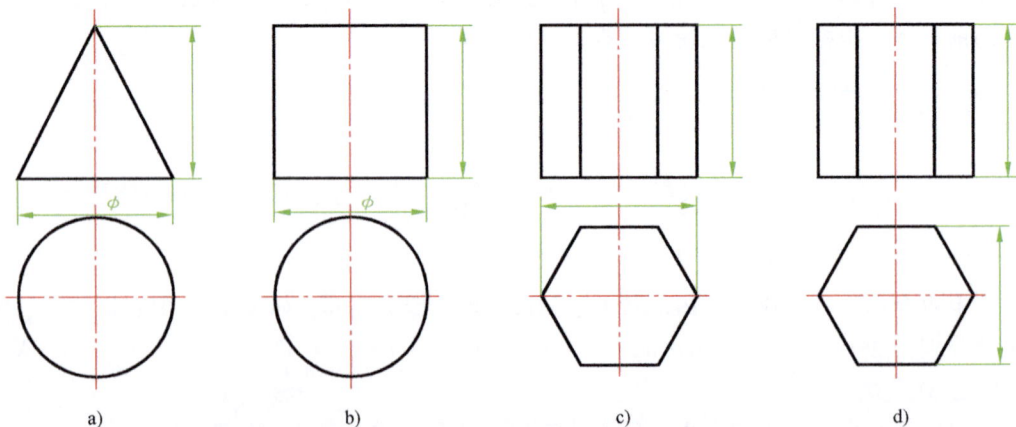

图 4.12　常见基本体的尺寸标注方法

e)　　　　　　　f)　　　　　　　　　　g)

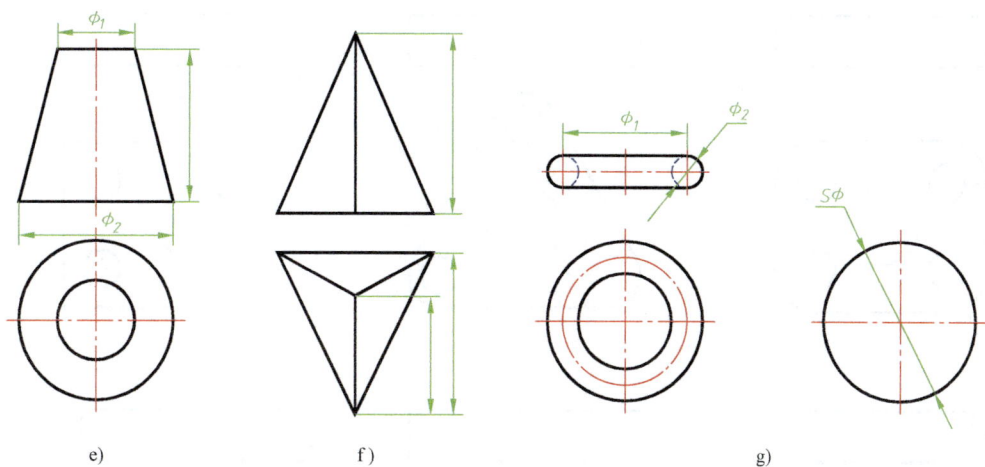

图 4.12　常见基本体的尺寸标注方法（续）

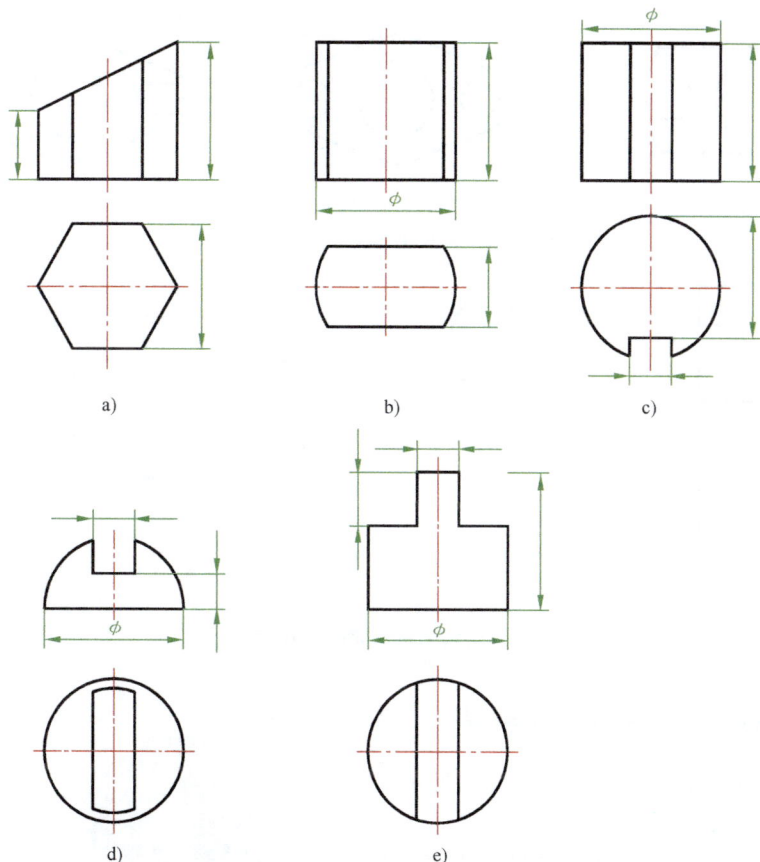

a)　　　　　　　　　　b)　　　　　　　　　　c)

d)　　　　　　　　　　e)

图 4.13　常见切割体的尺寸标注方法

外，对于切割体，除了注出基本体的定形尺寸外，还需注出截平面的位置尺寸，如图 4.15a 所示；对于相贯的两回转体，除了注出基本体的定形尺寸外，还需以其轴线为基准标注两形体的相对位置尺寸，如图 4.15b 所示。根据上述尺寸，其截交线和相贯线自然形成，不应在这些交线上标注尺寸。例如，图 4.15 中在尺寸线上画"×"的 4 个尺寸均不应该注出。

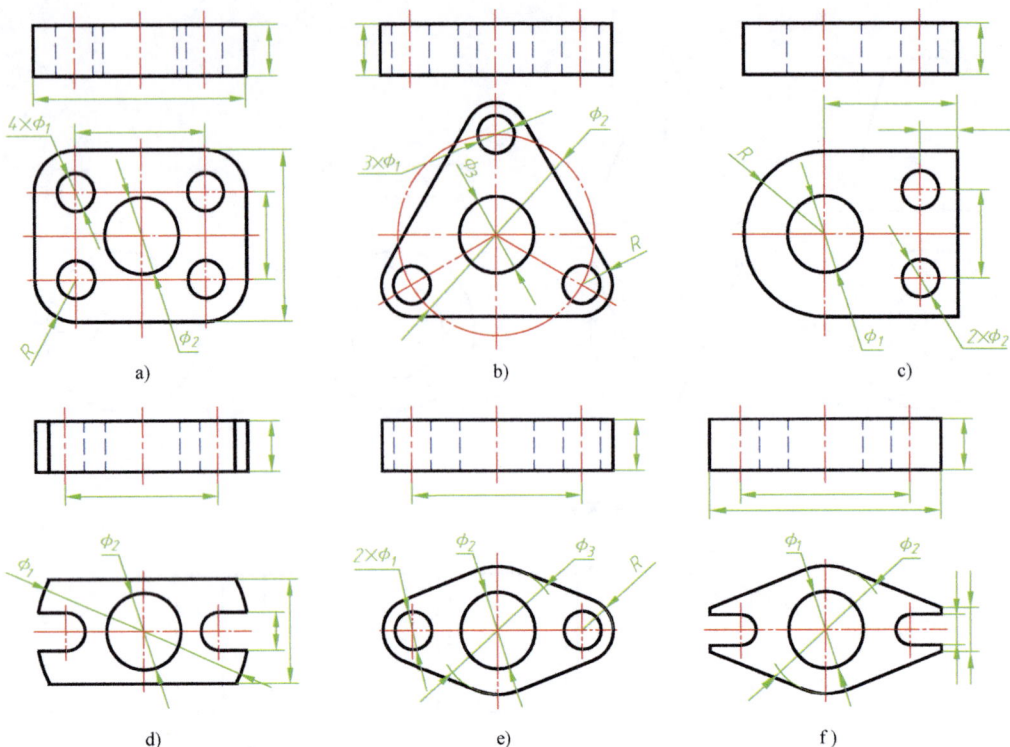

图 4.14　常见平板的尺寸标注方法

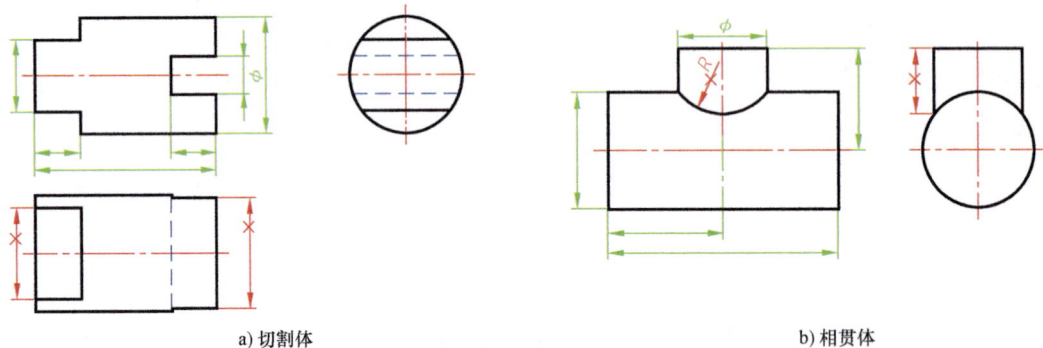

a) 切割体　　　　　　　　　　　　　　b) 相贯体

图 4.15　切割体和相贯体的尺寸标注法

三、组合体的尺寸标注方法和步骤

【例 4.3】　标注图 4.16 所示轴承座的尺寸。

尺寸标注步骤如下：

（1）形体分析　图 4.16 所示轴承座可以分为五个部分——底板、竖板、圆筒、肋板和凸台。轴承座的组合形式属于综合类。底板可以看作由长方体经过倒圆角、钻孔形成的切割体，圆筒和凸台可以看作由圆柱体经过钻孔形成的切割体。轴承座的五个组成部分之间经过堆叠、

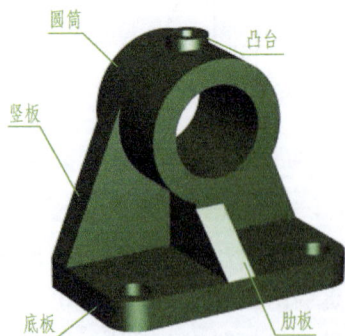

组合体的尺寸
标注方法
和步骤

图 4.16　轴承座

圆筒
凸台
竖板
底板
肋板

4

CHAPTER

84

相贯、相交形成综合类组合体。其中，底板和竖板的后表面平齐叠加；竖板与圆筒的左右两端相切；肋板与底板、圆筒相交；圆筒和凸台相贯，产生内外两条相贯线。

（2）选择尺寸基准 如图 4.17a 所示，分别以底面、竖板的后表面和左右对称面为高度、宽度和长度方向的主要尺寸基准。

（3）标注定形、定位尺寸 如图 4.17a～d 所示，标注定位尺寸 15mm、55mm、80mm、160mm，大、小圆筒的定形尺寸，底板的定形和定位尺寸；肋板的定形尺寸。

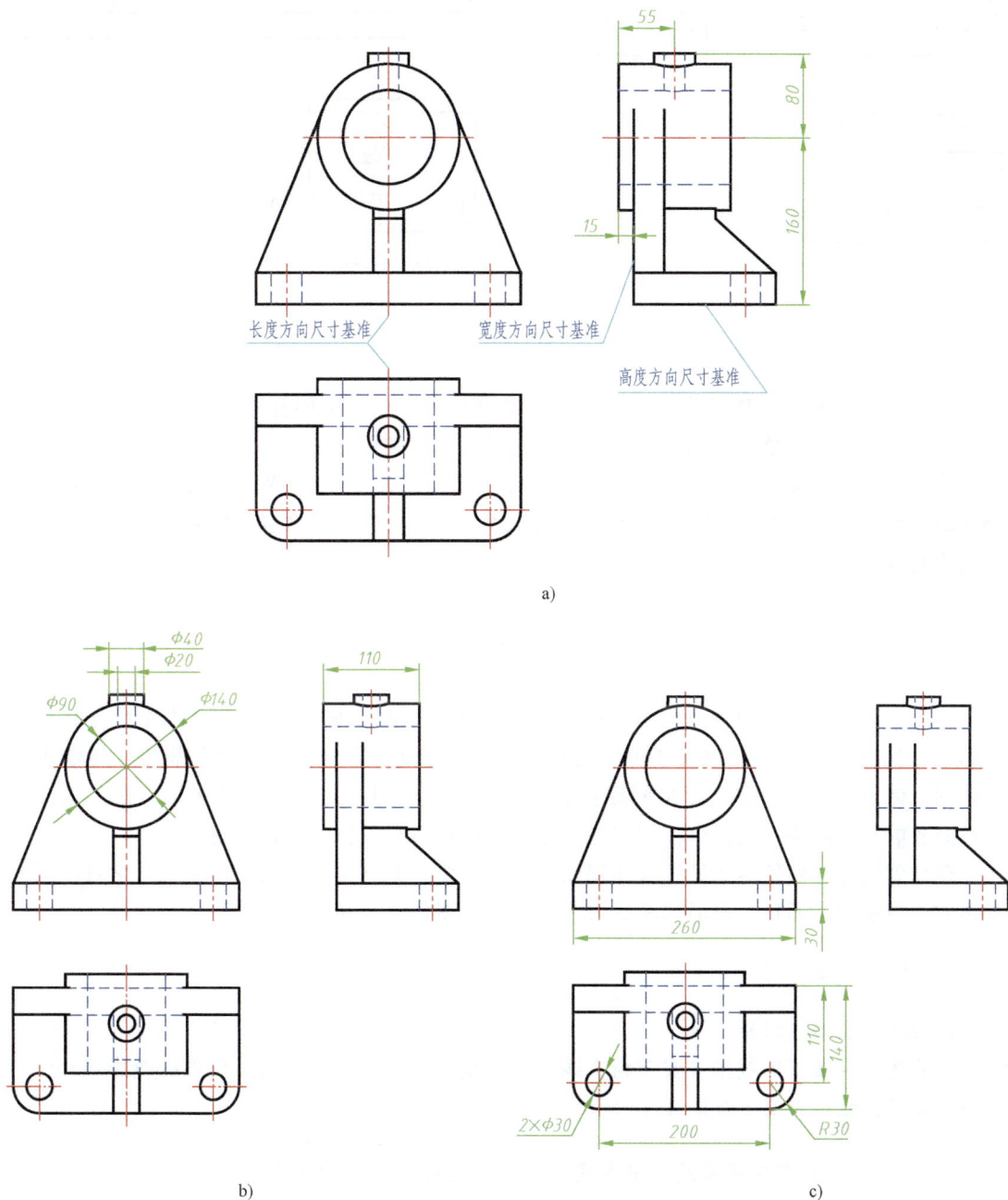

a)

b)   c)

图 4.17 轴承座的尺寸标注

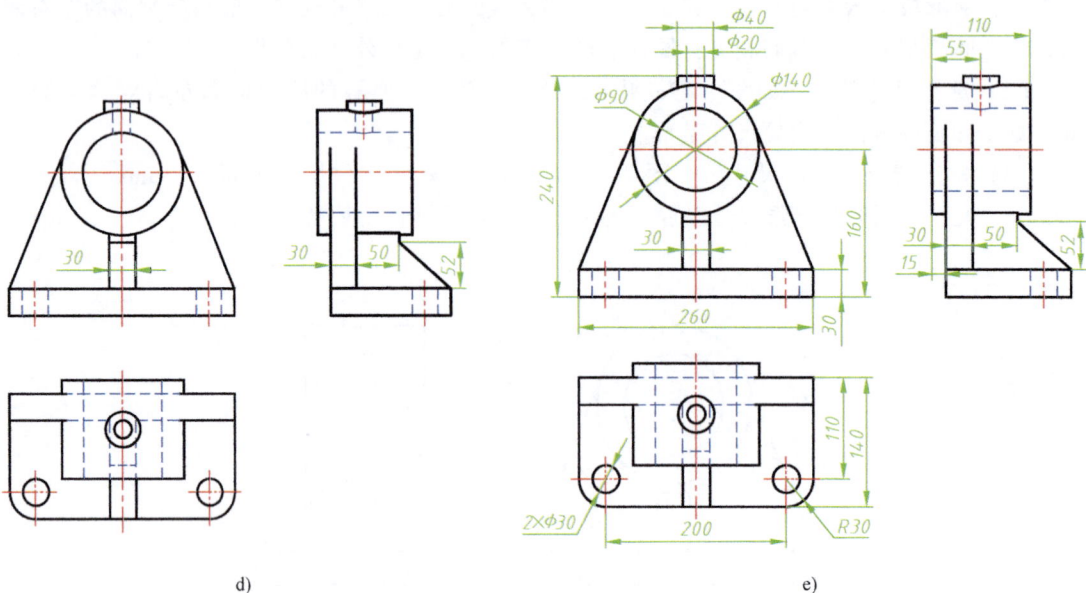

d)　　　　　　　　　　　　　　　　　　　　　e)

图 4.17　轴承座的尺寸标注（续）

（4）调整并标注总体尺寸　组合体是一个整体，因此，需要标注其外形和所占空间的总体尺寸，即总长、总宽、总高。标注时应注意调整，避免出现多余尺寸，否则可能出现封闭尺寸链，这种情况是不允许的，如图 4.17e 所示，总长 260mm 及总宽 155mm（140mm+15mm）和已有尺寸重复，不必再标注；总高 240mm 注出后，要将定位尺寸 80mm 去掉，否则就重复标注了。

第三节　读组合体视图

读图和画图是本书的重点内容。画图是用正投影法把空间立体的组合体表示为其各面投影图（如三视图）；而读图则是根据已画出的视图，运用投影规律和立体思维，想象出组合体的立体形状。画图和读图是同等重要的，掌握好读图方法并能熟练运用，是工程技术人员必备的基本能力。读组合体视图是读零件图的预演和重要的知识储备。

要做到快速、熟练地读懂组合体视图，首先需要掌握有关读图的基本知识，学习读图的基本方法与步骤，通过大量的读图练习，来提高读图的速度和准确度。

一、读图的基本知识

1. 视图中图线的含义

组合体三视图中的线型主要有粗实线、细虚线和细点画线。读图时应根据投影规律，正确分析每条图线的含义，如图 4.18 所示。

（1）视图中粗实线、细虚线（包括直线和曲线）的含义

1）两表面的交线，如图 4.18 所示主视图中的洋红色相贯线，也可以是棱线、面的轮廓

界线。

2）曲面转向轮廓素线，如图4.18中的绿色线。

3）积聚为线的面，如图4.18中的黑色线。这种线有两种含义：一是垂直于投影面的平面或曲面；二是这个面上的所有轮廓线，线上不同位置的线段其含义也不同。

（2）视图中细点画线的含义

1）图形对称中心线，如图4.18中的红色细单点画线。

2）回转体轴线，如图4.18中的蓝色细单点画线。

3）圆的对称中心线，如图4.18中的黄色细单点画线。

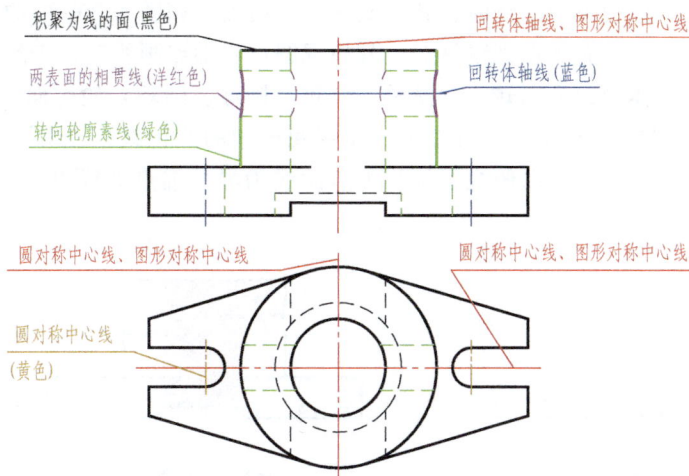

图4.18　视图中图线的含义

2. 线框的含义和划分

正常情况下，投影视图中的线框是由粗实线、细虚线围绕起来的封闭区域轮廓。只有在两种特殊情况下，线框才不封闭：一种情况是图4.19a所示的"曲面裁剪"；另一种情况是零件过渡圆角交会时侧面投影的画法，如图4.19b所示。除这两种情况之外，视图中的所有线框必须封闭，可以以此来检验投影视图的正确性和完整性。

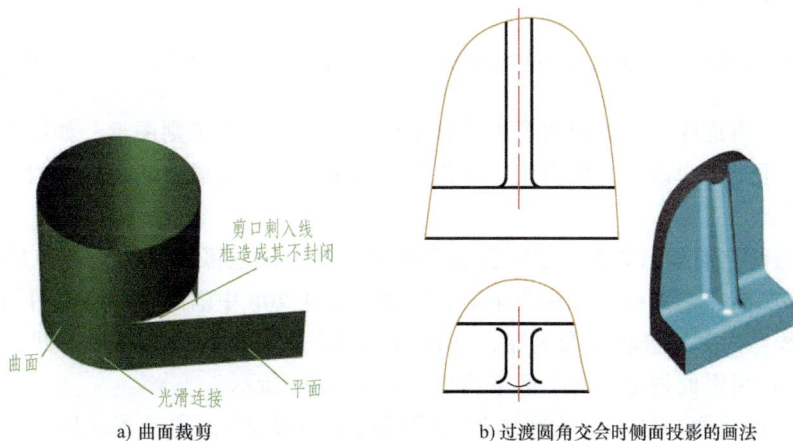

a) 曲面裁剪　　　　b) 过渡圆角交会时侧面投影的画法

图4.19　线框不封闭的两种特殊情况

(1) 线框的含义

💡 1) 平面。例如，图 4.20a 所示俯视图中黄色区域线框对应主视图中的黄色直线，因此，黄色区域线框为平面。

区域线框的其他视图为直线时，其含义一定为平面，如图 4.20a 中的蓝色区域线框。区域线框外轮廓为不规则多边形且对应视图也为不全等多边形时，其含义一定为平面。

2) 曲面。例如，图 4.20a 所示主视图中的粉红色区域线框，其俯视图为粉红色圆，根据圆柱的投影逆推，粉红色区域线框的含义为圆柱体轮廓面。

当区域线框的其他视图为曲线时，其含义一定为曲面，如图 4.20b 中的红色及蓝色区域线框。区域线框中心部位有细点画线且对应其他视图也有细点画线时，其含义很可能为回转体曲面。最常见的形体曲面为回转体（圆柱、圆锥、圆球、圆环）轮廓面。

3) 平面及相切曲面。例如，图 4.20b 所示主视图中的绿色线框，对应俯视图为圆弧及直线，因此其含义为组合面，以俯视图两侧细点画线为界，细点画线以内为圆孔内侧曲面、以外为平面。

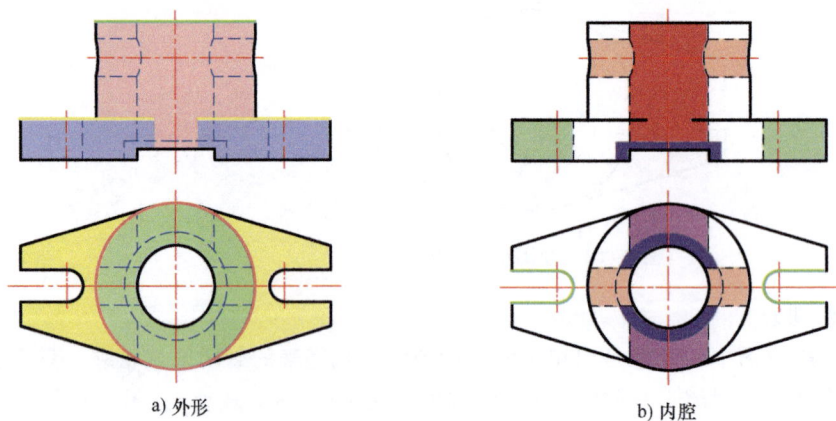

模型动画

a) 外形　　　　　　　　　　　　　b) 内腔

图 4.20　视图中线框的含义

(2) 区域线框的划分原则

💡 1) 规则图形原则。常见的平面规则图形有矩形、圆形、等腰梯形、三角形等，而很多情况下，由这些常见规则图形组合起来的图形也被视为规则图形，如图 4.21 所示。

规则图形原则即为以上述规则图形为路径，沿最大外沿组成首尾相连的封闭线框。组合过程中应注意：

① 忽略局部小细节。如图 4.20a 所示主视图中的粉红色区域线框，若忽略上部曲线缺口和下部矩形凸出，则此线框可视为矩形。同理，图 4.20b 中的红色线框也可视为矩形。

② 规则线框内部如被粗实线贯穿，可视为原线框区域面部分凸起或下凹，形成高低不平的两个面。也可因此划分为两个区域线框，如图 4.22 所示。

③ 遇"曲面裁剪"情况（轮廓线刺入线框内而不贯穿），须补齐线段，如图 4.20a 所示主视图中线框的下部。

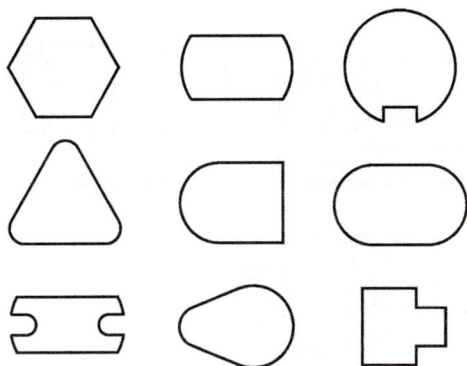

图 4.21 组合规则图形

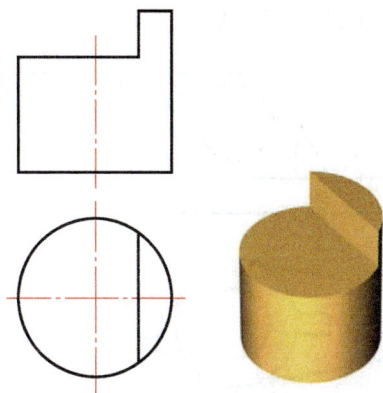

图 4.22 规则图形内部被轮廓线贯穿

④ 点画线不参与线框划分（半剖视图除外）。

2）先实（线）后虚（线）、先外后里、先整体后局部的原则。粗实线代表前面、外部可见轮廓，虚线代表后面、内部不可见轮廓。划分线框时，应先以粗实线最大轮廓为路径，忽略局部细节和虚线，如图 4.20a 所示。先分析整体或主体部分的轮廓形状，然后再划分由虚线围成的线框，内部、后面轮廓一般都与外部侧面相通，因此，虚线区域线框一般都有粗实线参与。虚线区域线框、局部小区域线框的含义是依附于主体结构的附属体轮廓。

3. 基本体投影逆推

（1）圆柱 若区域线框可视为矩形、对应视图为圆形或圆弧，则其表达的实体为圆柱。

（2）圆锥、圆锥台 若区域线框可视为三角形、梯形、对应视图为圆形或圆弧，则其表达的实体为圆锥或圆锥台。

（3）棱柱 多边形区域线框对应视图为矩形时，该实体必为棱柱。

（4）棱锥、棱锥台 多边形线框对应视图为三角形时，其表达的实体为棱锥或棱锥台。

（5）圆球 若两不平行投影视图均为等径圆形或圆弧，则其表达的实体为球。

二、读组合体视图的方法和步骤

1. 读图的步骤和要点

读组合体
视图的
方法和步骤

1）先从反映形体特征最明显的视图（通常为主视图）入手，划分区域线框，猜测线框所表达的面或体的轮廓结构。

2）利用投影关系找其他对应视图。

3）运用"拉抽屉""吹气球""搭帐篷"或"拉伸""旋转""扫掠""合成"等三维动态思维，读懂组合单体的轮廓形状。

4）确立主体和依附体，分析各单体之间的组合形式（堆叠、挖切、综合），分析各表面的对齐关系（平齐或不平齐、相切、相交）。

5）分析单体相对于主体的位置，以及各单体之间的相互位置。

6）想象出整体结构轮廓，并利用投影关系进一步验证、确认。

2. 读图实践

【例 4.4】 根据图 4.23a 所示组合体三视图，想象出其空间形状。

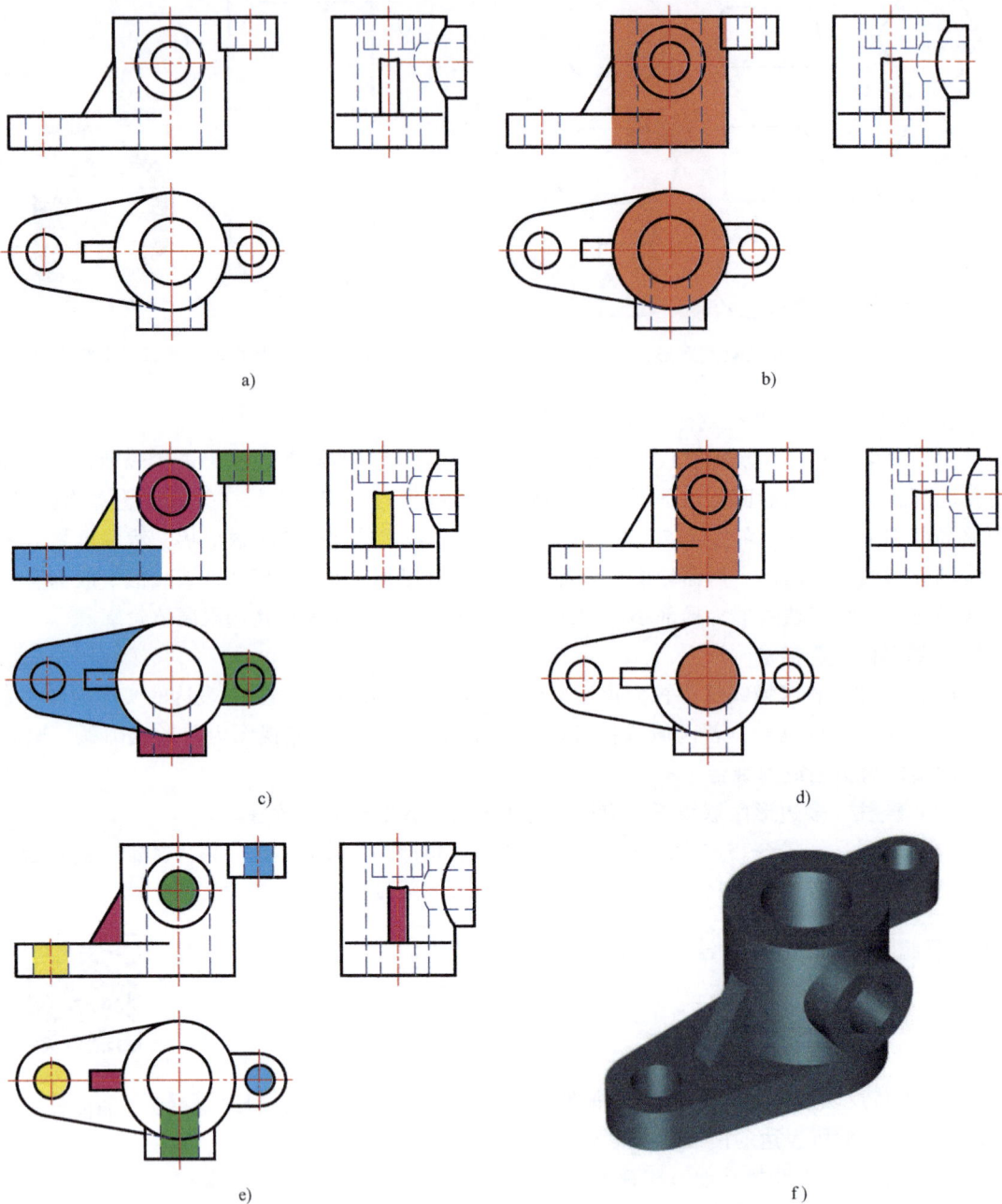

a)

b)

c)

d)

e)

f)

图 4.23 读支座视图

读图步骤如下：

1) 划分主体轮廓线框，找对应视图。在主视图上画出最大矩形区域线框，在俯视图上找到对应圆形区域线框，可知，此组合体主体为圆柱，如图 4.23b 所示。

2) 继续划分其他粗实线线框。由主、俯视图可知，青色区域表达的形体为广义柱体

（底板）；同理，绿色区域也为广义柱体（半圆头板）；洋红色区域为圆柱；黄色区域为三棱柱（支承肋板），如图 4.23c 所示。

3）划分虚线区域线框，找对应视图。经分析，主体圆柱内挖中孔，上下贯通为一圆筒，如图 4.23d 所示。

4）如图 4.23e 中绿色区域所示，主视图前端中部圆柱也为圆筒；左右两端黄色和蓝色区域为在广义柱体上挖小孔。

5）分析组合形式、相对位置、面对齐形式。经分析，此实体为堆叠式组合，如图 4.23f 所示。

三、根据组合体的两视图补画第三视图

补图或补线是根据已知的完整两视图或缺线的几个视图，通过分析，想象出组合体的形状，再画出第三视图或所缺图线。这是一种读图训练和考查方法。

【例 4.5】 根据图 4.24 给出的俯视图、左视图补画主视图。

作图步骤如下：

1）视图主体部分近似矩形，补齐之后仍然符合投影关系，可知主体部分由长方体切割而成，如图 4.25a 所示，可补画出主体近似轮廓视图。

2）读懂主体部分形状，补画主体部分视图。

① 切割掉右上部分四棱柱，留下一个六棱柱，如图 4.25b 所示。

图 4.24 补画视图

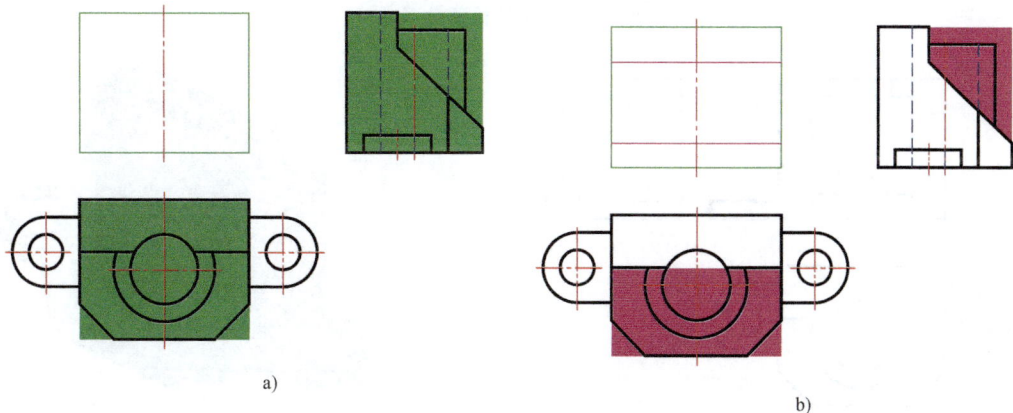

② 将图 4.25c 中洋红色区域线框看成是"抽屉"面，沿俯视图长度方向"拉伸"，可得出六棱柱的形状。

③ 切掉前端两个小三棱柱，如图 4.25d 所示。

由上述分析，可以得出主体部分轮廓形状如图 4.26 所示。

3）读其他部分形状并补画视图。

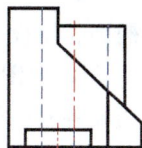

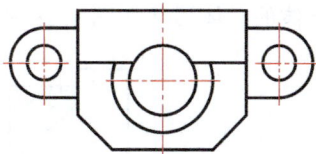

a)

b)

图 4.25 主体部分形体

4

CHAPTER

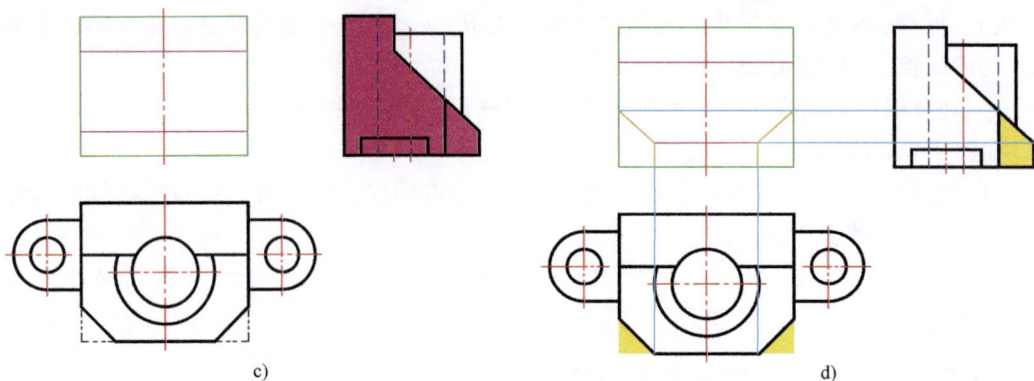

图 4.25　主体部分形体（续）

① 由图 4.27a 中的绿色线框划分及形体分析可知，中心部位为一圆筒，此孔上下贯通，圆管外轮廓与斜面相贯，相贯线为一椭圆，用投影取点法求其主视图的投影。

② 由图 4.27b 中的红色区域线框分析可知，组合体下部左右两端各有一全等带孔半圆头板与主体堆叠组合，下端与底面平齐。

③ 经检查无误，整理加粗线型后的视图如 4.28 所示。

④ 该组合体的立体形状如图 4.29 所示。

图 4.26　主体部分轮廓形状

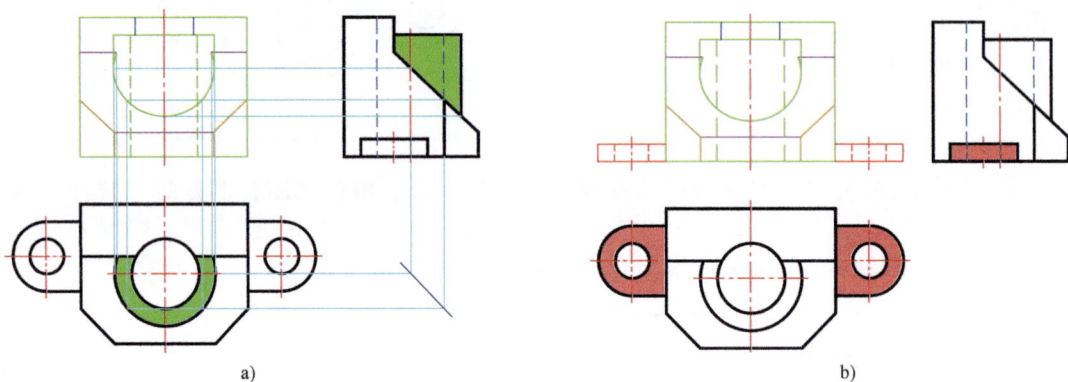

图 4.27　读其他部分形状

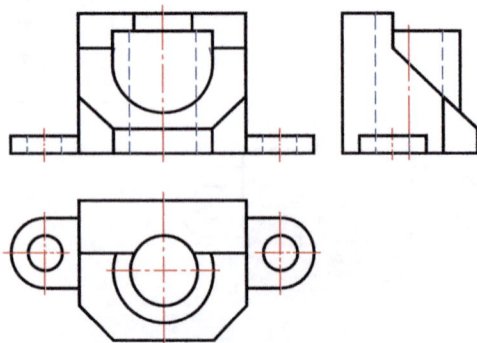

图 4.28　补全后的视图

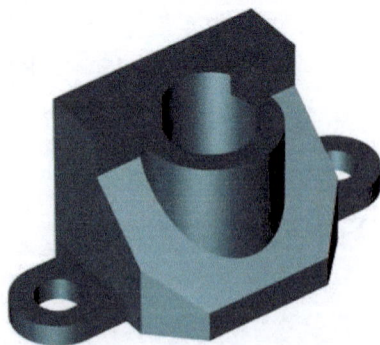

图 4.29　组合体的立体形状

4

CHAPTER

第五章　轴　测　图

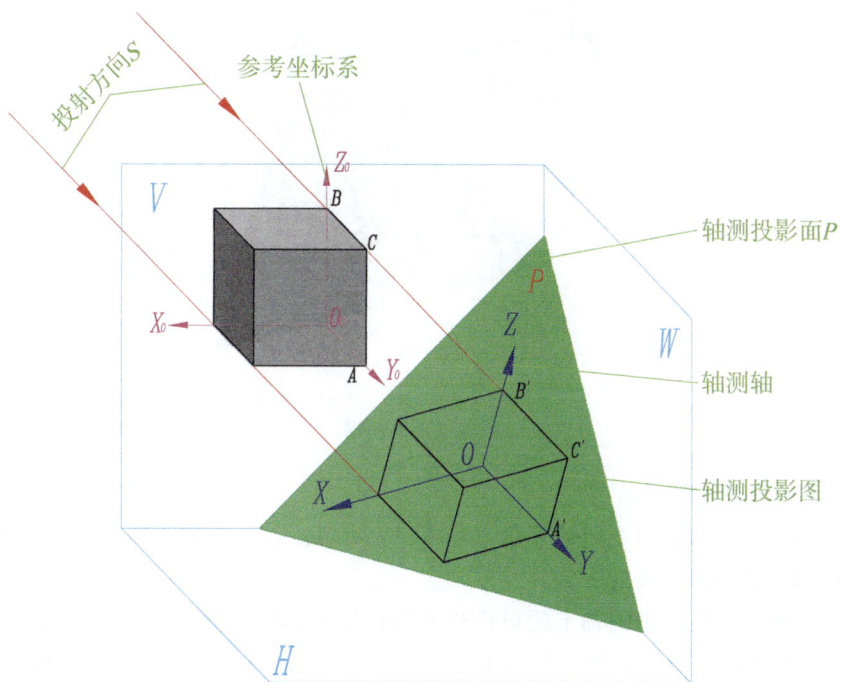

投射方向S

参考坐标系

V

Z_0

B

C

X_0

O_0

A

Y_0

轴测投影面P

P

Z

B'

W

轴测轴

O

C'

轴测投影图

X

A'

Y

H

第一节 轴测图的基本知识

一、轴测图的形成

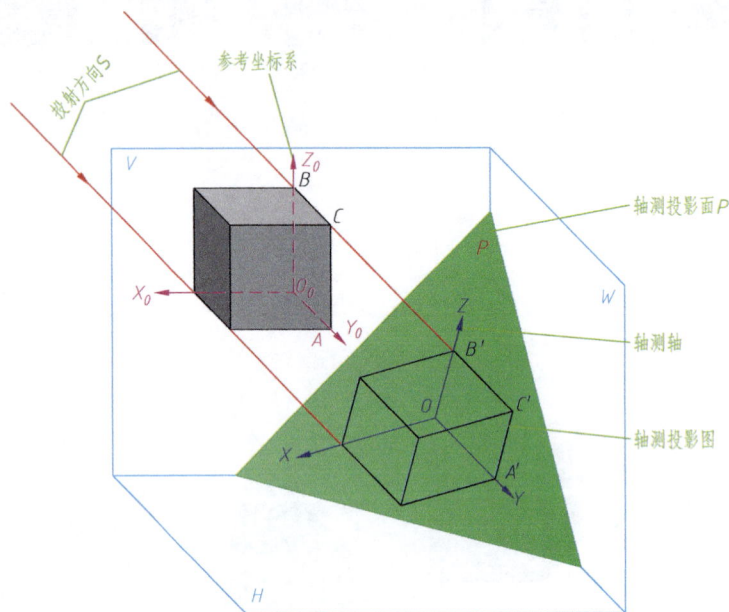

如图 5.1 所示，将物体连同其参考直角坐标系，沿不平行于任一坐标平面的方向 S，用平行投影法向单一投影面 P 进行投射得到的投影图称为轴测投影图，简称轴测图。它能够反映物体多个面的形状，立体感较强。被选定的单一投影面 P 称为轴测投影面；物体上被选定的直角坐标轴 O_0X_0、O_0Y_0、O_0Z_0 在 P 上的投影 OX、OY、OZ 称为轴测投影轴，简称轴测轴。

轴测图的形成

图 5.1 轴测图

1. 轴间角和轴向伸缩系数

（1）轴间角 两轴测轴之间的夹角 $\angle XOY$、$\angle XOZ$、$\angle YOZ$ 称为轴间角。用轴间角可以控制物体轴测投影的形状变化。

（2）轴向伸缩系数 轴测轴上的单位长度与相应坐标轴上的单位长度之比，分别称为 X 轴、Y 轴和 Z 轴的轴向伸缩系数，分别用 p_1、q_1、r_1 表示。轴向伸缩系数可以控制轴测投影的大小变化。设在 X 轴、Y 轴和 Z 轴上各取单位长度 u，投射到相应轴测轴 OX、OY、OZ 上的单位长度分别为 i、j、k，那么 $p_1 = i/u$、$q_1 = j/u$、$r_1 = k/u$。

2. 轴测图的基本性质

由于轴测投影也属于平行投影，因此，轴测图具有平行投影的所有特性：

1）物体上互相平行的线段，其轴测投影也互相平行。如图 5.1 所示，立体上 $O_0A /\!/ BC$，其轴测投影 $OA' /\!/ B'C'$。

2）物体上互相平行的两线段或同一直线上两线段的长度之比，在轴测图上保持不变。

3）物体上平行于轴测投影面的直线和平面，在轴测图上反映实长和实形。

由此可见，与坐标轴平行的线段，它们的轴测投影长度等于线段的空间实长与相应轴向伸缩系数的乘积。因此，已知轴间角和轴向伸缩系数，就可以沿着轴向度量画出物体上的各点和线段，从而画出整个物体的轴测投影，轴测图中的"轴测"即由此而来。

二、轴测图的种类

根据轴测投射方向 S 与轴测投影面 P 的相对关系，轴测图可分为两大类：正轴测图和斜轴测图。

1. 正轴测图

如图 5.1 所示，正轴测图由正投影法形成，投射方向 S 垂直于投影面 P。作图时，一般使物体的 X_0、Y_0、Z_0 轴都倾斜于投影面。

2. 斜轴测图

斜轴测图由斜投影法形成，投射方向 S 倾斜于投影面 P。作图时，一般使物体的 XOZ 平面平行于投影面 P。

由于确定空间物体位置的直角坐标轴对轴测投影面的倾角大小不同，则轴向伸缩系数也不同，故上述两大类轴测图又各分为下列三种：

1）当 $p_1 = q_1 = r_1$ 时，称为正等轴测图或斜等轴测图，简称正等测或斜等测。

2）当 $p_1 = q_1 \neq r_1$ 或 $q_1 = r_1 \neq p_1$ 或 $p_1 = r_1 \neq q_1$ 时，称为正二轴测图或斜二轴测图，简称正二测或斜二测。

3）当 $p_1 \neq q_1 \neq r_1$ 时，称为正三轴测图或斜三轴测图，简称正三测或斜三测。

实际应用中，为了作图方便，通常根据物体的具体形状选择一种合适的轴测投影，其中正等测和斜二测应用较多，机械工程中通常采用正等测。对于正二测和斜二测，一般采用的轴向伸缩系数为 $p_1 = r_1$，$q_1 = p_1/2$，其余各种轴测投影作图很复杂，一般很少采用。本章只介绍正等测和斜二测的画法。

第二节 正等轴测图

一、正等轴测图的形成及参数

当物体上选定的三个直角坐标轴与轴测投影面的倾角相等时，用正投影法得到的轴测投影图称为正等轴测图，简称正等测。

由于三个坐标轴对投影面的倾角相等，因此，正等测中的三个轴间角相等，均为 120°，如图 5.2 所示。作图时，一般将 OZ 轴画成铅垂方向。正等测中三个轴的轴向伸缩系数也相等，经数学方法推算，$p_1 = q_1 = r_1 \approx 0.82$。为了作图简便，通常采用简化轴向伸缩系数 $p = q = r = 1$，这样，沿轴向的所有尺寸只需用实长度量。

如图 5.3 所示，对边长为 d 的正方体采用不同轴向伸缩系数所作的轴测图进行比较可知，其形状不变，但图形按一定比例放大，当取 $p = q = r = 1$ 时，各轴向长度尺寸都分别放大了 $1/0.82 \approx 1.22$ 倍。

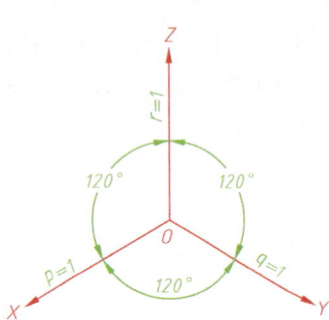

图 5.2　正等轴测图的轴间角
与轴向伸缩系数

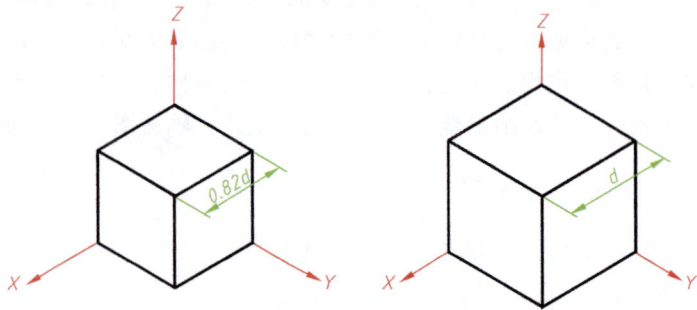

图 5.3　不同轴向伸缩系数所作轴测图的比较

二、平面立体及基本回转体的正等轴测图

1. 平面立体的正等轴测图的画法

绘制平面立体轴测图的基本方法是坐标法。所谓坐标法，就是选好坐标系，画出对应的轴测轴，根据立体表面上各个顶点的坐标，按照"轴测"原理，画出它们的轴测投影，然后连接成平面立体。

【例 5.1】　根据图 5.4a 所示正六棱柱的投影图，画出它的正等轴测图。

分析：在轴测图中，为了使画出的图形更加清晰，通常不画物体的不可见轮廓。本题作图的关键是选好坐标轴和坐标原点。将坐标原点放在正六棱柱顶面，先确定顶面各顶点的坐标，这样有利于沿 ZO 轴方向从上向下量取棱柱高度 h，可使作图简化。作图步骤如下：

1）进行形体分析，确定坐标轴。将直角坐标系原点 O_0 放在顶面中心位置，并确定坐标轴 O_0X_0、O_0Y_0，如图 5.4a 所示。

2）作出轴测轴 OX、OY、OZ，并在 OX 轴上量取 $OC_1 = OF_1 = o_0c = o_0f$；在 OY 轴上量取 $OA_1 = OB_1 = o_0a = o_0b$，过 A_1、B_1 分别作 $D_1E_1 /\!/ OX$、$G_1H_1 /\!/ OX$，并使 D_1E_1、G_1H_1 等于六边形的边长。依次连接各点，可得正六棱柱的顶面，如图 5.4b 所示。

3）过顶面点 H_1、C_1、D_1、E_1 沿 OZ 轴向下作 OZ 的平行线并截取高度 h，得到底面上的对应点 I_1、K_1、L_1、M_1，分别连接各对应点，可得六棱柱的底面，如图 5.4c 所示。

4）擦去多余图线，用粗实线加深物体的可见轮廓线，得到六棱柱的正等轴测图，如图

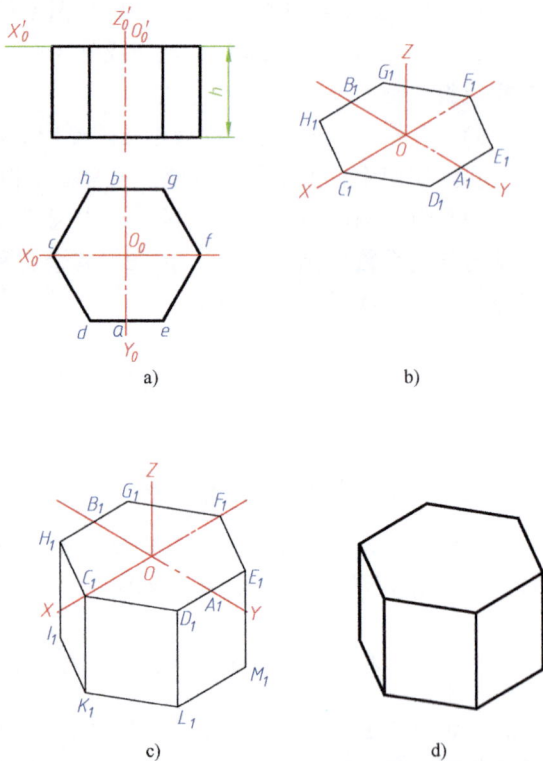

图 5.4　正六棱柱正等轴测图的画法

5.4d 所示。

2. 坐标面或其平行面上圆的正等轴测图的画法

在三个坐标面或平行于坐标面的平面上的圆，其正等测投影为椭圆。将长度为 d 的立方体上的三个不可见平面作为坐标面时，其余三个平面内的内切圆的正等测投影如图 5.5 所示。从图中可知：

1）三个椭圆的形状和大小一样，但方向各不相同。

2）各椭圆的短轴与相应菱形（圆的外切正方形的轴测投影）的短对角线重合，各椭圆长轴与相应菱形的长对角线重合，其方向都与相应的轴测轴垂直，该轴测轴就是垂直于圆所在平面的坐标轴的投影。

3）若采用实际理论轴向伸缩系数，则各椭圆的长轴为圆的直径 d，短轴为 $0.58d$；若采用简化轴向伸缩系数，则其长、短轴长度均放大 1.22 倍，即长轴为 $1.22d$，短轴约为 $0.71d$。

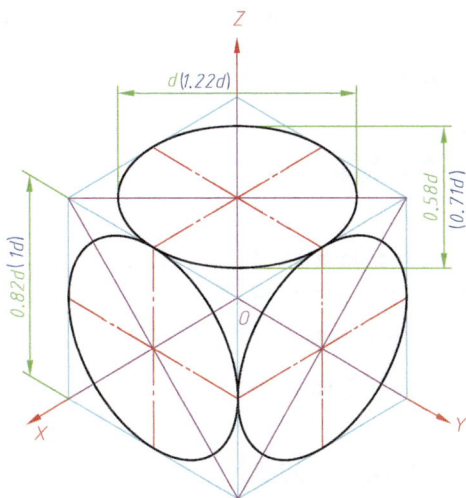

图 5.5　平行于坐标面的圆的正等轴测图

3. 圆的正等轴测图（椭圆）的画法

椭圆常用的简化画法是菱形四心法。即椭圆用四段圆弧代替，这四段圆弧根据椭圆的外切菱形确定四个圆心求得。作图方法和步骤如图 5.6 所示：

1）过圆心 O_0 作坐标轴 O_0X_0、O_0Y_0，再作圆的外切正方形，切点为 a、b、c、d，如图 5.6a 所示。

2）作轴测轴 OX、OY，从点 O 沿轴向量得切点 A_1、B_1、C_1、D_1，过这四点作轴测轴的平行线，得到菱形，并作菱形的对角线，如图 5.6b 所示。

3）过点 A_1、B_1、C_1、D_1 作菱形各边的垂线，在菱形的对角线上得到四个交点 O_2、O_3、O_4、O_5，这四个点就是代替椭圆弧的四段圆弧的圆心，如图 5.6c 所示。

4）分别以 O_2、O_3 为圆心，以 O_2A_1 或 O_2B_1、O_3C_1 或 O_3D_1 为半径画弧 A_1B_1、D_1C_1；

圆的正等轴测图
的绘图视频

5

CHAPTER

再以 O_4、O_5 为圆心，O_4A_1 或 O_4D_1、O_5B_1 或 O_5C_1 为半径画弧 D_1A_1、B_1C_1，即得近似椭圆，如图 5.6d 所示。

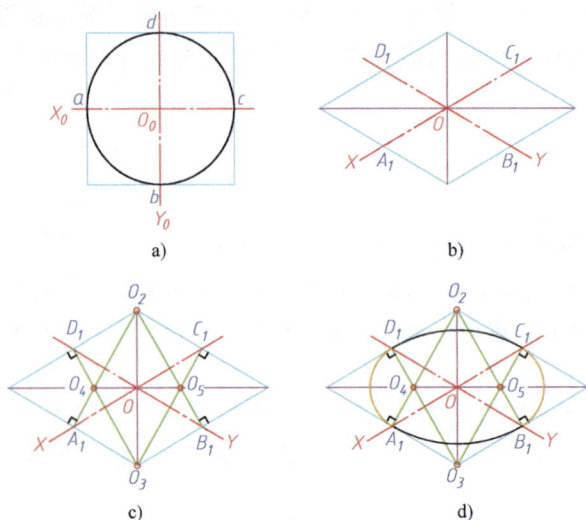

图 5.6　正等轴测椭圆的近似画法（菱形四心法）

4. 基本回转体的正等轴测图

（1）圆柱的正等轴测图

【例 5.2】　根据图 5.7a 所示投影图，画出圆柱的正等轴测图。

分析： 从投影图可知，此圆柱的轴线垂直于水平面，上下底面为两个与水平面平行且大小相等的圆，在轴测图中均为椭圆，可以取顶圆的圆心作为坐标原点。作图步骤如下：

1）以顶面圆的圆心为原点 O_0，确定坐标轴 O_0X_0、O_0Y_0、O_0Z_0，如图 5.7a 所示。

2）作出轴测轴 OX、OY、OZ，用菱形四心法画出顶面圆，将顶面四段圆弧圆心沿 Z 轴向下平移 h，画出底圆，如图 5.7b 所示。

3）作出两椭圆的公切线，如图 5.7c 所示。

4）擦去作图线、描深，完成圆柱的正等轴测图，如图 5.7d 所示。

（2）圆角的正等轴测图

【例 5.3】　如图 5.8a 所示，根据圆角的投影图，画出它的正等轴测图。

分析： 形体经常有部分圆角结构，绘制

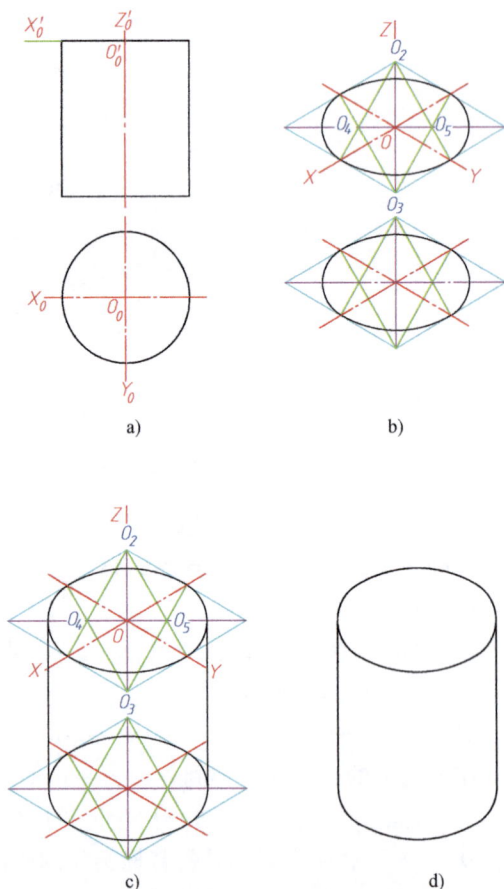

图 5.7　圆柱的正等轴测图的画法

圆角时可先按方角画出，再根据圆角半径，参照圆的正等轴测椭圆的近似画法，定出近似轴测投影圆弧的圆心，作出圆角的正等轴测图。作图步骤如下：

1）选坐标轴 O_0X_0、O_0Y_0、O_0Z_0，由已知圆角半径 R，找出切点 a、b、c、d，过各切点作切线的垂线，两垂线的交点即为圆心，如图 5.8a 所示。

2）由圆角半径 R 找出切点 A_1、B_1、C_1、D_1，过各切点作切线的垂线，两垂线的交点即为圆心。以 O_2 为圆心，作圆弧 A_1B_1；以 O_3 为圆心，作圆弧 C_1D_1，如图 5.8b 所示。

3）采用移心法将 O_2、O_3 沿 OZ 向下移动 h，即得下底面两圆弧的圆心 O_4、O_5，以 O_4、O_5 为圆心作对应的圆弧，如图 5.8c 所示。

4）擦除作图线、描深，即完成全图，如图 5.8d 所示。

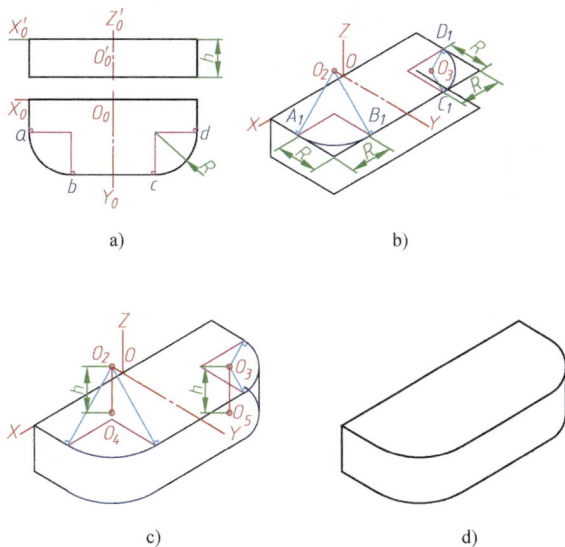

图 5.8　圆角的正等轴测图的画法

三、组合体的正等轴测图

画组合体的正等轴测图时，首先要进行形体分析，弄清形体的基本组成情况，如由哪些基本体组成、组合方式怎样、相对位置如何等；然后由正投影图选定坐标轴，按坐标关系将各个基本体的正等轴测图逐一作出；最后按组合方式完成组合体，擦去各形体间不该有的交线和被遮挡的图线。

💡画组合体轴测图的基本方法是坐标法，根据组合体组合方式不同，还有切割法、叠加法和综合法。

【例 5.4】　已知切割体的三视图如图 5.9a 所示，画出它的正等轴测图，尺寸从图上量取。

分析：由三视图可知，垫块可看作长方体分别切去中间长方体、左上方的两三棱柱和后方的两长方体而形成，此类完全通过切割形成的切割体可采用切割法来绘制其正等轴测图。作图步骤如下：

1）由三视图分析，确定坐标轴 O_0X_0、O_0Y_0、O_0Z_0，如图 5.9a 所示。

绘图视频

2）作出轴测轴 OX、OY、OZ（图中未标出 O），按坐标法作出完整的长方体正等轴测图，如图 5.9b 所示。

3）切去中间的长方体。根据投影图上的尺寸，沿相应轴测轴方向量取尺寸，应用两平行线的投影特性，作出中间的长方体，如图 5.9c 所示。

4）切去后方的两个长方体，如图 5.9d 所示。

5）同理，切去前端两个三棱柱，如图 5.9e 所示。

6）擦去多余图线，加深，即完成切割体的正等轴测图，如图 5.9f 所示。

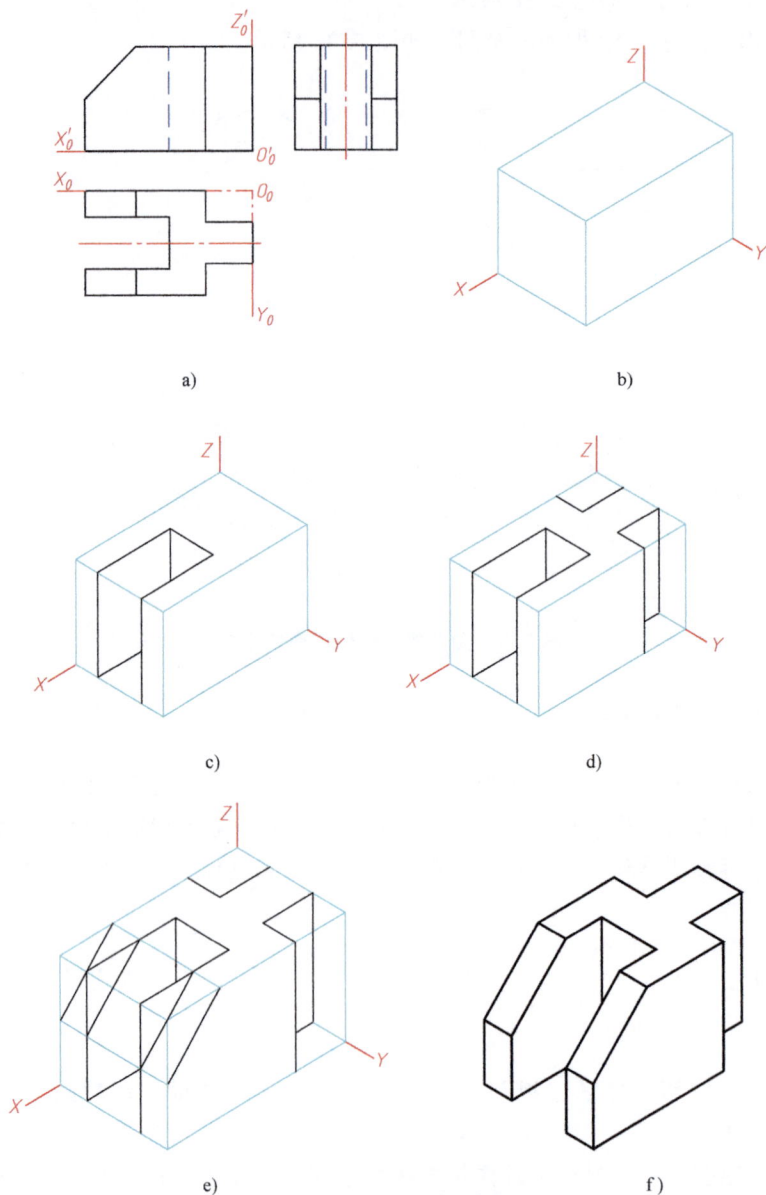

a)   b)

c)   d)

e)   f)

图 5.9 切割体的正等轴测图的画法

【例 5.5】 画出图 5.10 所示组合体的正等轴测图。

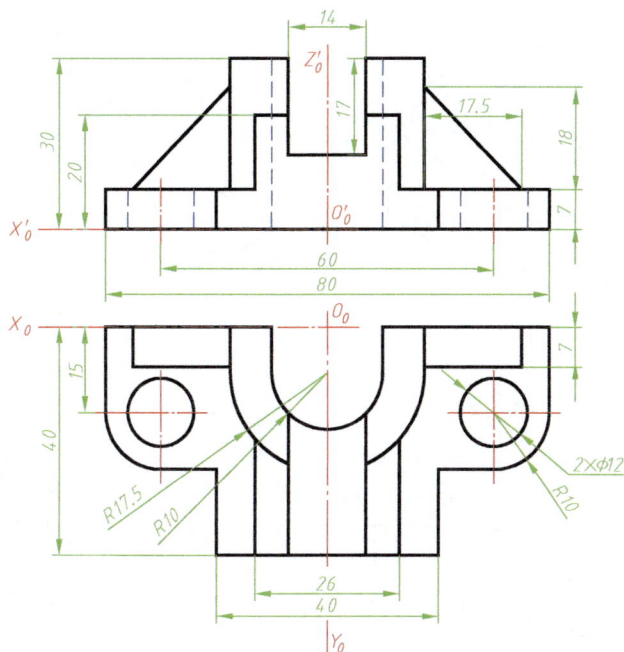

图 5.10 组合体视图

分析：此组合体可看作由矩形底板和竖板等组成，在底板上挖长圆形槽，在竖板上切去半圆形槽。对于这种既有切割又有叠加的组合体，可综合采用上述方法，即综合法。作图步骤如下：

1）根据三视图，确定坐标轴 O_0X_0、O_0Y_0、O_0Z_0。作出轴测轴 OX、OY、OZ，沿轴向分别量取底板在三个轴向的尺寸，作出底板视图，然后根据平行线投影特性，切掉前端两长方体，按图 5.6 及图 5.9 所示画法作出两孔及圆角，如图 5.11a 所示。

2）移动轴测轴到最顶端，画出半圆管上方轮廓线，如图 5.11b 所示。

3）沿 Z 轴方向向下移动圆心，画出所需圆弧，如图 5.11c 所示。

4）根据平行投影原理画出前方长槽，如图 5.11d 所示。

5）同理，画出左右两侧支承肋板，如图 5.11e 所示。

6）检查无误后，擦除多余线条并加深，如图 5.11f 所示。

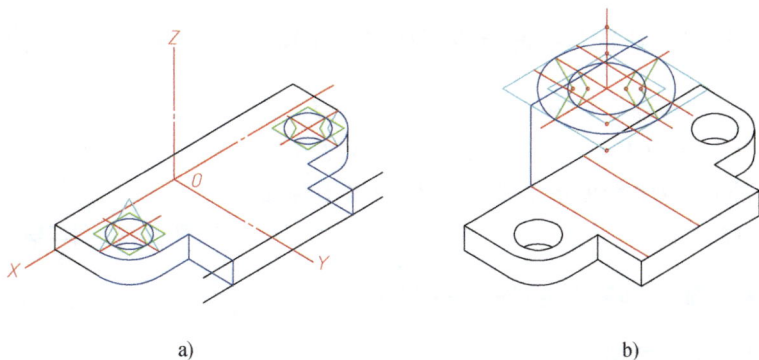

a)   b)

图 5.11 组合体的正等轴测图的画法

c)　　　　　　　　　　　　　　　d)

e)　　　　　　　　　　　　　　　f)

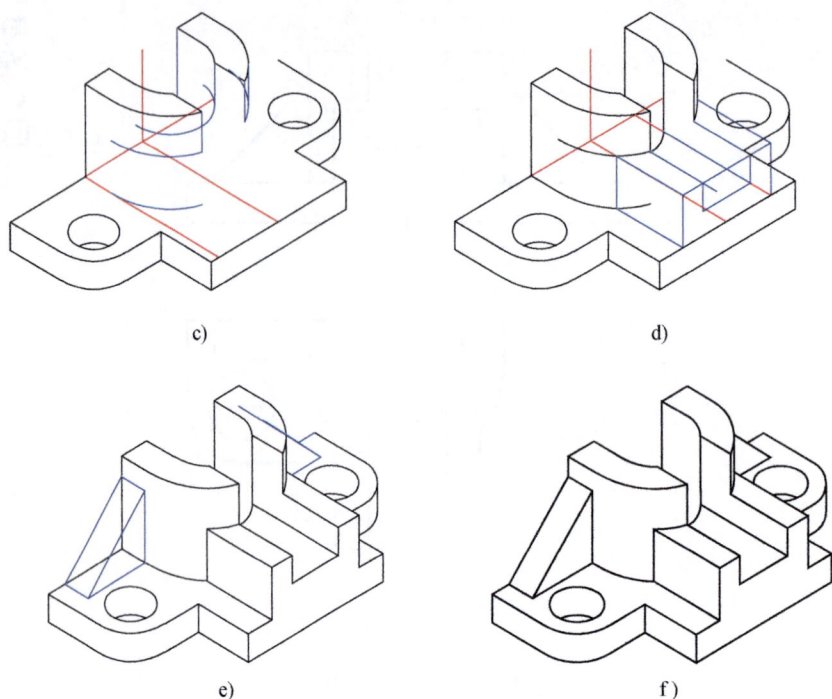

图 5.11　组合体的正等轴测图的画法（续）

第三节　斜二轴测图

一、斜二轴测图的形成及参数

物体的 XOZ 坐标平面平行于轴测投影面 P，采用斜投影法使投射方向与三个坐标轴都倾斜，这样得到的轴测图称为斜二轴测图。轴测轴 OX、OZ 为水平方向和铅垂方向，轴向伸缩系数 $p_1 = r_1 = 1$，而轴测轴 OY 的轴向伸缩系数 q_1 可随投射方向的变化而变化，当 $q_1 \neq 1$ 时即为斜二轴测图。

最常用的一种斜二轴测图为正面斜二轴测，简称斜二测。其轴向伸缩系数为 $p_1 = r_1 = 1$，$q_1 = 0.5$，轴间角 $\angle XOZ = 90°$，$\angle XOY = \angle YOZ = 135°$。作图时规定 OZ 轴画成铅垂方向，OX 轴为水平线，OY 轴与水平线成 45°角，如图 5.12 所示。

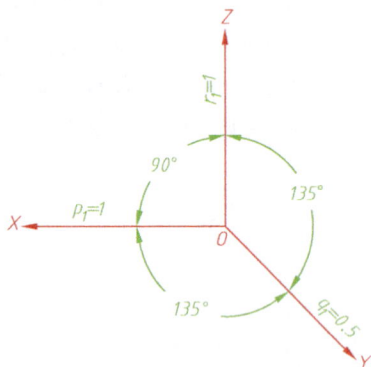

图 5.12　斜二轴测图的参数

二、平面立体及基本回转体的斜二轴测图

1. 平面立体的斜二轴测图

画平面立体的斜二轴测图时，只需采用相应的轴间角和轴向伸缩系数即可，作图步骤和

正等轴测图完全相同。

2. 圆的斜二轴测图

图 5.13 所示为平行于坐标面的圆的斜二轴测图，其特点如下：

1）平行于坐标面 XOZ 的圆的斜二轴测图反映实形，仍为直径相同的圆。

2）平行于坐标面 XOY、YOZ 的圆的斜二轴测图是椭圆，两个椭圆的形状相同，但长、短轴的方向不同。它们的长轴与圆所在坐标面内某一坐标轴所成角度均约为 7°，长轴为 $1.06d$，短轴为 $0.33d$。

图 5.14 所示为平行于面 XOY 的圆的斜二轴测图的示意画法。

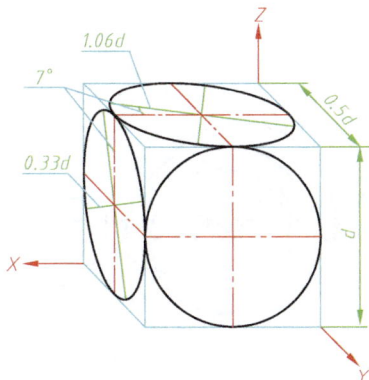

图 5.13　平行于坐标面的圆的斜二轴测图

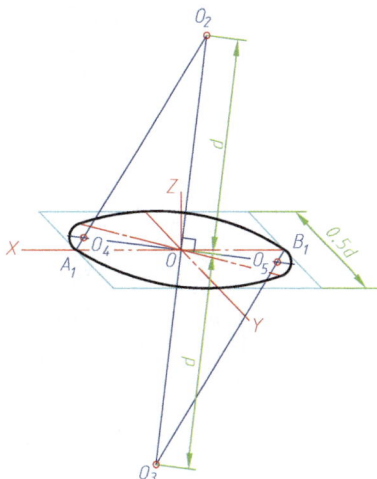

图 5.14　平行于面 XOY 的圆的
斜二轴测图的示意画法

三、组合体的斜二轴测图

在斜二轴测图中，由于物体上平行于 XOZ 坐标面的线段和图形都反映实长和实形，因此，当物体的正面形状较复杂，具有较多的圆或圆弧时，采用斜二轴测作图比较方便。

【例 5.6】　画出图 5.15a 所示压盖的斜二轴测图。

分析：由三视图可知，压盖单向形状复杂，在平行于底面的方向上有许多圆，因此，选用斜二轴测作图比较简便。作图步骤如下：

1）在视图上确定坐标 O_0X_0、O_0Y_0、O_0Z_0，为了使圆的轴测投影仍是圆，必须使俯视图的端面平行于 $X_0O_0Z_0$ 面，并确定前端面圆心 O'_a、O'_b，如图 5.15a 所示。

2）作出轴测轴 OX、OY、OZ，沿 OY 由后向前分别量取 $OO_a = O'_0O'_a/2$、$OO_b = O'_0O'_b/2$，确定圆心，作出各端面圆，如图 5.15b 所示。

3）沿 OX、OY 确定凸缘部分圆心，作出各圆如图 5.15c 所示。

4）作各圆切线及圆柱转向线，如图 5.15d 所示。

5）擦去多余的作图线，描粗加深，即得压盖的斜二轴测图，如图 5.15e 所示。

绘图视频

模型动画

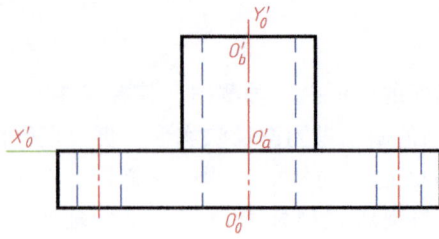

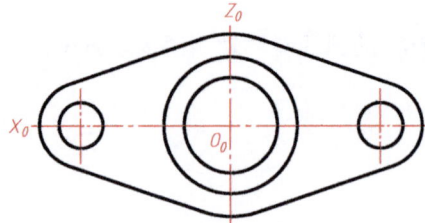

a)

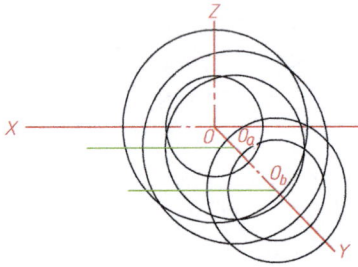

b)

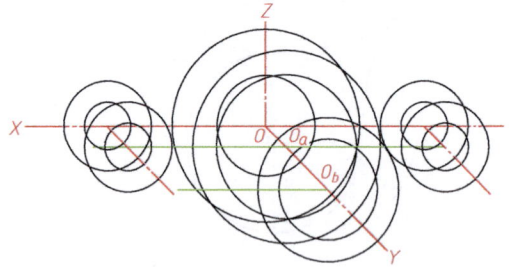

c)

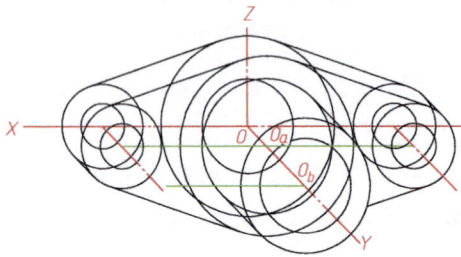

d)

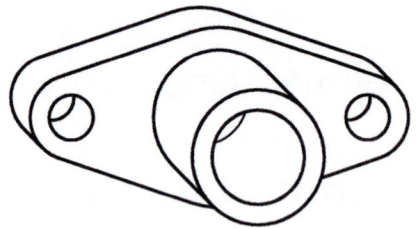

e)

图 5.15　压盖的斜二轴测图

第六章 机件图样的表达方法

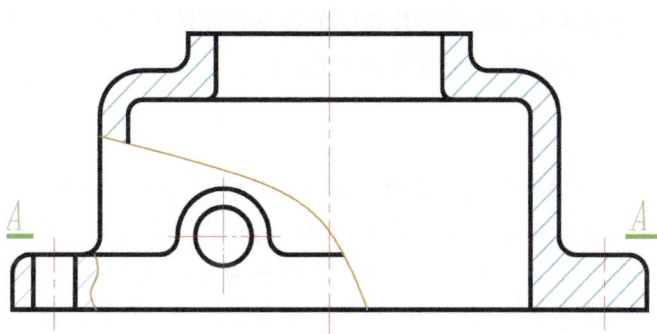

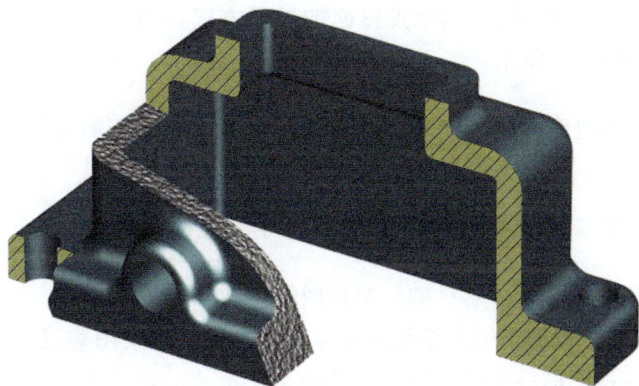

机件的结构形状多种多样，有些机件的内外形状都很复杂，为了能清楚、完整地表达机件的真实形状和大小，国家标准规定了表达机件的图样画法。

国家标准规定：视图分为基本视图、向视图、局部视图、斜视图四种。对于机件视图的表达，要求选择视图恰当、表达合理完整。

对于内部结构复杂的机件，可以采用剖视的方法表达以上视图，因此，剖视图是视图的重要表达手段，而不是视图的种类。断面图也属于剖视图的范畴。

在工程实际中，机件（包括零件、部件和机器）的结构形状多样，采用适当的表达方法，完整、清晰地表达机件内外结构形状，是学习本章的主要目的。

第一节 视 图

在机械制图中，将机件向多面投影体系中的各投影面做正投射所得的图形称为视图。视图通常可分为基本视图、向视图、局部视图和斜视图。

一、绘制基本视图

机件向基本投影面投射所得的视图称为基本视图。基本投影面是在前面提到的正投影面、水平投影面和侧投影面的基础上，又分别增加与它们平行的三个投影面，如图 6.1a 所示。六个投影面构成正六面体，该六面体的六个面称为基本投影面。把机件放在六面体中，按第一角投影法分别向基本投影面投射，得到六个基本视图，其名称分别为主视图（由前向后投射所得的视图）、俯视图（由上向下投射所得的视图）、左视图（由左向右投射所得的视图）、后视图（由后向前投射所得的视图）、仰视图（由下向上投射所得的视图）和右视图（由右向左投射所得的视图）。六个投影面的展开方式如图 6.1b 所示，展开后六个基本视图的配置关系如图 6.1c 所示。

当六个基本视图在同一张图纸内按图 6.1c 配置时，不需要标注视图名称。

1）六个基本视图的投影仍满足"三等"规律，即主、俯、仰、后视图等长，主、左、右、后视图等高，左、右、仰、俯视图等宽。

2）六个基本视图方位的对应关系仍然是左、右、俯、仰视图靠近主视图的一面代表物体的后面，而远离主视图的一面代表物体的前面。

实际画图时，通常无须将六个基本视图全部画出，而应根据机件表达的需要，选用必要的基本视图。

6

CHAPTER

a)

b)

仰视图

右视图　　主视图　　　左视图　　　后视图

俯视图

c)

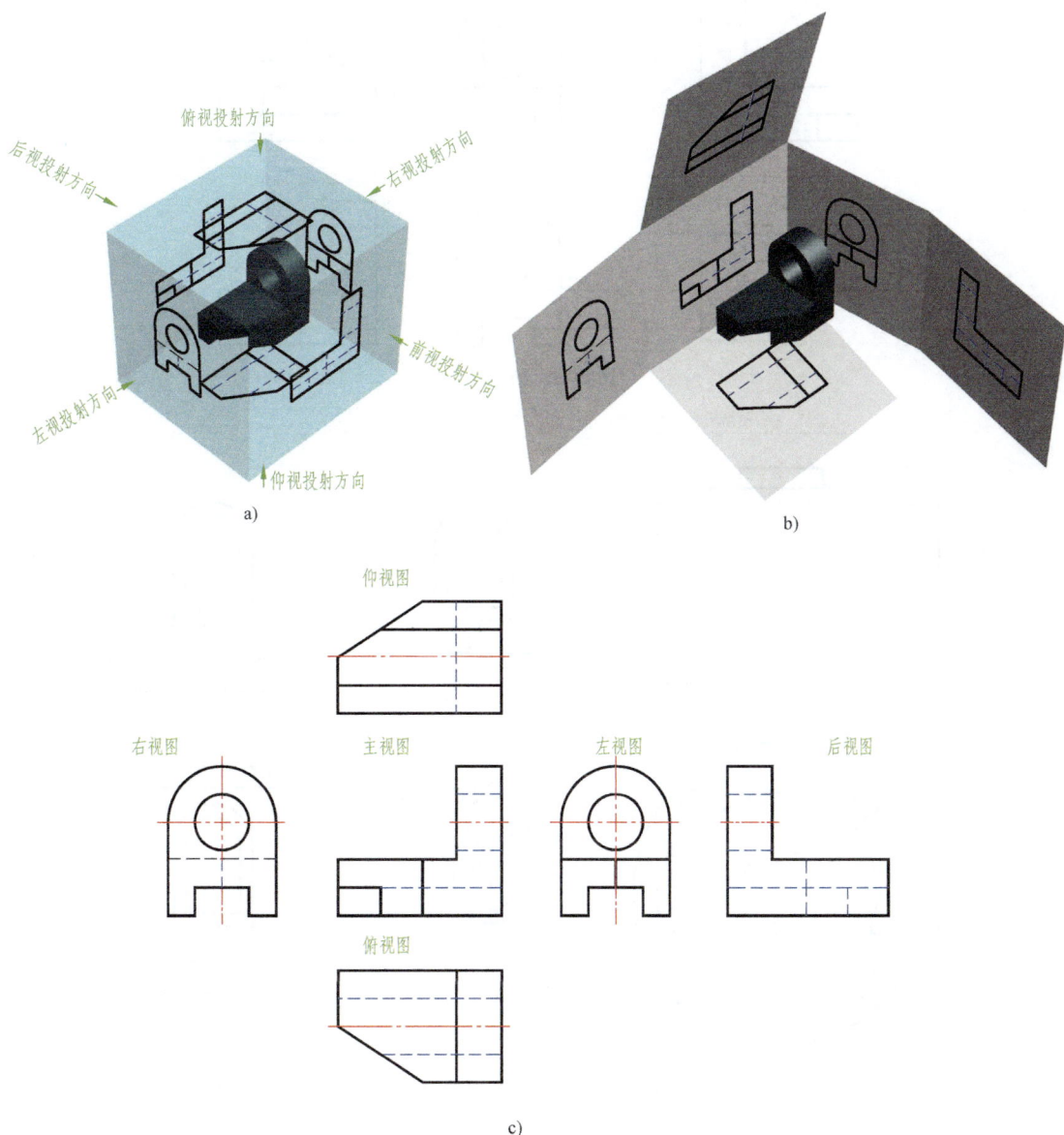

图 6.1　六个基本视图

二、绘制向视图

若某个视图不能或不愿意按图 6.1c 所示配置时，则应在视图的上方标注视图名称"×"，在相应的视图附近用箭头指明投射方向，并注明相同的字母，如图 6.2 所示。这类可自由配置的视图称为向视图。

三、绘制局部视图

将机件的某一部分向基本投影面投射所得的视图称为局部视图。当机件在某个方向仅有部分形状需要表达，又没有必要画出其他完整的基本视图时，可采用局部视图。如图 6.3

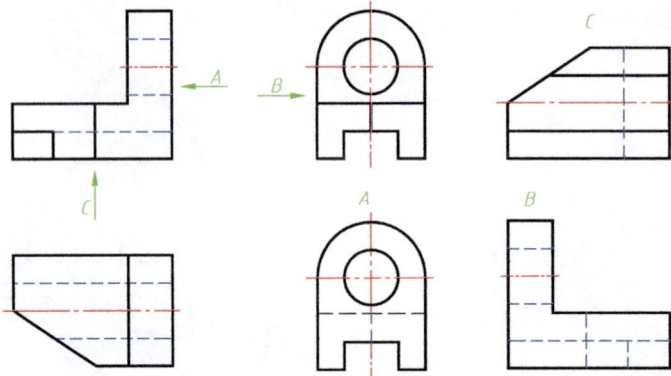

图 6.2　向视图

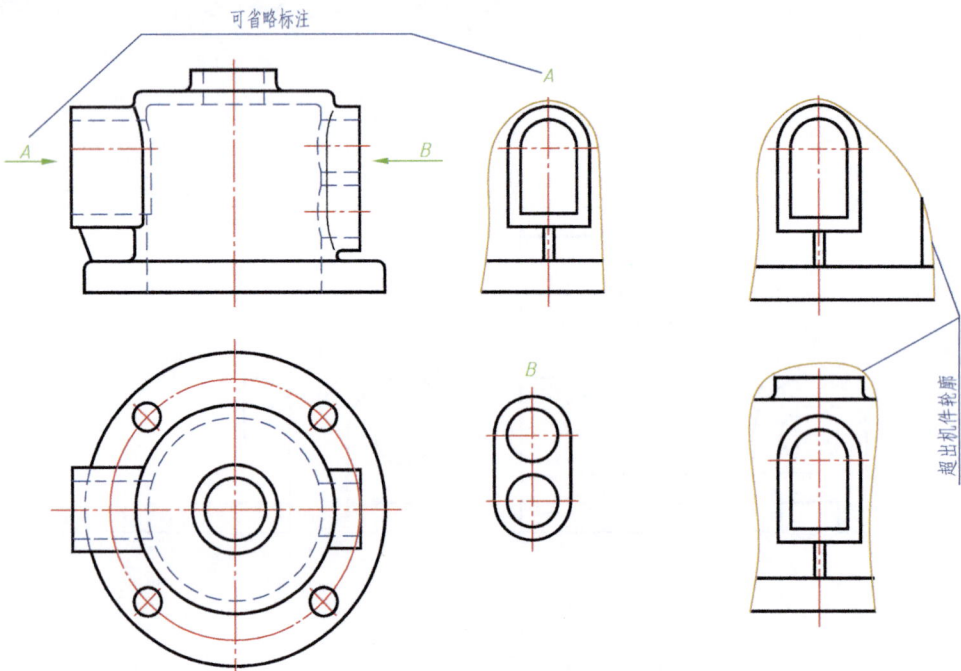

可省略标注

超出机件轮廓

a) 正确画法　　　　　　　　　　　b) 错误画法

c) 立体图

图 6.3　局部视图

所示机件，在画出主、俯两个基本视图后，仍有两侧的凸台形状和左下侧的肋板厚度没有表达清楚，因此，需要画出表达这些部分的局部视图 *A* 和局部视图 *B*。

采用局部视图时应注意以下几个问题：

1）局部视图可按基本视图配置，视图名称可省略标注，如图 6.3a 中的局部视图 *A*；也可按向视图的形式配置并标注，如图 6.3a 中的局部视图 *B*。

2）局部视图的断裂处边界线用波浪线或双折线表示，如图 6.3a 中的局部视图 *A*。当所表示的局部结构是完整的，且外轮廓线封闭时，则不必画出其断裂边界线，如图 6.3a 中的局部视图 *B*。

3）波浪线表示机件的断裂边界，应画在实体上，不能超出机件的轮廓，如图 6.3b 所示。

四、绘制斜视图

将机件向不平行于基本投影面的平面投射所得的视图称为斜视图，如图 6.4a、b 所示。

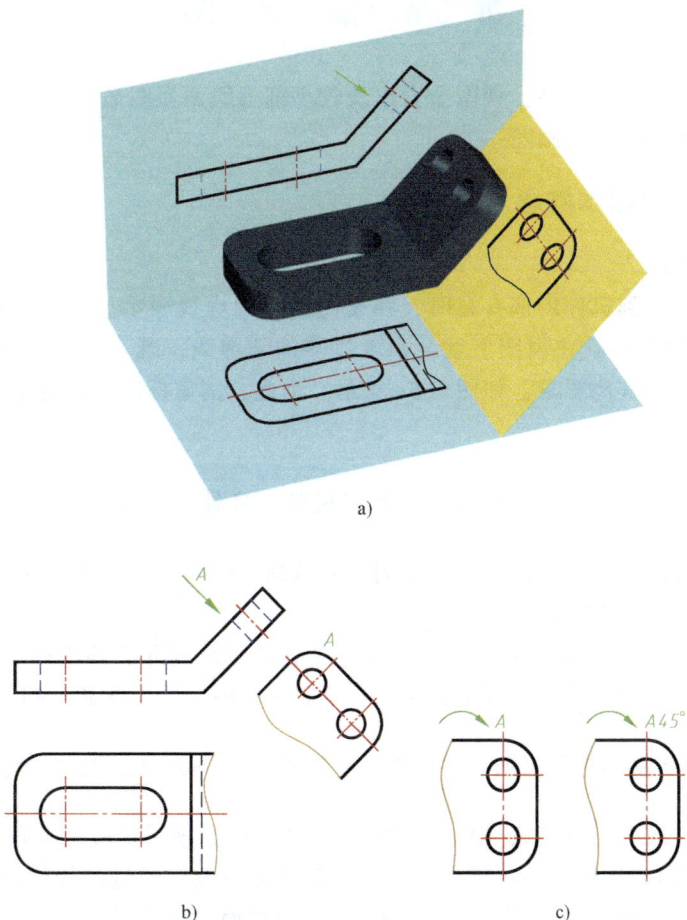

图 6.4 斜视图

当机件某一部分的结构形状是倾斜的（不平行于任何基本投影面），无法在基本投影面上表达该部分的实形时，可采用换面的方法，增设一个与倾斜表面平行且垂直于一个基本投影面的辅助投影面，并在该投影面上画出反映倾斜部分实形的投影。

画斜视图时应注意以下几个问题：

1) 斜视图一般只表达倾斜部分的局部形状，其余部分的结构不必画出，可用波浪线或双折线断开。

2) 斜视图一般按投影关系配置，也可按向视图形式配置。无论如何配置，都要标注，即在图形上方中间位置水平标出视图名称"×"，在相应的视图附近用箭头指明投射方向，并注明相同的字母。

3) 有时为使绘图方便，也可将图形旋转某一角度后再画出。但在标注时，须加注旋转符号"⤾"或"⤿"，旋转符号是半径为字高的半圆弧，箭头指向要与图形实际旋转方向一致，且箭头靠近字母。当需要标注图形旋转角度大小时，可将旋转角度注写在字母后，如图6.4c所示。

第二节 剖 视 图

对于内部结构复杂的机件，视图上会出现较多细虚线而使图形不清晰。为了清晰地表达内部结构，常采用剖视图的画法。

一、理解剖视图的基本概念及画法

1. 剖视图的概念

在前几章里，遇到机件内部有孔时，在视图上都用虚线表示。但当机件的内部结构形 状复杂时，在视图上就会出现过多的细虚线，既不便于看图，又不利于标注尺寸和其他要求，如图6.5a所示。为此，国家标准中规定了剖视图的画法。

剖视图的基本
概念及画法

假想用剖切面（平面或曲面）剖开机件，将处于观察者和剖切面之间的部分移去，而将其余部分向投影面上投射，并在剖切区域画上剖面符号，这样得到的图形称为剖视图，简称剖视，如图6.5d所示。

原主视图中表达内部结构形状的细虚线，在被剖切面剖开后的视图中成为粗实线，这样的表示法给读图和标注尺寸带来了方便。在绘制剖视图时，应注意下列几个问题：

1) 由于剖切是假想的，并非真的将机件切去一部分，因此，将机件的某个视图画成剖视图时，其他视图应该完整画出，如图6.5d中的俯视图仍应完整画出。

2) 为了清楚地表达机件的内部结构形状，剖切面一般应通过机件的对称平面或较多内部结构（孔、槽等）的轴线。例如，图6.5b中的剖切面通过机件的前后对称平面并平行于正投影面。

3) 剖切面与机件接触的部分称为剖面区域，国家标准规定，剖面区域内要画剖面符号。不同的材料采用不同的剖面符号，见表6.1。

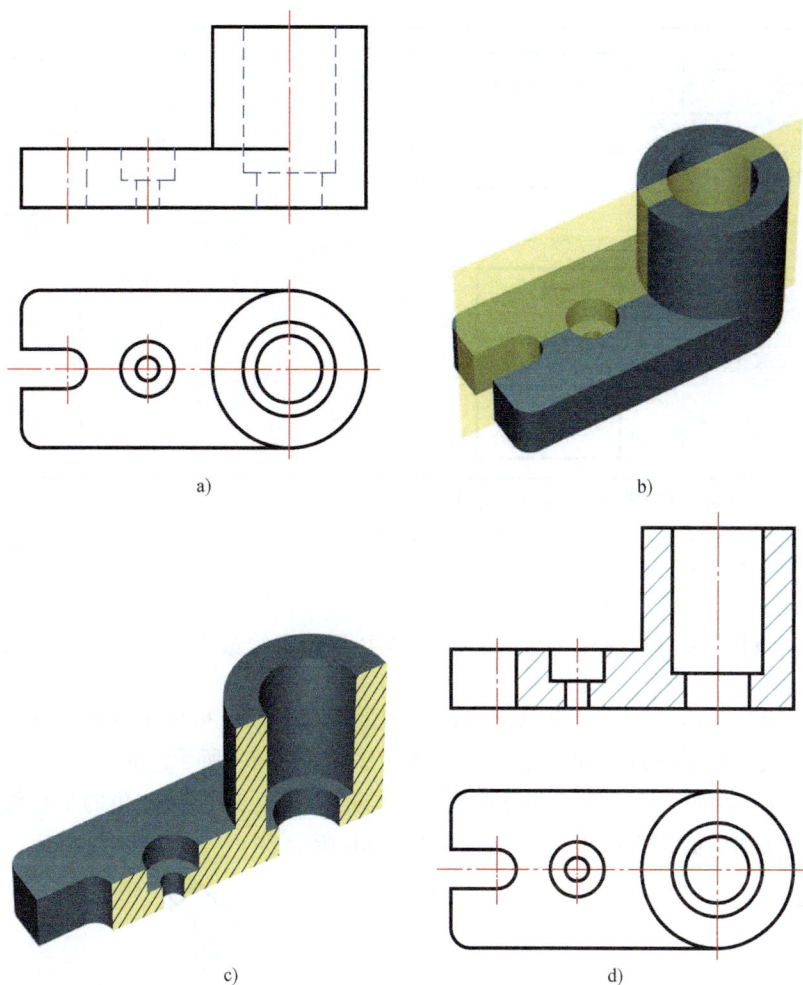

a)

b)

c)

d)

图 6.5 剖视图

表 6.1 剖面符号

金属材料 （已有规定剖面符号者除外）		型砂、填砂、粉末冶金、砂轮、 陶瓷刀片、硬质合金刀片等		
线圈绕组元件		玻璃及供观察用的 其他透明材料		
转子、电枢、变压器和 电抗器等的叠钢片		木材	纵断面	
非金属材料 （已有规定剖面符号者除外）			横断面	

（续）

木质胶合板 （不分层数）		砖		
基础周围的泥土		格网 （筛网、过滤网等）		
混凝土		液体		
钢筋混凝土				

注：1. 剖面符号仅表示材料的类型，材料的名称和代号另行注明。

2. 叠钢片的剖面线方向，应与束装中叠钢片的方向一致。

3. 液面用细实线绘制。

金属材料的剖面符号为与剖面区域的主要轮廓线或剖面区域的对称线成 45°角且间隔相等、互相平行的细实线，这些细实线称为剖面线。同一机件所有剖面线的方向、间隔应相同，剖面线的间隔应按剖面区域的大小确定，如图 6.6a 所示。但当图形中的主要轮廓线与水平线成 45°角时，该图形的剖面线应画成与水平线成 30°或 60°角的平行线，其倾斜方向仍然与其他视图中的剖面线保持一致，如图 6.6b 所示。

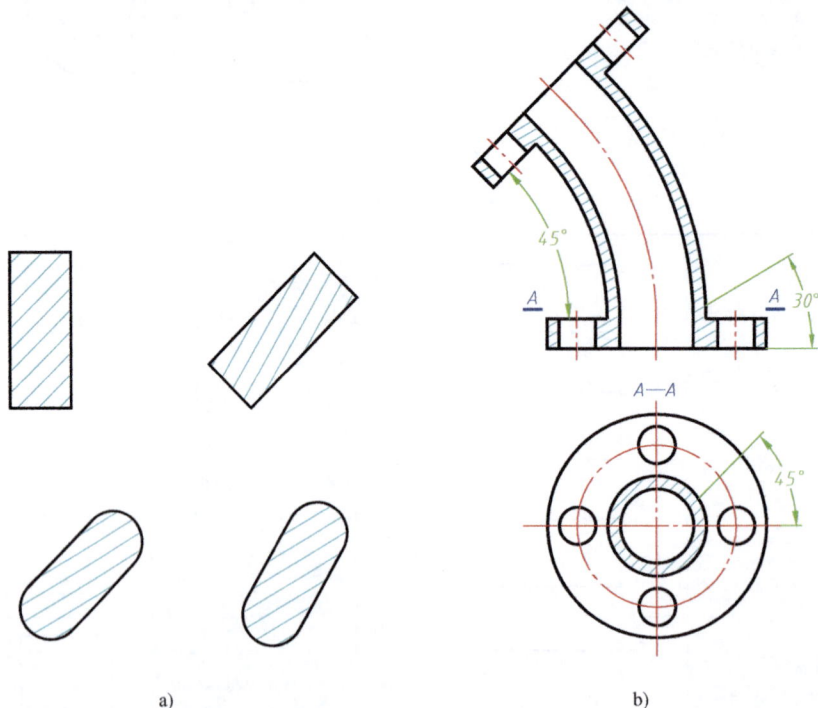

a)

b)

图 6.6　剖面线的画法

2. 剖视图的画法

下面以图 6.7a 所示摇臂为例，说明画剖视图的方法和步骤：

1）确定剖切面的位置。为使摇臂主视图中的内孔变成可见的并反映真实大小，剖切面应通过摇臂的前后对称面，并平行于正投影面，如图 6.7b 所示。

2）画出被剖切面切到的实体部分——剖面区域，并在剖面区域上画上剖面符号，如图 6.7c 所示。

3）补画出剖切面后所有可见部分的投影（注意不要漏线），不可见部分一般不画出，如图 6.7d 所示。

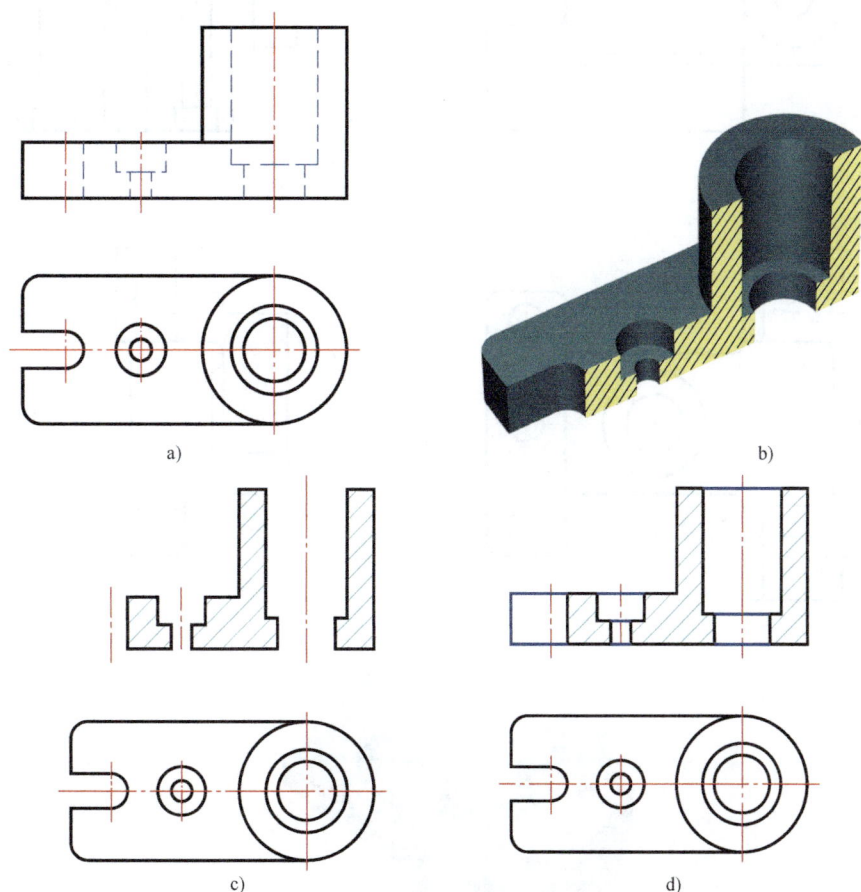

图 6.7　摇臂的剖视图画法

画剖视图时应注意下列问题：

1）剖视图是假想将机件剖开，因此，将一个视图画成剖视图后，其他视图仍按完整的机件画出；是移去观察者与剖切面之间的部分，将剖切面后余下的部分向投影面投射得到的图形，所以剖切面后面的所有可见部分的投影应全部画出，不得遗漏。例如，图 6.7d 中大小孔的台阶面投影不要遗漏，图 6.7c 则为错误的画法。

2）在剖视图上已表达清楚的内部结构，在其他视图上一般不画对应的细虚线，只有尚未表达清楚的结构，才用细虚线画出。

3）画剖视图的目的是表达机件的内部结构形状，因此，应使剖切平面平行于剖视图所在的投影面，且尽量通过内部结构（孔、槽等）的对称平面或轴线。

3. 剖视图的标注

剖视图标注的目的是帮助看图者判断剖切面的位置和剖切后的投射方向，以便找到各相应视图之间的投影关系。标注的内容有剖切面位置、投射方向和剖视图名称，如图 6.8a 所示。

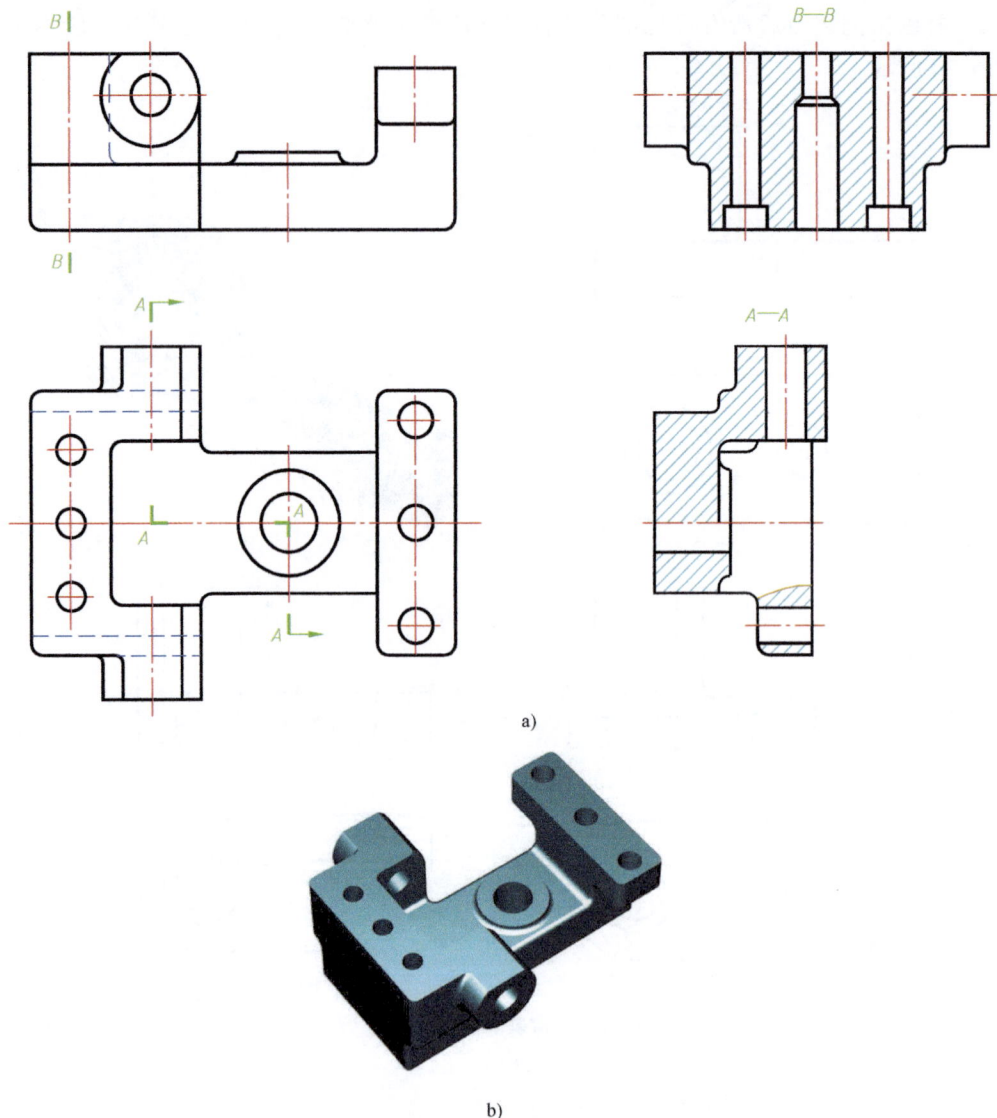

a)

b)

图 6.8　剖视图的标注

（1）剖切符号　用剖切符号表示剖切面的位置，剖切符号为长 5~10mm 的粗短画，宽度为图中粗实线宽度，标注在剖切面的起讫和转折位置。粗短画的两端垂直画出箭头，表示剖切后的投射方向。

（2）剖视图名称　在剖视图的上方中间位置用大写拉丁字母水平标出剖视图的名称"×—×"，并在剖切符号的附近注写相同的符号"×"。如果在一张图上同时有几个剖视图，则其名称应按拉丁字母顺序排列，不得重复。

剖切符号尽可能不与图形的轮廓线相交，在它的起讫和转折处应用相同的符号"×"标出，但当转折处位置有限又不致引起误解时允许省略标注。在下列情况中，剖视图的标注内容可省略或简化。

1）当剖视图按投影关系配置，中间又没有其他图形隔开时，可省略箭头，如图6.8a中的 $B—B$。

2）当单一剖切面通过机件的对称平面或基本对称平面，且剖视图按投影关系配置，中间又没有其他图形隔开时，可省略标注，如图6.7d所示。

二、绘制不同种类的剖视图

根据机件被剖开的范围可将剖视图分为三类：全剖视图、半剖视图和局部剖视图。

1. 全剖视图

用剖切面完全剖开机件所得的剖视图称为全剖视图。全剖视图主要用于表达内部结构复杂的不对称机件（图6.9b）和外形简单的对称机件（图6.9c）。全剖视图的标注遵循上述剖视图标注的规定。

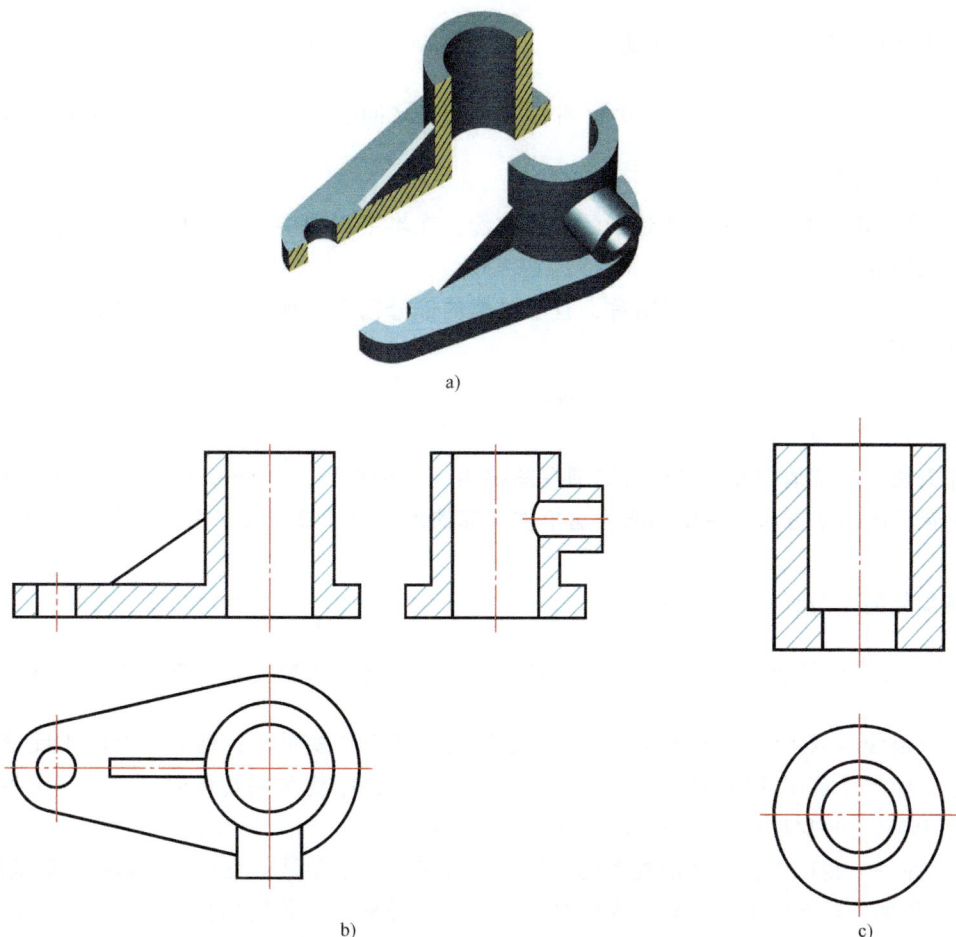

a)

b)   c)

图6.9 全剖视图

6 CHAPTER

115

2. 半剖视图

当机件具有对称平面时，在垂直于对称平面的投影面上所得的图形，以对称中心线为界，一半画成剖视图，另一半画成视图，这样组合图形称为半剖视图，如图 6.10 所示。

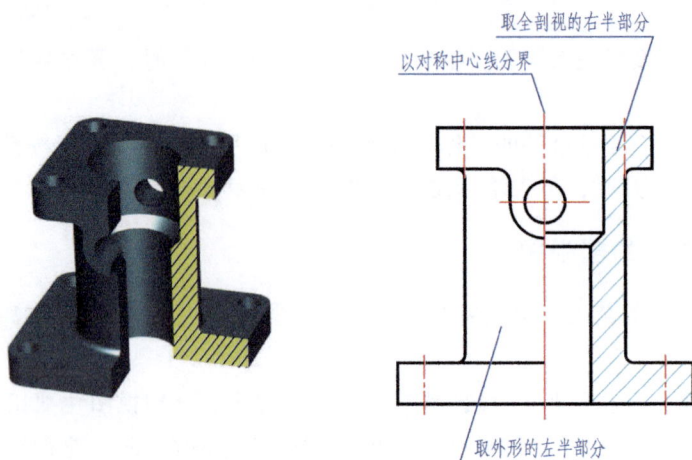

取全剖视的右半部分

以对称中心线分界

取外形的左半部分

图 6.10　半剖视图的形成

画半剖视图时应注意下列问题：

1）在半剖视图中，半个视图与半个剖视之间应以细点画线为界，不要画成粗实线，如图 6.10 所示。

2）半个剖视图中已表达清楚了的内部结构，在半个视图中，其相应的细虚线必须省略不画，如图 6.10 所示。

3）当机件的结构形状接近对称，且不对称的部分已在其他视图中表达清楚时，也可采用半剖视图。

4）半剖视图的标注遵循剖视图标注的规定。

3. 局部剖视图

用剖切面局部地剖开机件所得的剖视图称为局部剖视图，如图 6.11 所示。局部剖视图是一种灵活的表达方法，主要用来表达机件局部的内部形状或不宜采用全、半剖视图表达的地方。

画局部剖视图时应注意以几点：

1）局部剖视图中机件剖与未剖部分的分界线（断裂线）一般用波浪线或双折线表示。波浪线与双折线不应和图样上的其他图线或其延长线重合；遇孔、槽时不能穿孔而过，也不能超出视图的轮廓线，如图 6.12 所示；当被剖结构为回转体时，允许将结构的中心线作为局部剖视与视图的分界线，如图 6.13 所示。

2）在一个视图中，局部剖视图的数量不宜过多，否则会显得凌乱，影响图形清晰度。

3）局部剖视图的剖切位置较为明显时，一般不必标注。若剖切位置不够明显，应标注剖切位置、投射方向和视图名称。

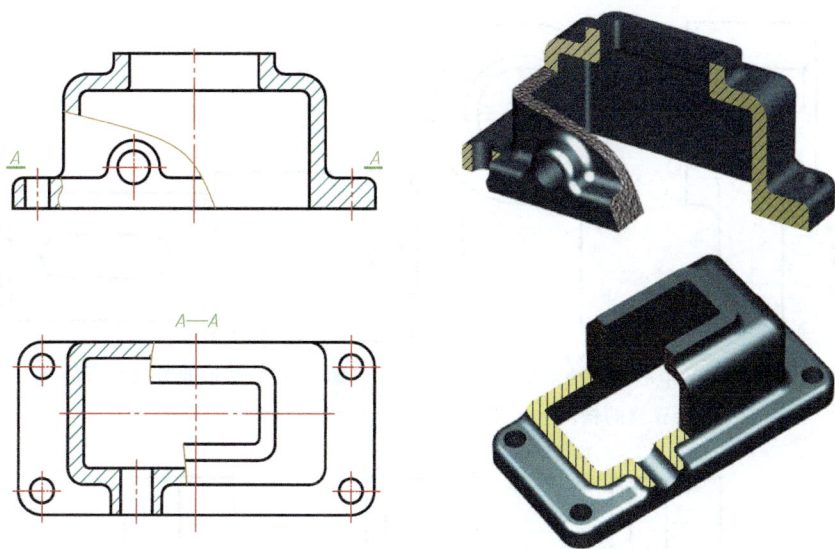

图 6.11　局部剖视图

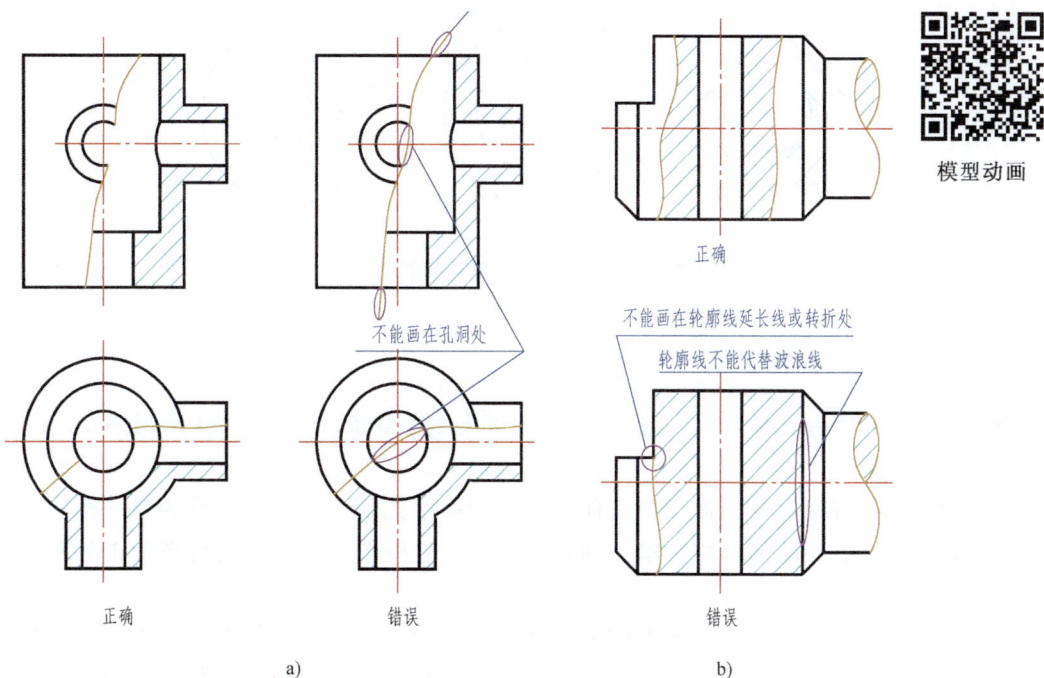

模型动画

不能画在孔洞处

不能画在轮廓线延长线或转折处

轮廓线不能代替波浪线

正确　　　　　错误　　　　　　　　错误

a)　　　　　　　　　　　　b)

图 6.12　局部剖视图中波浪线的画法

4）实心机件（如轴、杆等）上的孔、槽等局部结构需要剖开表达时，可采用局部剖视图，如图 6.14 所示。

5）机件因在对称面上有粗实线而不能用半剖视图时，可用局部剖视图来表达，如图 6.15 所示。

6

CHAPTER

117

模型动画

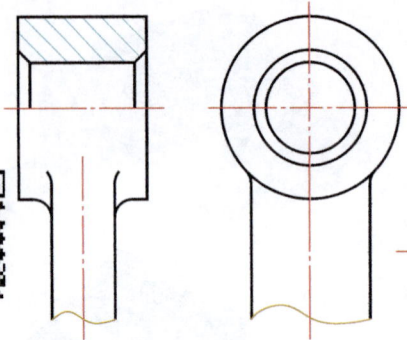

图 6.13　中心线作为局部剖视
　　　　　分界线的情况

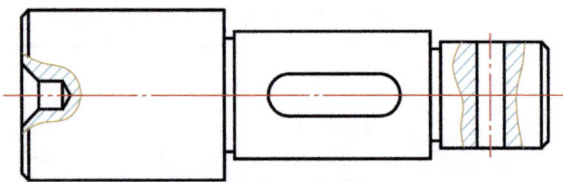

图 6.14　实心机件上局部结构的表达

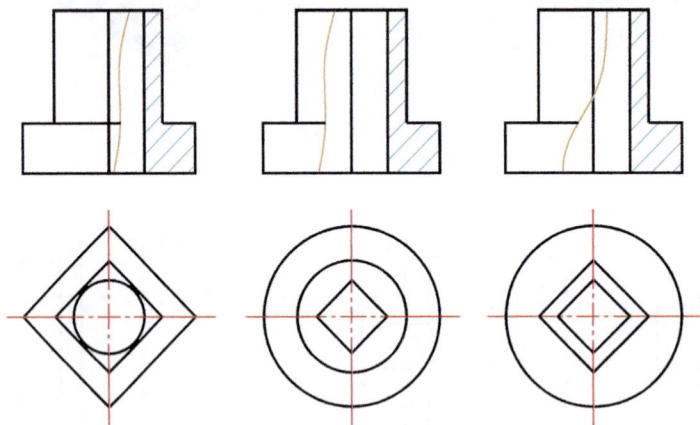

图 6.15　对称面上有粗实线的情况

三、不同种类剖切面的剖切

剖视图的剖切面有三种：单一剖切面、几个平行的剖切面和几个相交的剖切面。

1. 单一剖切面

（1）用平行于某一基本投影面的平面剖切　用一个剖切面剖开机件称为单一剖切。前面讲的全剖、半剖、局部剖切均为单一剖切面剖切，这些图中的剖切面均平行于某基本投影面。

（2）用不平行于任何基本投影面的剖切面剖切　当需要表达机件上倾斜的内部结构形状时，可使用不平行于任何基本投影面的剖切面剖开机件，移去观察者与剖切面之间的部分，将余下部分向平行于剖切面的附加投影面投射，这种剖切方法称为斜剖，如图 6.16所示。

1）斜剖得到的图形是斜置的，但在图形上方中间位置处标注的图名"×—×"必须水平书写。

2）为看图方便，应尽量将剖视图配置在符合投影关系的位置上。为使画图方便，在不引起误解的情况下，允许将图形旋转，此时必须在图形上方中间位置水平标注旋转符号

6

CHAPTER

"⤴" 或 "⤵" 箭头指向与旋转方向一致，且箭头靠近字母。

3）当需要标注图形的旋转角度时，可将图形旋转角度标注在图名 "×—×" 字母后。

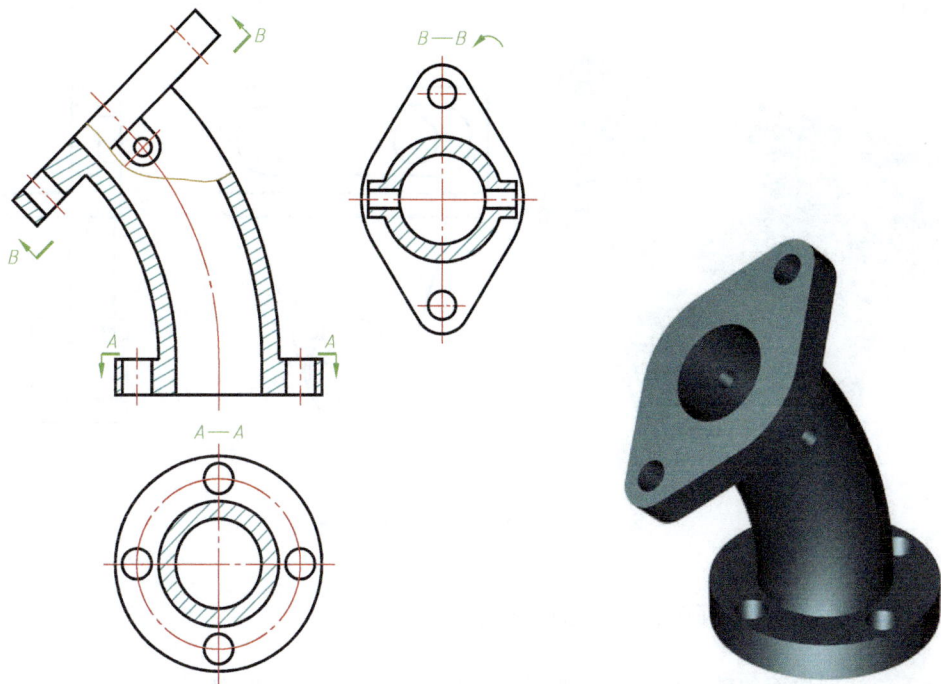

图 6.16　斜剖视图

（3）用柱面剖切　剖切面也可采用柱面。采用柱面剖切时，通常用展开画法。在具体绘图时，通常仅画出剖面展开图，或采用简化画法，将剖切面后面物体的有关结构形状省略不画。图 6.17 所示为采用单一剖切柱面获得的全剖视图。

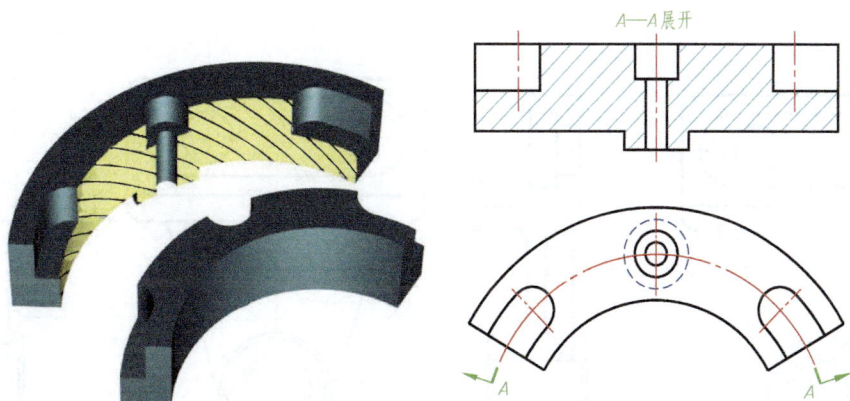

图 6.17　用柱面剖切机件

2. 几个平行的剖切面

有些机件的内部层次较多，用单一剖切面不能将其内部结构都剖开，这时可采用几个相互平行的剖切面剖开机件，这种剖切方法称为阶梯剖，如图 6.18 所示。

采用几个平行的剖切面时，剖视图必须进行标注，在剖切面的起讫和转折处用带相同字母的剖切符号表示剖切位置，用箭头表示投射方向（符合投影关系时，箭头可省略），并标注视图名称。

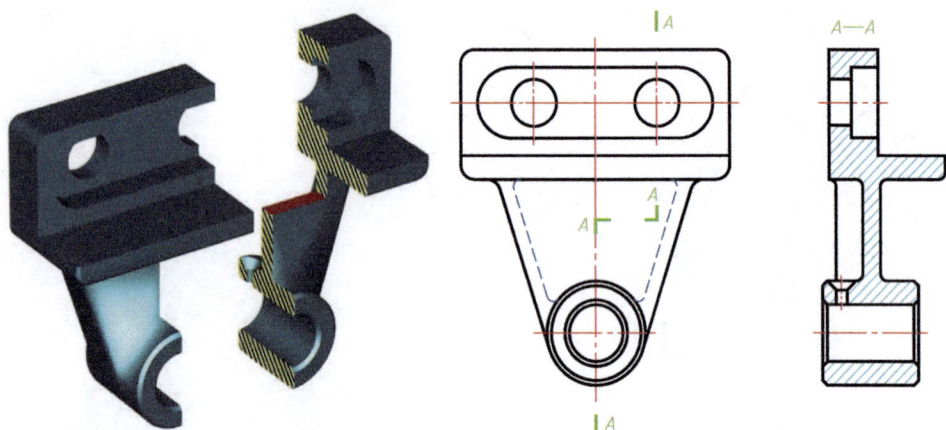

图 6.18 几个平行平面剖切机件

采用几个平行的剖切面时，应注意以下几点：

1）剖切面的转折处不应与图形轮廓线重合，如图 6.19a 所示。

2）在剖视图上，不应画出剖切面转折处的投影，如图 6.19b 所示。

3）图形上一般不应出现不完整的要素，如图 6.19c 所示。仅当两个要素在图形上具有公共对称中心线或轴线时，可以各画一半，此时应以对称中心线或轴线为界，如图 6.19d 所示。

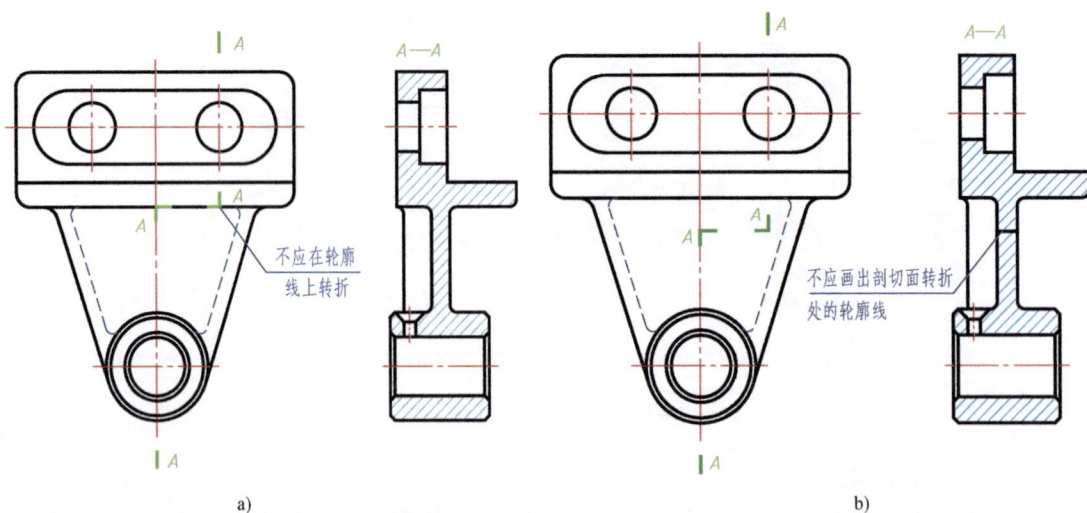

a)   b)

图 6.19 阶梯剖的画法

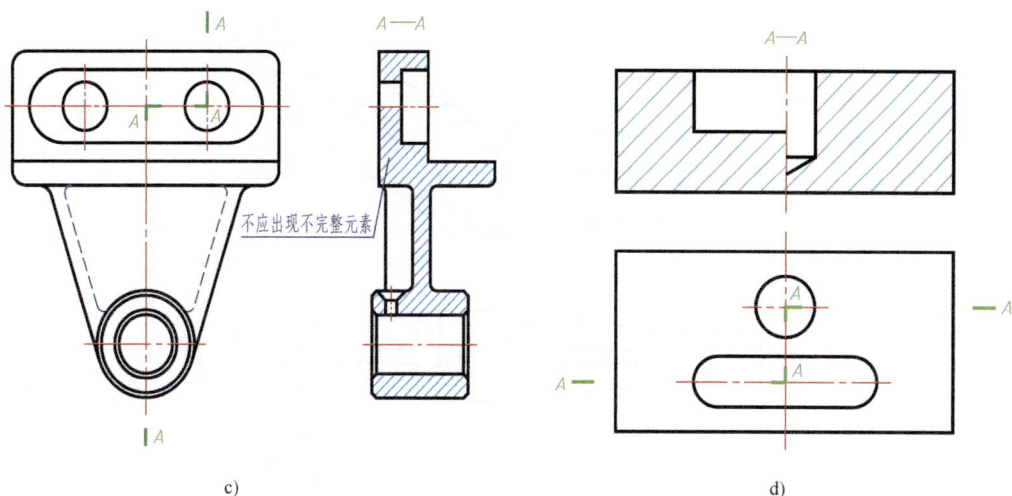

不应出现不完整元素

c)　　　　　　　　　　　　　　　　　　d)

图 6.19　阶梯剖的画法（续）

3. 几个相交的剖切面

用几个相交的剖切面（交线垂直于某一基本投影面）剖开机件的方法，习惯上称为旋转剖，如图 6.20 所示。

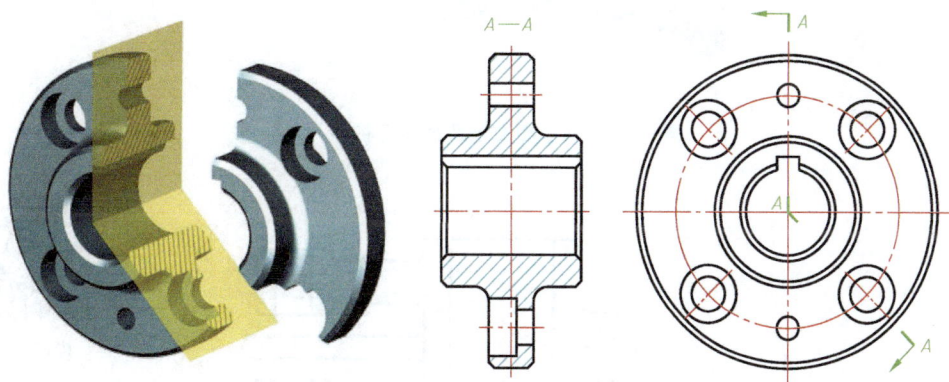

图 6.20　两个相交剖切面剖切机件（一）

💡采用这种方法画剖视图时，先假设按剖切位置剖开机件，然后将剖切面剖开的结构及其有关部分旋转到与所选定投影面平行的位置再进行投射。几个相交剖切面的交线必须垂直于某一投影面，通常是基本投影面。如图 6.20 所示，A—A 是两个相交的剖切面，其中一个平行于正平面（面 V），另一个与正平面相倾斜，但其交线垂直于侧面（面 W）。交线即是机件整体上的回转轴。在剖切面后的其他结构一般仍按原来位置投射，如图 6.21 中的油孔。当剖切后产生不完整要素时，应将此部分按不剖绘制，如图 6.22 所示。

6

CHAPTER

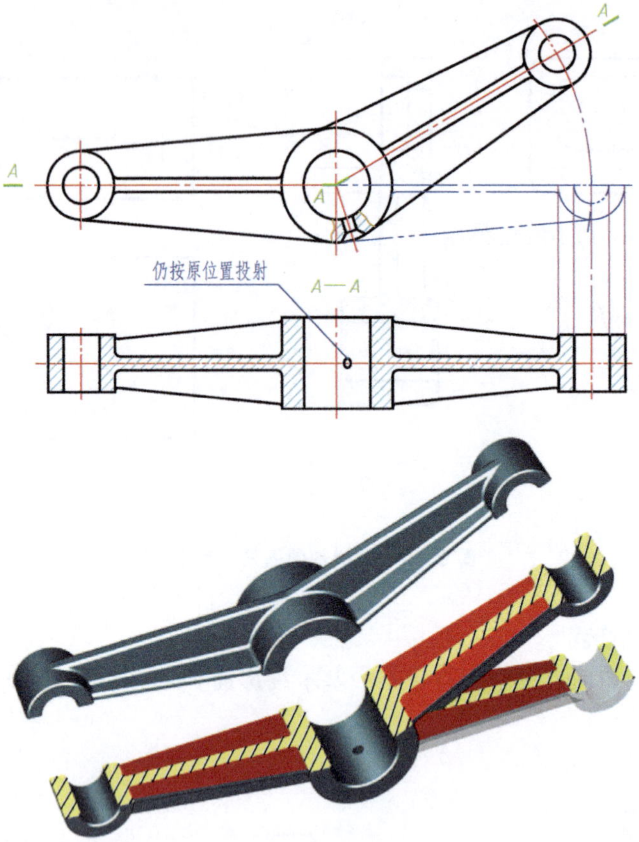
A
A
A
仍按原位置投射
A—A

图 6.21　两个相交剖切面剖切机件（二）

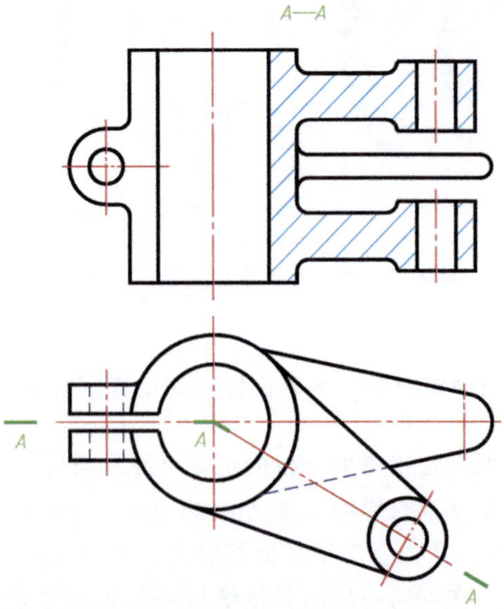
A—A
A
A
A

图 6.22　两个相交剖切面剖切机件（三）

模型动画

6 CHAPTER

图 6.23 所示为三个相交剖切面剖切机件的图例，由于其中两个剖切面不与基本投影面平行，其剖视图采用了展开画法，在图形上方中间位置处注写了"A—A 展开"（此处展开是将剖切面中各正垂面及其被它们剖得的结构都旋转至与侧立投影面平行后再投射）。展开前后，各轴线间的距离不变。

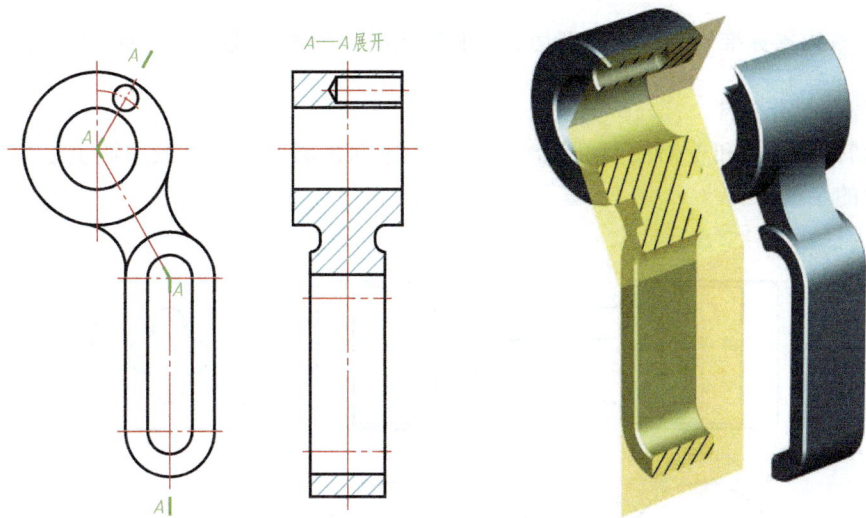

图 6.23　三个相交剖切面剖切机件

当用上述剖切方法仍不能完全、清楚地表达机件的内部结构时，可用圆柱面和平面剖切机件。用组合的剖切面剖开机件的方法习惯上称为**复合剖**，如图 6.24 所示。

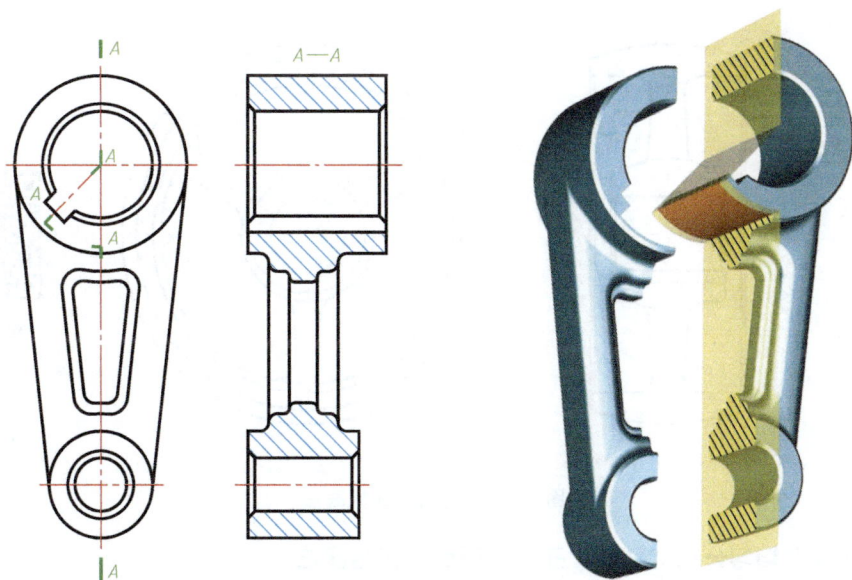

图 6.24　用圆柱面和平面剖切机件

6

CHAPTER

四、掌握剖视图中的规定画法

1. 肋板和轮辐在剖视图中的画法

画剖视图时，常遇到图 6.25 和图 6.26 所示的加强肋板和轮辐等结构。如图 6.25 所示，当剖切面通过肋板和轮辐的对称平面或对称线时，称为纵向剖切。

💡 按国家标准规定，纵向剖切肋板和轮辐时，剖面区域都不画剖面线，而用粗实线将它与其邻接部分分开。

当剖切面将肋板和轮辐横向剖切时，要在相应剖视图的剖面区域中画上剖面符号，如图 6.26 中的左视图。

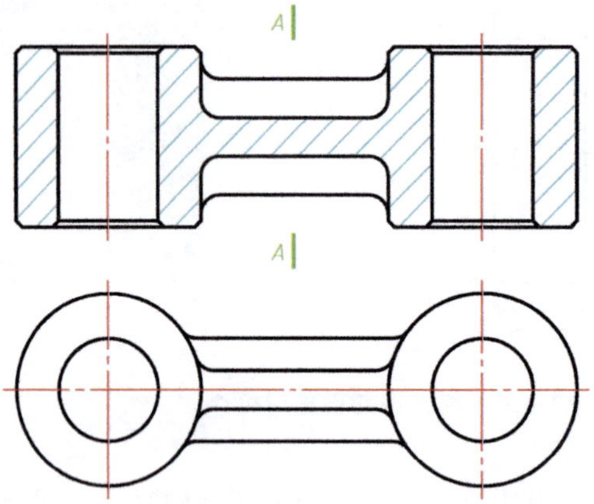

图 6.25 肋板的剖视画法

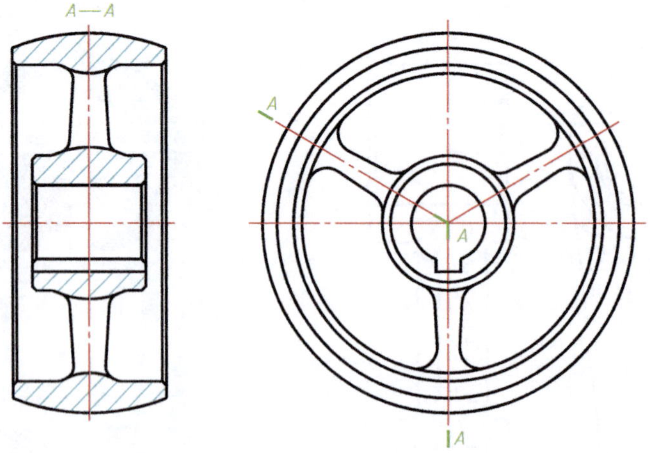

模型动画

图 6.26 轮辐的剖视画法

2. 回转体上均匀分布的肋板、孔、轮辐等结构的画法

💡 在剖视图中，当剖切面不通过零件回转体上均匀分布的肋板、孔、轮辐等结构

6

CHAPTER

时，可将这些结构旋转到剖切面的位置，再按剖开后的对称形状画出。例如，图 6.27a 中主视图右边对称画出肋板，左边对称画出小孔中心线（旋转后的）。图 6.27b 中，虽然没有剖切到四个均布的孔，但仍将小孔沿定位圆旋转到正平（平行于 V 面）位置进行投射，且小孔采用简化画法，即画一个孔的投影，另一个只画中心线。

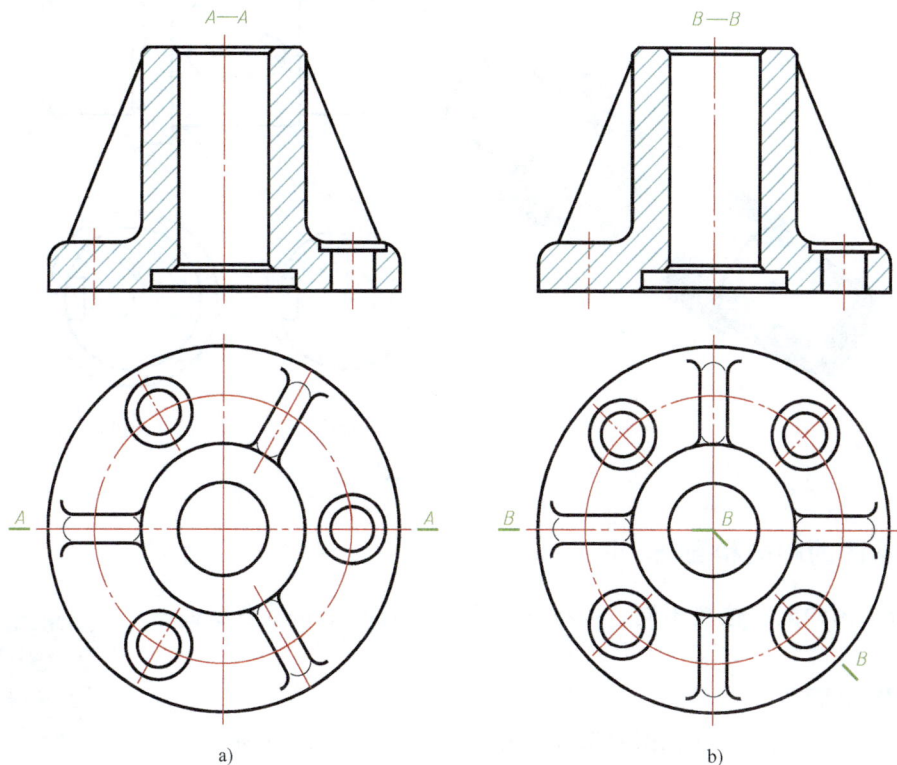

图 6.27　均匀分布的孔、肋板的剖视画法

第三节　断　面　图

一、断面图的定义

断面图（简称断面）主要用来表达机件某部分截断面的形状，它是假想用剖切面把机件的某处切断，仅画出剖切面与机件接触部分的图形，如图 6.28a 所示。

在断面图中，机件和剖切面接触的部分称为剖切区域。国家标准规定，在剖切区域内要画上剖面符号。

断面图与剖视图的区别：

（1）表达目的不同　断面图主要表达机件的断面形状，剖视图主要表达机件的内部形状。

（2）形成方式不同　断面图仅画出机件被切断处的断面形状，不涉及剖切面后面部分的投影；剖视图不仅要画出断面部分，还要画出剖切面后所有可见部分的投影，如图 6.28b 所示。

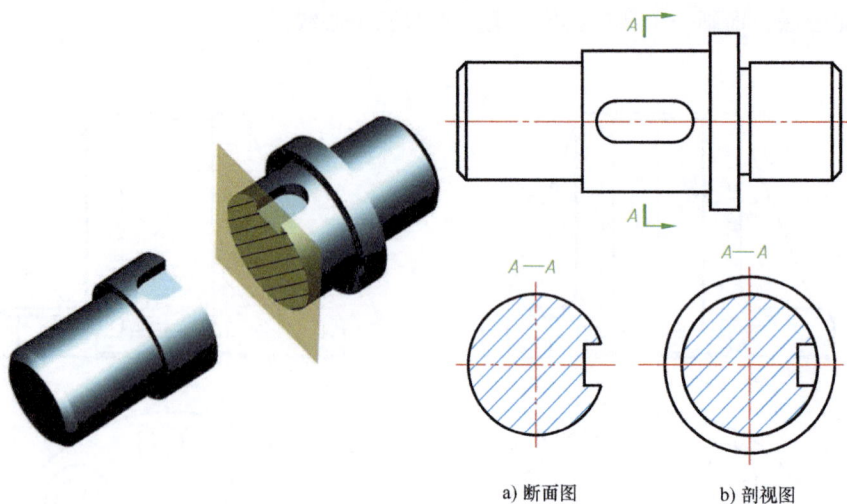

a) 断面图　　　　b) 剖视图

图 6.28　断面图

二、断面图的种类和画法

按断面图的配置位置不同，可将其分为移出断面图和重合断面图两种。

1. 移出断面图

移出断面图是指画在视图轮廓线之外的断面图。图 6.29 所示四个断面均为移出断面图。

1）必要时，移出断面图也可配置在其他位置，如图 6.29a 所示。

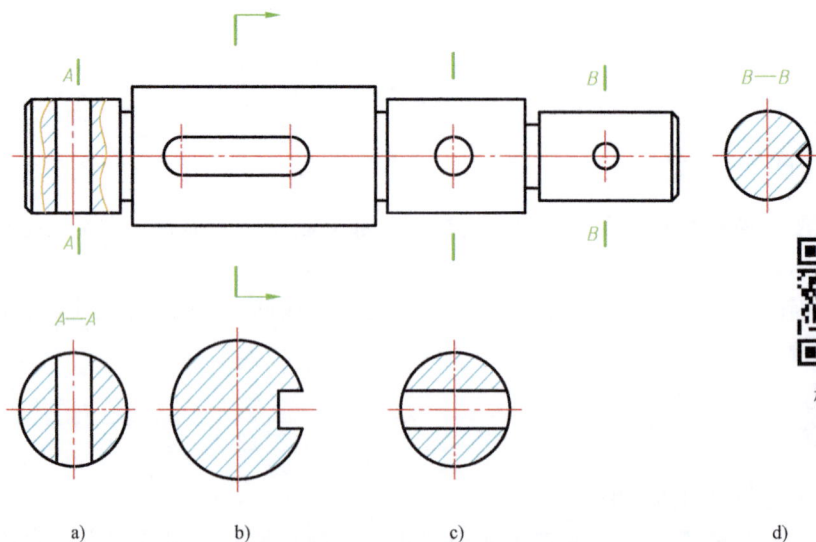

断面图的种类和画法

模型动画

a)　　　　b)　　　　c)　　　　d)

图 6.29　移出断面图

6

CHAPTER

2）移出断面图的轮廓线用粗实线绘制，并尽量配置在剖切符号、剖切面的延长线上，或按投影关系配置，如图 6.29b、c、d 所示。

2. 重合断面图

画在视图轮廓线之内的断面图称为重合断面图，如图 6.30 所示。画重合断面图时，轮廓线用细实线绘制。当视图的轮廓线与重合断面的图形重叠时，视图中的轮廓线仍应连续画出。

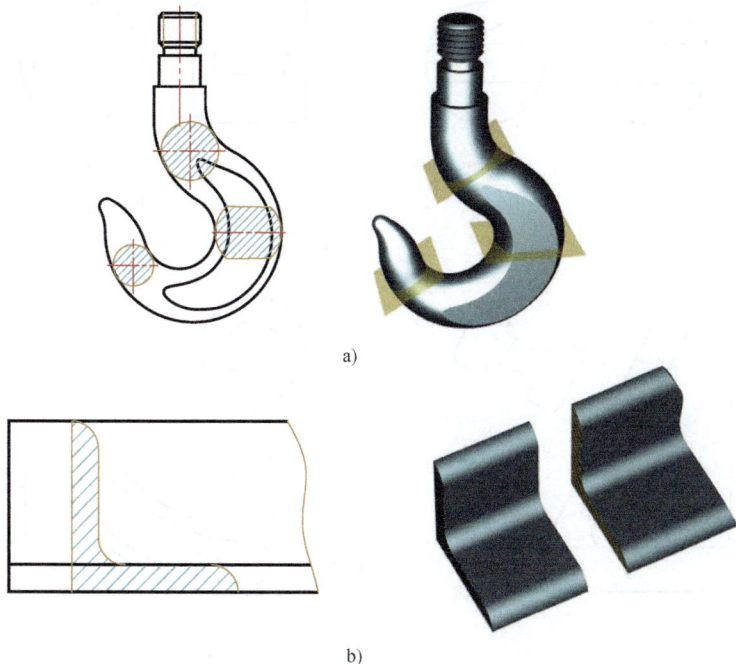

a)

b)

图 6.30　重合断面图

3. 断面图的标注

1）剖视图的标注方法同样适用于移出断面图。

2）按投影关系配置的移出断面图，以及对称的移出断面图均可省略箭头，如图 6.29a、c、d 所示。

3）配置在剖切符号或剖切面延长线上的移出断面图可省略字母，如图 6.29b、c 所示。

4）重合断面图一般省略标注。

4. 断面图的特殊规定

1）当剖切平面通过由回转面形成的孔或凹坑的中心线时，这些结构按剖视绘制，如图 6.29a、c、d 和图 6.31a、b 所示。这些断面通过圆孔和锥孔的中心线，圆周轮廓线画成封闭的，键槽处应按断面图绘制。

2）由两个或多个相交剖切平面剖切所得的移出断面图，其中间应断开，剖切平面应与被剖切部分的主要轮廓线垂直，如图 6.31c 所示。断面图形的大小与两剖切平面的位置有关。

3）当剖切平面通过非圆孔，导致完全分离的两个断面时，这些结构也应按剖视图绘制，如图 6.31d 所示。

4）在不致引起误解时，允许对移出断面图进行旋转，如图 6.31d 中的 A—A。

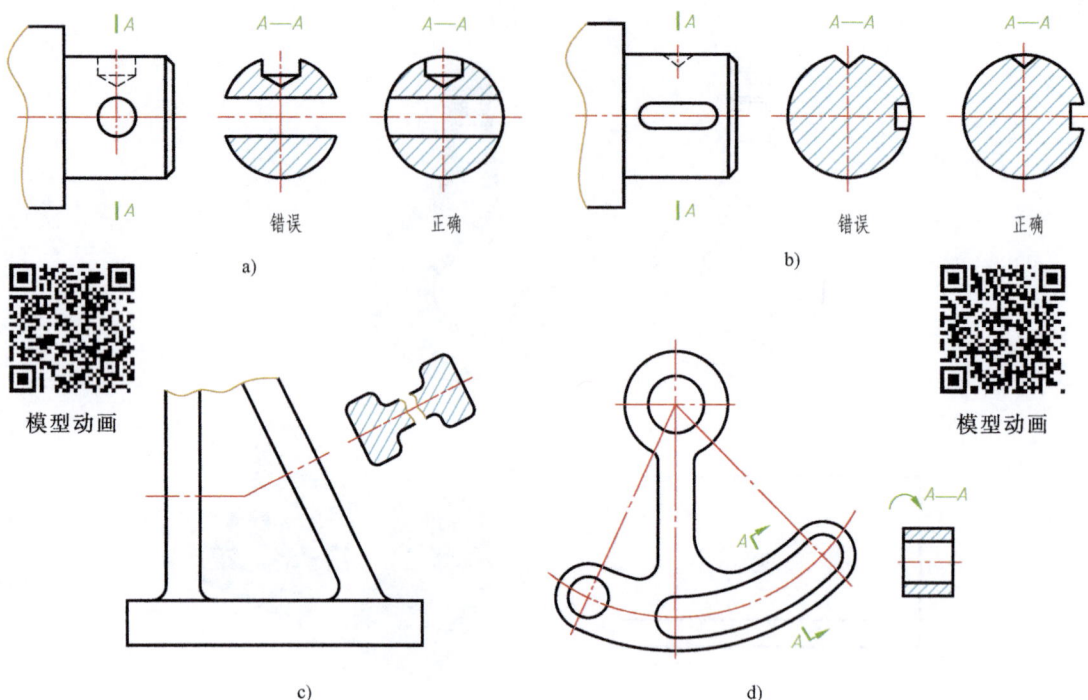

错误　　正确
a)

错误　　正确
b)

模型动画

模型动画

c)　　　　　　　　　　　d)

图 6.31　断面图的特殊规定

第四节　局部放大图和简化画法

除上述图样画法外，国家标准规定的其他表示法还有很多，本节仅介绍机件的局部放大图、几种简化画法和规定画法。

一、绘制局部放大图

当表达机件部分结构的图形过小时，可以采用局部放大图——将机件的部分结构用大于原图形所采用的比例画出的图形。

1）局部放大图可画成视图、剖视图、断面图，它与被放大部分的表达方式无关，如图 6.32 所示。

2）画局部放大图时，除螺纹牙型、齿轮和链轮齿形外，应当用细实线圈出被放大部位。局部放大图可以用细实线圈出，也可用波浪线画出界限，如图 6.33 所示。

3）局部放大图应尽量画在被放大部位附近。当同一机件有几个被放大部位时，必须用罗马数字依次标明被放大的部位，并在局部放大图的上方标出相应的罗马数字和采用的比例，如图 6.32 所示。当机件上被放大的部分只有一个时，在局部放大图上只需注明所采用的比例，如图 6.33a 所示。在局部放大图表达完整的前提下，允许在原视图中简化被放大部位的图形，如图 6.33b 所示。

4）同一机件上不同部位的局部放大图，当图形相同或对称时，只需画出一个，并在几个被放大部位处标注同一罗马数字，如图 6.33b 所示。

5）必要时可用几个视图表达同一个被放大部位的结构，如图 6.34 所示。

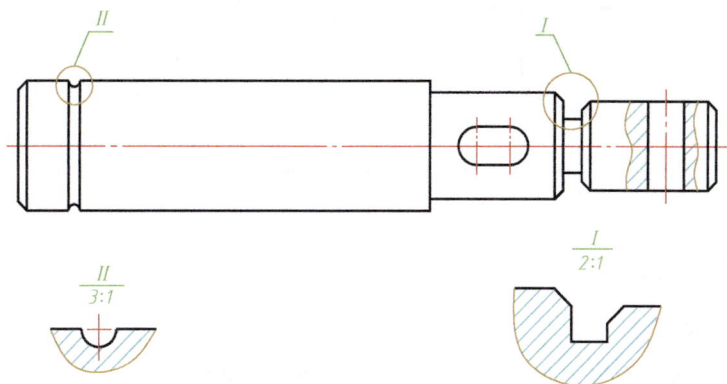

图 6.32 局部放大图（一）

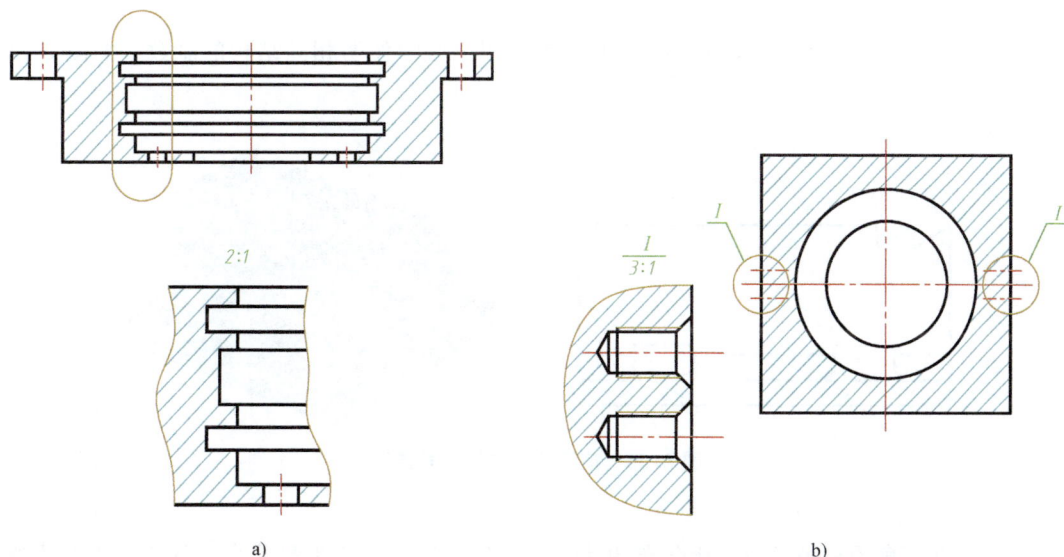

图 6.33 局部放大图（二）

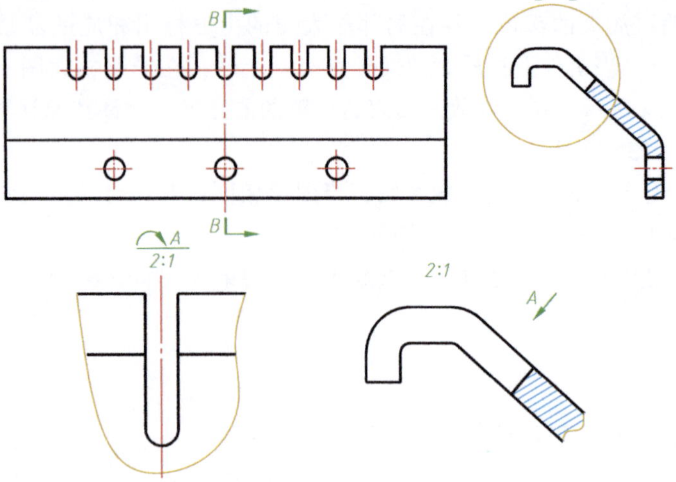

图 6.34　局部放大图（三）

二、简化画法和规定画法

简化原则如下：

1）简化必须保证不致引起误解和不会产生理解上的多意性。

2）便于识读和绘制，注重简化的综合效果。

3）在考虑便于手工制图和计算机制图的同时，还要考虑缩微制图的要求。

1. 相同要素的简化画法

1）当机件具有若干相同结构（如齿、槽等），并按一定规律分布时，只需画出几个完整的结构，其余用细实线连接，但在零件图中必须注明相同结构的总数，如图 6.35 所示。

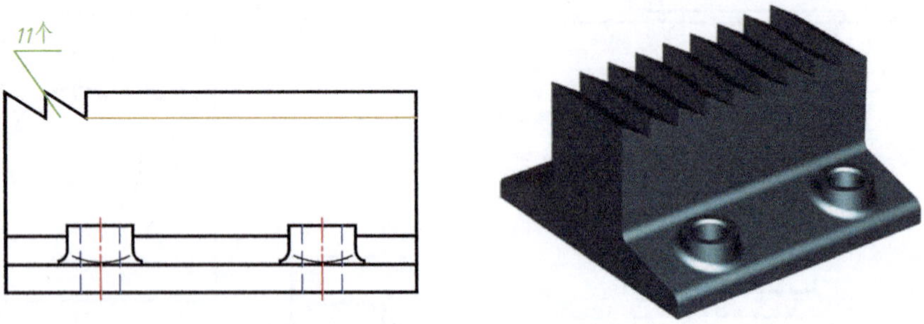

图 6.35　按规律分布的相同结构

2）直径相等且按规律分布的孔，可以仅画出一个或少量几个，其余只需要用细点画线或"✚"表示其中心位置，但在零件图中应注明孔的总数，如图 6.36 所示。

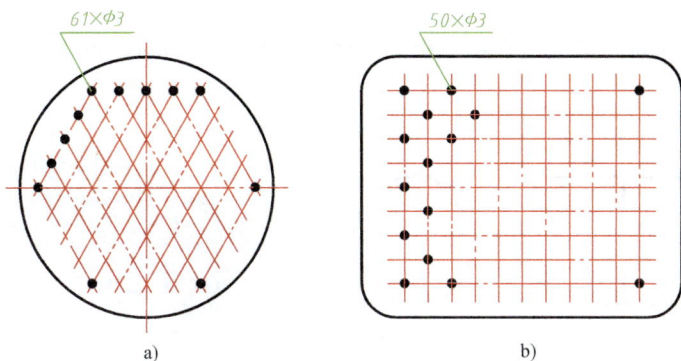

图 6.36　按规律分布的等直径孔

2. 沿圆周均布孔的画法

圆盘形法兰和类似结构上沿圆周均匀分布的孔的画法如图 6.37 所示。

3. 网状物及滚花表面和画法

网状物、编织物或机件上的滚花部分，可在轮廓线之内示意地画出一部分粗实线，并加旁注或在技术要求中注明这些结构的具体要求，如图 6.38 所示。

模型动画

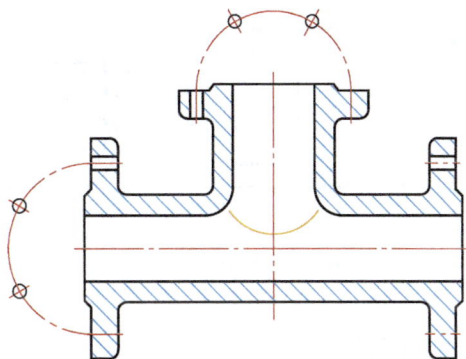

图 6.37　法兰上均布孔的画法

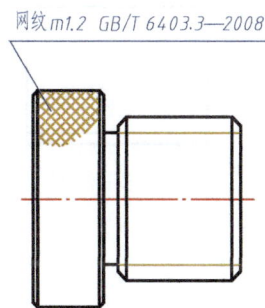

图 6.38　滚花的画法

4. 机件上细小结构的简化画法

1）某些细小结构已有视图表达清楚时，其投影在其他视图上可以简化，如图 6.39a、b 中的小平面和小锥孔。

2）机件上斜度不大的结构，如果已在一个视图中表达清楚，则其他视图中可按小端画出，如图 6.39c 所示。

3）机件上的小平面在图形中不能充分表达时，可用平面符号（相交的两条细实线）表示，如图 6.39d 所示。

4）在不会引起误解时，机件上的小圆角、小倒角（如 45°小倒角）在图上允许省略不画，但必须注明其尺寸或在技术要求中加以说明，如图 6.39e 所示。

5）对投影面倾斜角度等于或小于 30°的圆或圆弧，在该投影面上的投影可用圆或圆弧代替，如图 6.40 所示。

6）局部视图或断面图上，在不致引起误解的情况下，剖面区域内的剖面线可以省略不画，如图 6.41 所示。

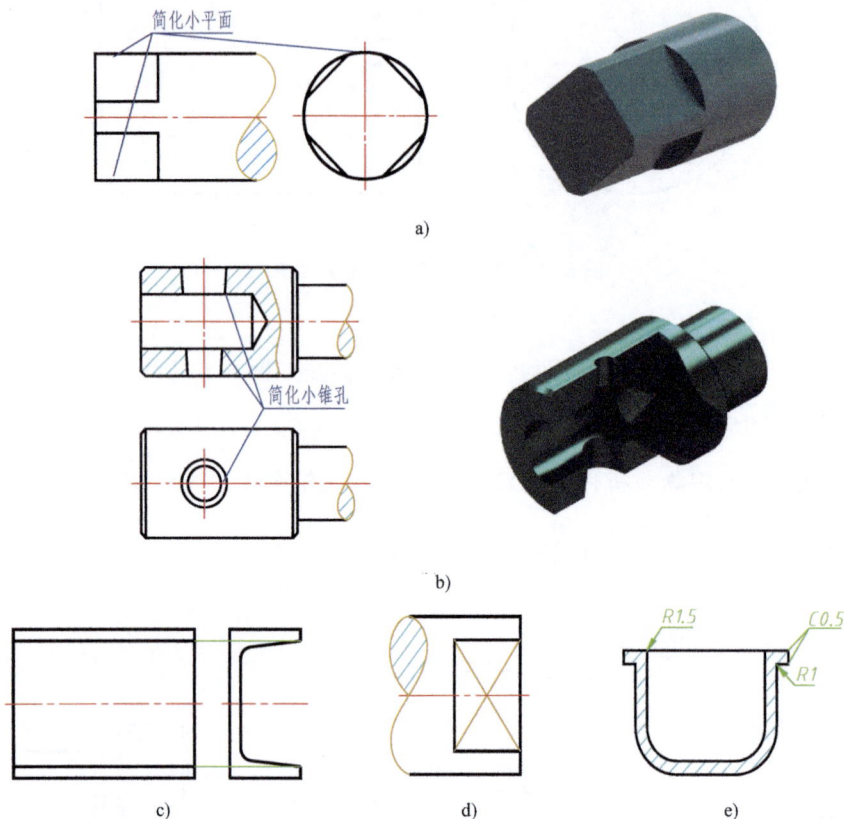

a)

b)

c)   d)   e)

图 6.39   规定画法

模型动画

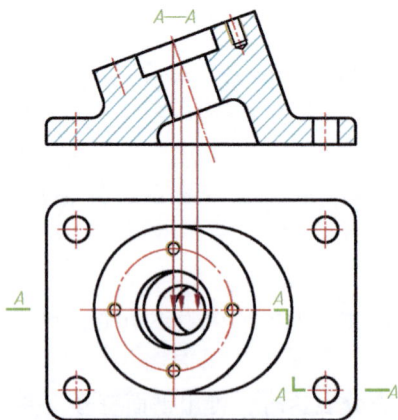

图 6.40   倾斜角度小的圆的画法

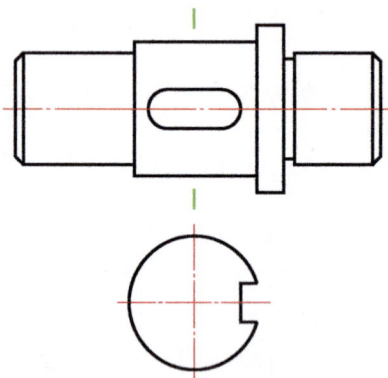

图 6.41   剖面线省略画法

5. 对称机件的画法

1）在不致引起误解时，对称机件的视图可只画出 1/2 或 1/4，并在对称中心线的两端画出两条与其垂直的平行细实线，如图 6.42a 所示。

2）可将投射方向一致的几个对称图形各取 1/2（或 1/4）合并成一个图形，如图 6.42b 所示。

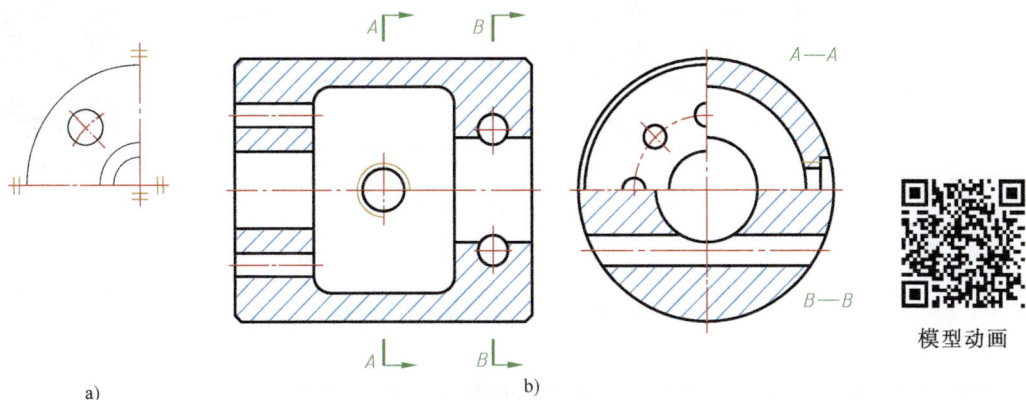

图 6.42　对称机件的画法

6. 断裂画法

较长的机件（如轴、杆件、型材、连杆等）沿长度方向的形状一致，或按一定规律变化时，可用波浪线、细双点画线断开后缩短绘制，但必须按照原来的实际长度标注出尺寸，如图 6.43a 所示。当断裂线较长时，可用双折线代替波浪线，如图 6.43b 所示。

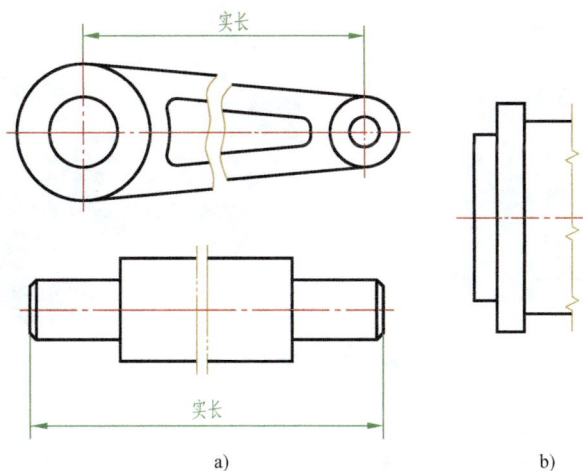

图 6.43　断裂画法

7. 假想画法

在需要表示位于观察者与剖切面之间的结构时，这些结构按假想投影的轮廓线（细双点画线）画出，如图 6.44 所示。

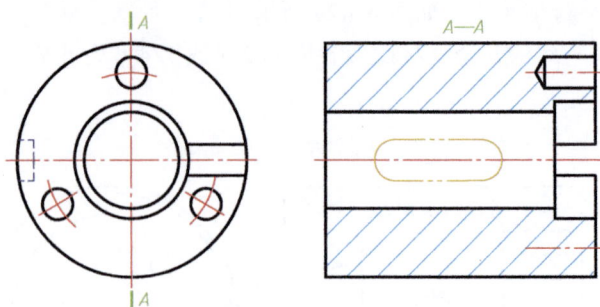

图 6.44　假想画法

模型动画

第五节　综合应用举例

实际机件的形状是复杂多样的，绘制机械图样时，应根据机件的具体结构形状选用适当的表达方法画出一组图形，完整、清晰地把机件的结构形状表达出来，下面举例说明。

一、用图样表达阀体

1. 形体分析

由立体图 6.45 可知，该阀体由中间的圆筒形主体和上、下连接板及左侧连接板四部分构成，其主体结构是一个阶梯形的空腔圆筒。按图示方向看，阀体前后对称、外形简单，而内部结构较复杂，上、下连接板和左侧连接板均需要表达。

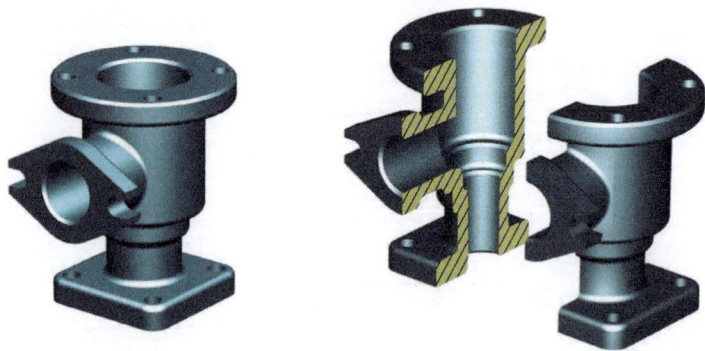

图 6.45　阀体立体图

2. 确定主视图投射方向

阀体按图 6.46 所示方向投射时，能较好地反映其结构特征和各组成部分及其相对位置，且与安装位置相一致。因此，选择图示方向作为主视图的投射方向较合理。

3. 确定表达方案

主视图投射方向已定，接下来要确定主视图采用视图还是剖视图来表达。由于阀体内部复杂、外部简单，因此主视图应采用剖视。从前面的分析可知，阀体的主视图不对称，因此，只能采用全剖或局部剖。

（1）方案一　如图 6.46 所示，①主视图采用沿前后对称面剖切的全剖视，着重表达主体内腔与左侧连接管的贯通情况；②左视图也采用半剖视，以表达阀体、左端连接板外形和主体的内部结构；上部连接板上的孔按简化画法旋转到剖切面上，在主视图中表达，而底板上的孔在左视图中采用局部剖来表达；③由于阀体前后对称，因此俯视图可以采用半剖视，既保留了上部连接板，又清楚地表达了筒体和底板的形状。采用这种方法，主视图与左视图的内形表达有重复之处，不够完美。

（2）方案二　如图 6.47 所示，在方案一的基础上，将主视图采用局部剖，兼顾表达内外形状；底板安装孔在主视图上用局部剖进行表达，局部视图表达左侧连接板的形状，则左视图可以省略；显然，方案二比方案一更简明。

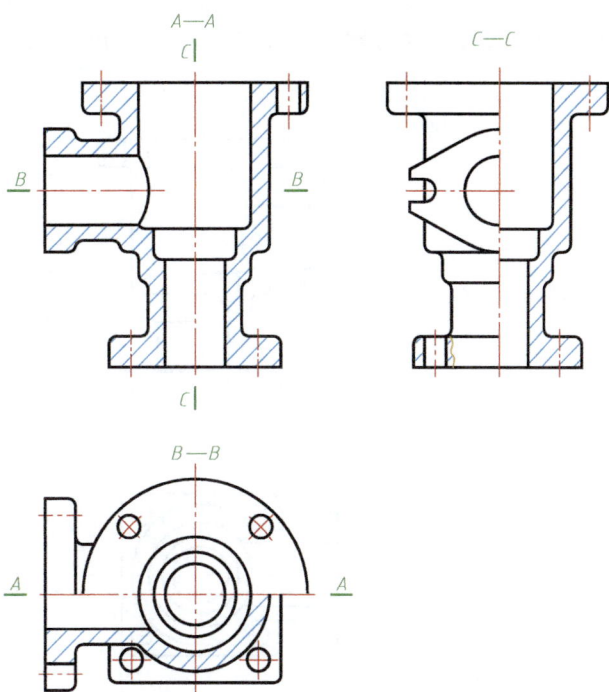

图 6.46　阀体的表达方案（一）

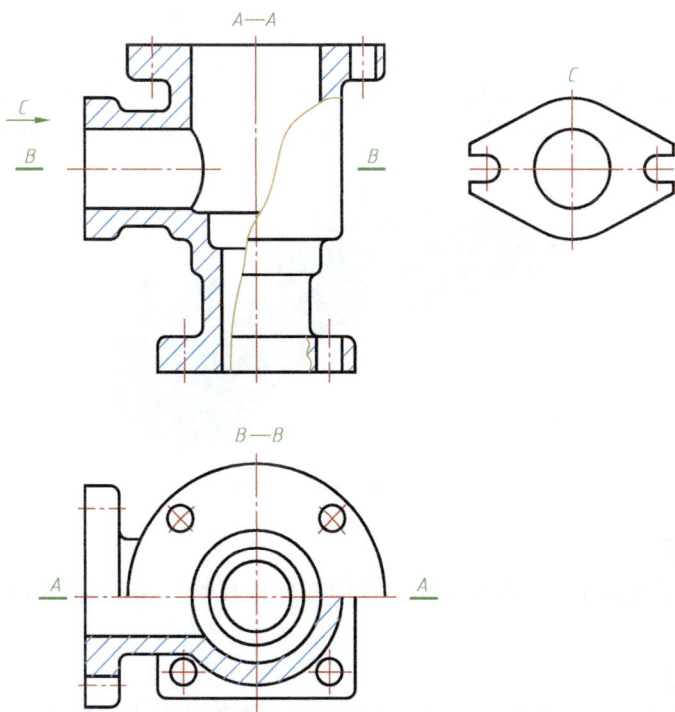

图 6.47　阀体的表达方案（二）

（3）方案三　如图 6.48 所示，在方案二的基础上，将俯视图画成全剖视，则需要增加一个局部视图 D。该方案视图较多，表达较分散，不如方案二合理。

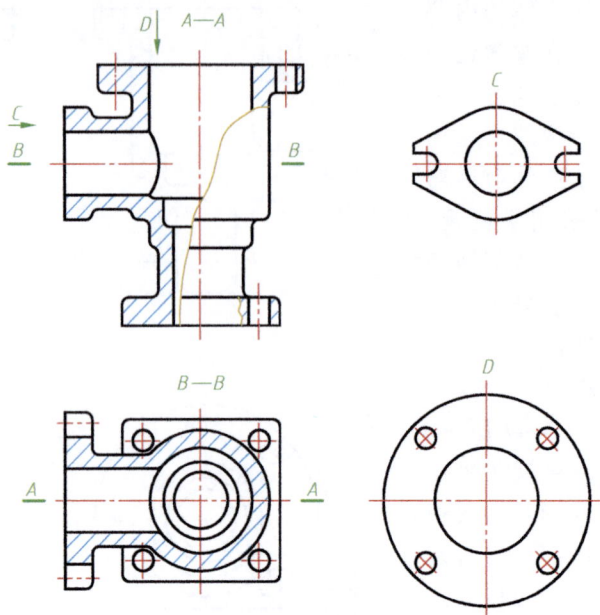

图 6.48　阀体的表达方案（三）

二、用图样表达支架

1. 形体分析

由立体图 6.49 可知，该支架由上端平板支承端、下方圆筒两主体结构与连接肋板三部分组成。支架前后对称，只需表达出上、下工作端及连接肋板的结构形状即可。

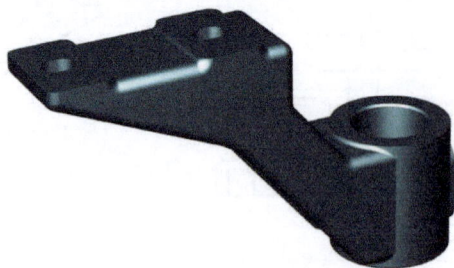

图 6.49　支架立体图

2. 确立主视图投射方向

如图 6.50 所示选择主视图投射方向，既能较好地反映支架的结构特征，又能体现其工作和加工位置。

3. 确定表达方案

主视图采用两处局部剖分别表达两处内部结构，未剖部分表达连接肋板的外部形状，用移出断面图表达肋板的截面形状。俯视图重点表达上端长凸台、下端圆筒等立体结构宽度方

向的轮廓。配合虚线辅助表达连接肋板与立体结构连接部位的形状。用向视图表达两螺孔的
端面形状。

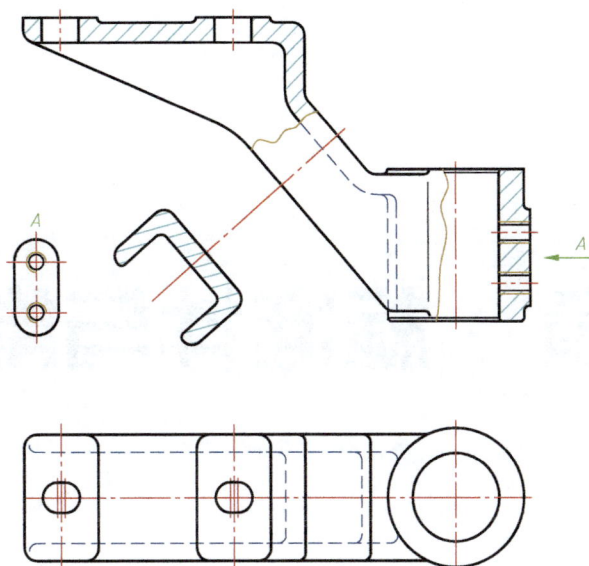

图 6.50　支架平面图

第七章　标准件与常用件

　　在机器、仪器或部件的装配和安装中，广泛使用螺纹紧固件及其他连接件，如螺栓、螺钉、螺母、键、销、轴承等，它们的结构、尺寸和画法均已标准化，称为标准件。在机械传动、支承等方面，经常用到齿轮、滚动轴承、弹簧等零件，它们的部分参数已标准化、系列化，称为常用件。本章主要介绍这些零件的结构、规定画法和标注方法。

第一节　螺纹的基本概念

一、认识螺纹

1. 螺纹的定义

　　螺纹是一种常见的设计结构，是在回转体表面上沿螺旋线所形成的具有相同剖面形状（如三角形、矩形、锯齿形等）的连续凸起（又称牙）和沟槽。螺纹在螺钉、螺栓、螺母和丝杠上起连接或传动作用。在圆柱（或圆锥）外表面所形成的螺纹称为外螺纹；在圆柱（或圆锥）内表面所形成的螺纹称为内螺纹。常用螺纹紧固件如图7.1所示。

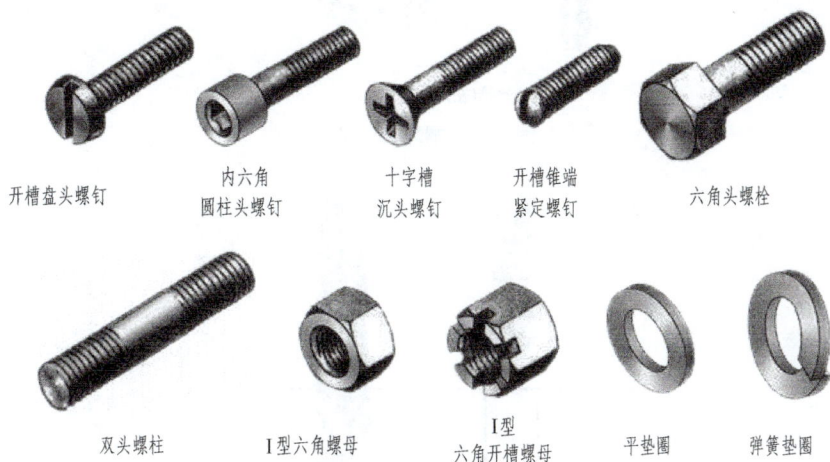

| 开槽盘头螺钉 | 内六角圆柱头螺钉 | 十字槽沉头螺钉 | 开槽锥端紧定螺钉 | 六角头螺栓 |
| 双头螺柱 | Ⅰ型六角螺母 | Ⅰ型六角开槽螺母 | 平垫圈 | 弹簧垫圈 |

图 7.1　常用螺纹紧固件

2. 螺纹的加工方法

　　螺纹的加工方法很多，如可在车床上车削内、外螺纹，也可用成形刀具（如板牙、丝锥）加工螺纹，如图7.2所示。加工直径比较小的内螺纹时，先用钻头钻出光孔，再用丝锥攻螺纹，因钻头的钻尖顶角为118°，所以不通孔的锥顶角应画成120°，如图7.3所示。

　　车削螺纹时，由于刀具和工件的相对运动而形成圆柱螺旋线，动点的等速运动由车床的主轴带动工件的转动来实现；动点沿圆柱素线方向的等速直线运动由刀尖的移动来实现。螺纹也可看作是一个平面图形沿螺旋线运动而形成的。

3. 螺纹的要素

　　螺纹由牙型、直径、线数、螺距和导程、旋向五个要素确定。内、外螺纹一般要成对使用，在内、外螺纹相互旋合时，两者的五个要素必须完全相同。

7

CHAPTER

a) 车床加工外螺纹   b) 车床加工内螺纹

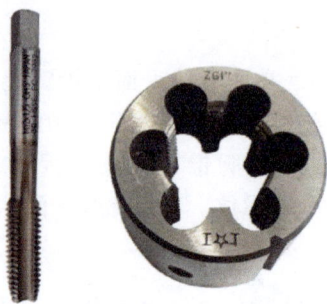

c) 丝锥(左)和板牙(右)

图 7.2   螺纹加工方法

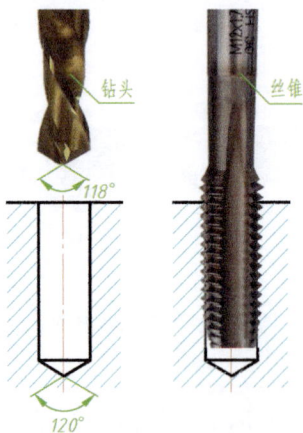

钻头   丝锥

118°

120°

图 7.3   丝锥加工内螺纹

（1）**牙型**   螺纹的牙型是指通过螺纹轴线剖切面所得到的断面轮廓形状，螺纹的牙型标志着螺纹的特征。常见的螺纹牙型如图 7.4 所示。不同的牙型有不同的用途，见表 7.1。

a) 三角形   b) 梯形   c) 锯齿形

图 7.4   常见的螺纹牙型

表 7.1　常用螺纹的种类、牙型、代号和用途

螺纹分类及特征符号			牙型及牙型角	说明
连接螺纹	普通螺纹	粗牙普通螺纹（M）	60°	用于一般零件的连接，是应用最广泛的连接螺纹
		细牙普通螺纹（M）		对于同样的公称直径，细牙螺纹比粗牙螺纹的螺距要小，多用于精密零件、薄壁零件的连接
	管螺纹	55°非密封管螺纹（G）	55°	常用于低压管路系统连接中的旋塞等管件附件
		55°密封管螺纹 与圆锥内螺纹相配合的圆锥外螺纹（R₁）	55°	适用于密封性要求高的水管、油管、煤气管等中、高压管路系统
		圆锥内螺纹（Rc）		
		与圆柱内螺纹相配合的圆锥外螺纹（R₂）		
		圆柱内螺纹（Rp）		
传动螺纹		梯形螺纹（Tr）	30°	用于须承受两个方向轴向力的场合，如各种机床的传动丝杠等
		锯齿形螺纹（B）	3° 30°	用于只承受单向轴向力的场合，如虎钳、千斤顶的丝杠等

（2）螺纹的直径　螺纹的直径有大径、小径、中径之分，如图 7.5 所示。

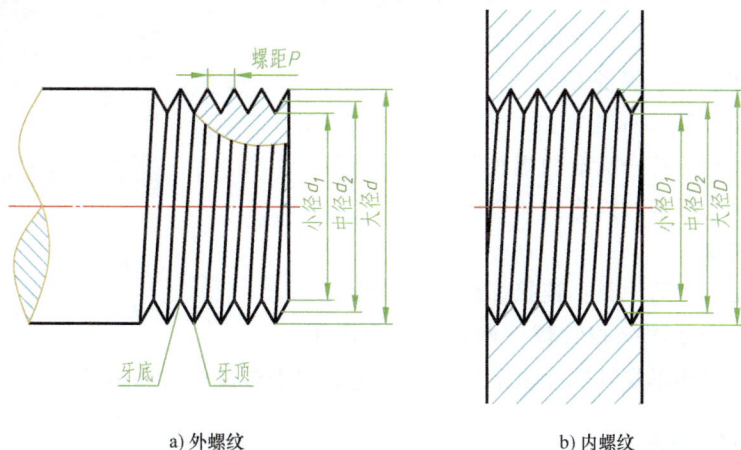

a) 外螺纹　　　　　　　b) 内螺纹

图 7.5　螺纹的直径

螺纹的大径是与外螺纹牙顶或内螺纹牙底相重合的假想圆柱的直径，又称公称直径。内

螺纹的大径用 D 表示，外螺纹的大径用 d 表示。

螺纹的小径是与外螺纹牙底或内螺纹牙顶相重合的假想圆柱的直径。内螺纹的小径用 D_1 表示，外螺纹的小径用 d_1 表示。

螺纹的中径是素线通过牙型上沟槽和凸起宽度相等处的假想圆柱的直径。内螺纹的中径用 D_2 表示，外螺纹的中径用 d_2 表示。

（3）线数　螺纹有单线和多线之分。沿一条螺旋线形成的螺纹称为单线螺纹；沿两条或两条以上在轴上等距分布的螺旋线所形成的螺纹称为多线螺纹，如图 7.6 所示。螺纹的线数用 n 表示，图 7.6a 所示为单线螺纹，$n=1$；图 7.6b 所示为双线螺纹，$n=2$。

（4）螺距和导程

螺距（P）：相邻两牙在螺纹中径线上对应两点间的轴向距离称为螺距。

导程（P_h）：同一条螺纹上，相邻两牙在螺纹中径线上对应两点间的轴向距离称为导程。

如图 7.6 所示，对于单线螺纹，$P_h=P$；对于多线螺纹，导程＝螺距×线数，即 $P_h=Pn$。

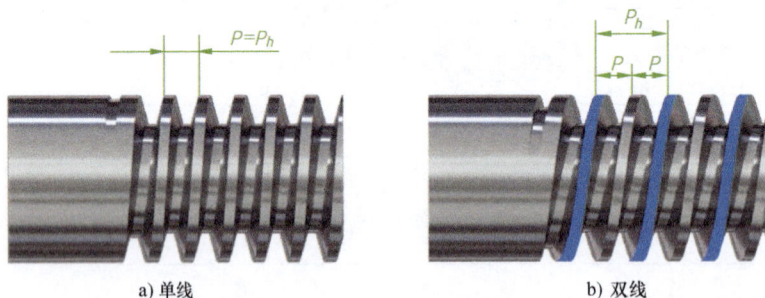

a) 单线　　　　b) 双线

图 7.6　螺纹的线数、导程和螺距

（5）旋向　螺纹按其形成时的旋向，分为右旋螺纹和左旋螺纹两种，沿逆时针方向旋进的螺纹称为左旋螺纹；沿顺时针方向旋进的螺纹称为右旋螺纹，如图 7.7 所示。工程上常用右旋螺纹。

在螺纹五要素中，凡是螺纹牙型、大径和螺距都符合标准的螺纹称为标准螺纹；螺纹牙型符合标准，而大径、螺距不符合标准的螺纹称为特殊螺纹；若螺纹牙型不符合标准，则称为非标准螺纹。

4. 螺纹的种类

螺纹按用途分为两大类：连接螺纹和传动螺纹。

连接螺纹有普通螺纹和管螺纹两类，主要用于

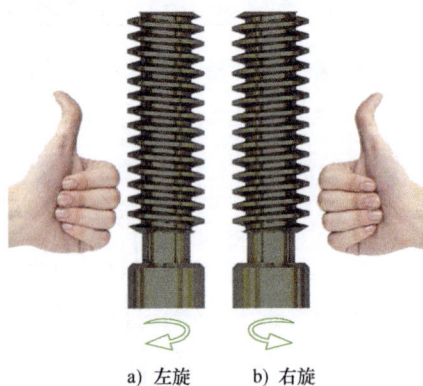

a) 左旋　　b) 右旋

图 7.7　螺纹的旋向

连接；传动螺纹有梯形螺纹和锯齿形螺纹等，主要用于传递动力和运动，见表 7.1。

二、螺纹的规定画法

由于螺纹的真实投影比较复杂，为了便于设计和制造，简化作图，提高工作效率，国家标准 GB/T 4459.1—1995 规定了螺纹及螺纹紧固件在图样中的表示方法。

1. 外螺纹的画法

1）螺纹的大径和螺纹终止线用粗实线绘制，小径用细实线绘制，倒角或倒圆的细实线也应画出，如图7.8a所示。

2）在投影为圆的视图中，大径用粗实线画整圆，小径用细实线画3/4圈，通常大小为0.85d，倒角圆省略不画，如图7.8a、b所示。

3）在剖视图中，螺纹终止线只画出大径和小径之间的部分，剖面线应画到粗实线处，如图7.8b所示。

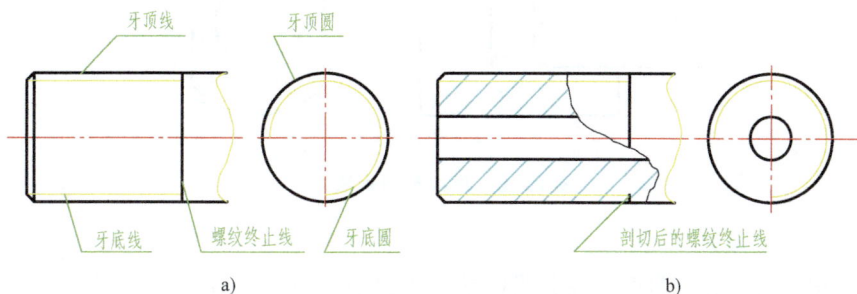

a)　　　　　　　　　　　　b)

图7.8 外螺纹的画法

2. 内螺纹的画法

1）内螺纹（螺孔）一般用剖视图表示，如图7.9a所示。在剖视图中，内螺纹的大径用细实线绘制，小径和螺纹终止线用粗实线绘制，剖面线必须终止于粗实线。在投影为圆的视图中，小径画粗实线圆，大径画细实线圆，只画3/4圈，倒角圆省略不画。

2）内螺纹未被剖切时，其大径、小径和螺纹终止线均用虚线表示，如图7.9b所示。

3）绘制不通的螺孔时，一般应将钻孔深度与螺纹部分的深度分别画出，钻孔顶端应画成120°，如图7.9c所示。

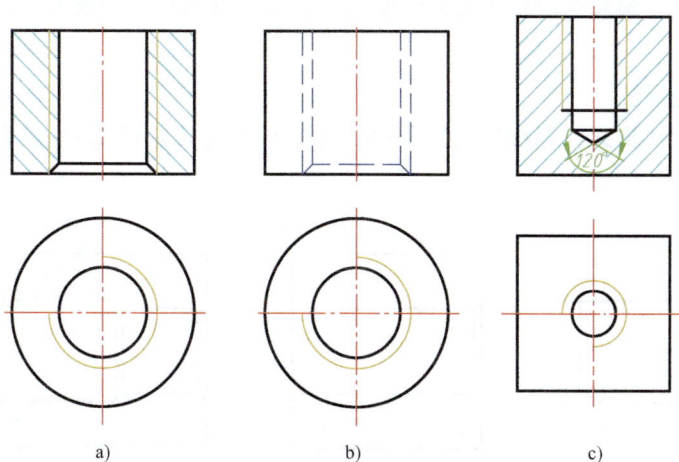

a)　　　　　　　　b)　　　　　　　　c)

图7.9 内螺纹的画法

7 CHAPTER

3. 螯纹副的画法

💡 当内、外螯纹连接构成螯纹副时，在剖视图中，其旋合部分应按外螯纹的画法绘

制，其余部分仍按各自的画法来表示，如图 7.10 所示。注意使内螯纹的大径与外螯纹的大径、内螯纹的小径与外螯纹的小径分别对齐，剖面线画至粗实线处。

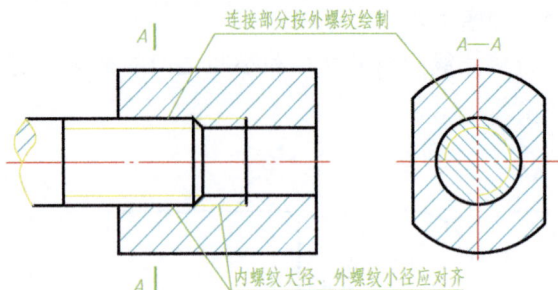

图 7.10　螯纹副的画法

4. 螯孔相贯线的画法

两螯孔或螯孔与光孔相贯时，其相贯线按螯纹的小径画出，如图 7.11 所示。

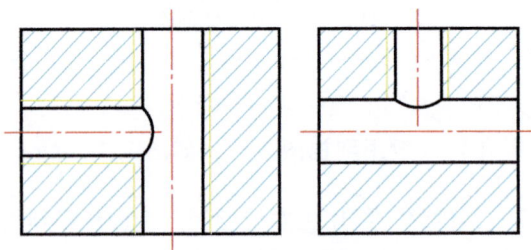

图 7.11　螯孔相贯线的画法

三、螯纹的标注方法

国家标准规定，螯纹在按照规定画法绘制后，为识别其种类和要素，必须按规定格式进行标注。

1. 普通螯纹的标注

普通螯纹的标注格式：螯纹特征代号–尺寸代号–螯纹公差带代号–旋合长度代号-旋向，如图 7.12 所示。

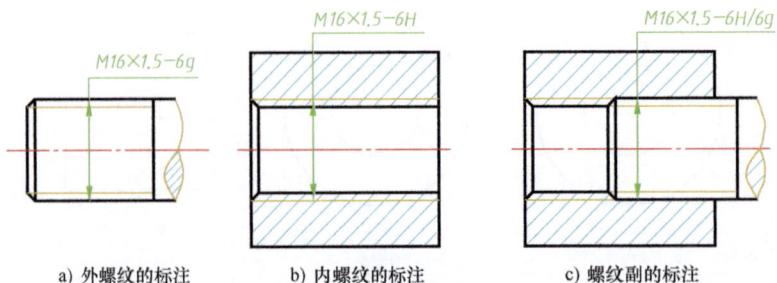

a) 外螯纹的标注　　　b) 内螯纹的标注　　　c) 螯纹副的标注

图 7.12　普通螯纹的标注

（1）**螺纹特征代号和尺寸代号** 单线螺纹：螺纹特征代号+公称直径×螺距。粗牙普通螺纹的螺距省略标注。多线螺纹：螺纹特征代号+公称直径×Ph 导程 P 螺距。

（2）**螺纹公差带代号** 螺纹公差带代号包括中径公差带代号与顶径公差带代号，由表示其大小的公差等级数字和基本偏差字母组成，如 6H、6g 等。中径公差带代号与顶径公差带代号不相同时应分别标注，如 M20-5g6g；若两者相同，则只标注一个代号，如 M20-6g。有关螺纹公差带代号的详细情况请查阅相关手册。

（3）**旋合长度代号** 螺纹旋合长度是指两个相互旋合的螺纹，沿螺纹轴线方向相互旋合部分的长度。普通螺纹的旋合长度有短（S）、中等（N）、长（L）三组。当旋合长度为 N 时，省略标注。必要时，也可用数值注明旋合长度。

（4）**旋向** 当螺纹为左旋时，用"LH"表示；右旋螺纹的"旋向"省略标注。

例如：M20-5g6g-L 表示公称直径为 20mm 的粗牙普通螺纹（外螺纹），右旋，中径公差带代号为 5g，顶径公差带代号为 6g，长旋合长度；M10×1-6H-LH 表示公称直径为 10mm，螺距为 1mm 的细牙普通螺纹（内螺纹），左旋，中径和顶径公差带代号都为 6H，中等旋合长度；M16×Ph3P1.5-6H 表示公称直径为 16mm，导程为 3mm，螺距为 1.5mm，中径和顶径公差带代号为 6H 的双线内螺纹。

内、外螺纹旋合构成螺纹副时，其标记一般不需标出。如需标注，可注写为如下形式：M20-5H/5g6g-S。内螺纹的公差带在前，外螺纹的公差带在后，两者中间用"/"分开。

2. 管螺纹的标注

管螺纹的标注格式：螺纹特征代号+尺寸代号+公差等级+旋向，如图 7.13 所示。

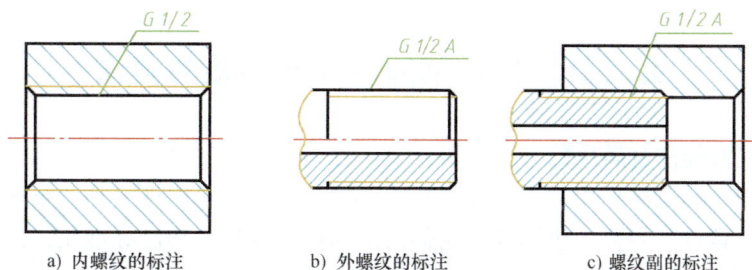

a) 内螺纹的标注　　b) 外螺纹的标注　　c) 螺纹副的标注

图 7.13　管螺纹的标注

管螺纹的螺纹特征代号见表 7.1。尺寸代号是指管子的通径，单位为英寸（in），不是螺纹大径或小径；对 55°非密封外管螺纹可标注公差等级，公差等级有 A、B 两种，其他管螺纹的公差等级只有一种，可省略标注；旋向代号中，右旋可不标注，左旋用"LH"注明。

例如，G 1/2-LH 表示 55°非密封管螺纹，尺寸代号为 1/2，左旋；Rc 1/2-LH 表示 55°密封圆锥内管螺纹，尺寸代号为 1/2，左旋。

表示螺纹副时，仅需标注外螺纹的代号。

3. 梯形螺纹的标注

梯形螺纹的标注格式：螺纹代号-公差带代号-旋合长度代号，如图 7.14 所示。

梯形螺纹的螺纹代号由特征代号"Tr"、尺寸代号及旋向组成。若为右旋，可省略标注；若为左旋，则用"LH"注明。单线梯形螺纹尺寸代号用"公称直径×螺距"表示，多线梯形螺纹尺寸代号用"公称直径×导程（P 螺距）"表示。梯形螺纹公差带代号只标注中径公差带代号。按尺寸和螺距的大小分为中等旋合长度（N）和长旋合长度（L），当旋合长度为 N 时，省略标注；对于长旋合长度的螺纹，应在公差带代号后标注"L"；根据需要，也可注写旋合长度数值。

例如，Tr40×7-7H 表示公称直径为 40mm，螺距为 7mm 的单线右旋梯形内螺纹，中径公差带代号为 7H，中等旋合长度；Tr40×14（P7）LH-8e-L 表示公称直径为 40mm，导程为 14mm，螺距为 7mm 的双线左旋梯形外螺纹，中径公差带代号为 8e，长旋合长度；Tr40×7-7H/7e 表示公称直径为 40mm，螺距为 7mm 的梯形螺纹副，内螺纹中径公差带代号为 7H，外螺纹中径公差带代号为 7e。

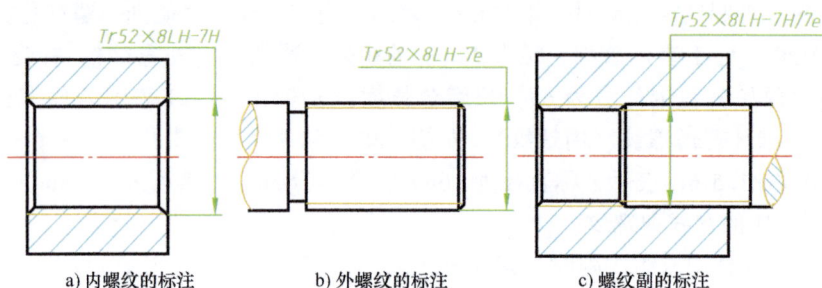

| a) 内螺纹的标注 | b) 外螺纹的标注 | c) 螺纹副的标注 |

图 7.14　梯形螺纹的标注

4. 锯齿形螺纹的标注

锯齿形螺纹的标注格式和梯形螺纹基本相同，螺纹各部分尺寸可查相关手册中的表格。

第二节　螺纹紧固件及其连接的画法

1. 常用螺纹紧固件及其标记

由螺纹起连接和紧固作用的零件称为螺纹紧固件。螺纹紧固件的种类很多，常用的有螺栓、双头螺柱、螺母、螺钉、垫圈等，它们的结构形式及尺寸均已标准化，使用单位可按需要根据有关标准选用。

在国家标准中，螺纹紧固件均有相应的规定标记，其完整的标记由名称、标准编号、螺纹规格、性能等级或材料等级、热处理、表面处理组成，一般主要标记前四项。

表 7.2 列出了部分常用螺纹紧固件及其规定标记，螺纹紧固件的详细结构尺寸可查相关表格。

表 7.2　常用螺纹紧固件及其标记

名称及标准编号	图例	标记示例及说明
六角头螺栓—— A 级和 B 级 GB/T 5782—2016		螺栓 GB/T 5782 M16×80 表示螺纹规格为 M16、公称长度为 80mm、性能等级为 8.8 级、表面不经处理、产品等级为 A 级的六角头螺栓

（续）

名称及标准编号	图例	标记示例及说明
双头螺柱 GB/T 897—1988	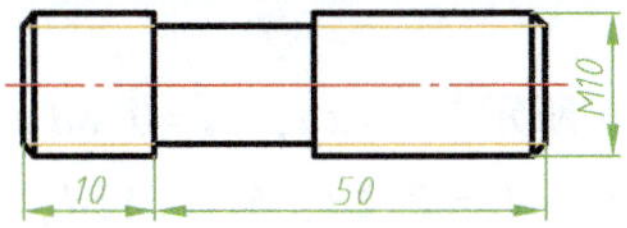	螺柱 GB/T 897 M10×50 表示两端均为粗牙普通螺纹，螺纹规格为 M10、公称长度为 50mm、性能等级为 4.8 级、表面不经处理、B 型、$b_m=1d$ 的双头螺柱
开槽沉头螺钉 GB/T 68—2016	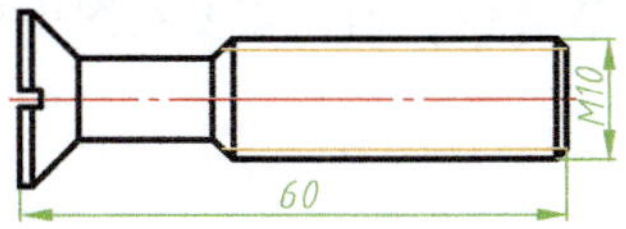	螺钉 GB/T 68 M10×60 表示螺纹规格为 M10、公称长度为 60mm、性能等级为 4.8 级、表面不经处理的 A 级开槽沉头螺钉
开槽长圆柱端紧定螺钉 GB/T 75—2018	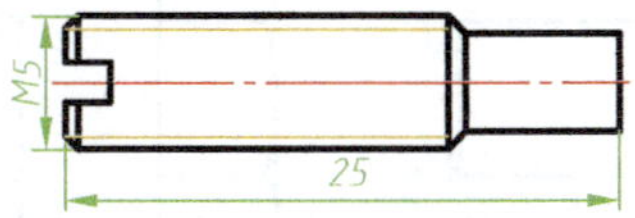	螺钉 GB/T 75 M5×25 表示螺纹规格为 M5、公称长度为 25mm、钢制、硬度等级为 14H 级、表面不经处理、产品等级为 A 级的开槽长圆柱端紧定螺钉
1 型六角螺母 GB/T 6170—2015	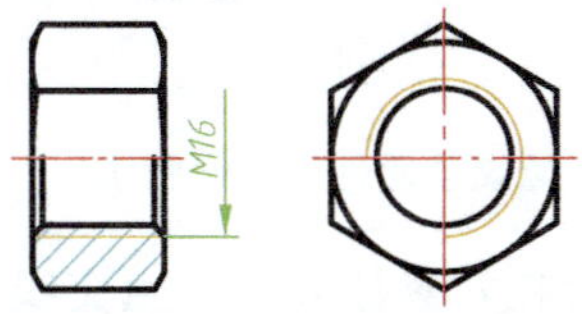	螺母 GB/T 6170 M16 表示螺纹规格为 M16、性能等级为 8 级、表面不经处理、产品等级为 A 级的 1 型六角螺母
1 型六角开槽 螺母—A 级和 B 级 GB/T 6178—1986	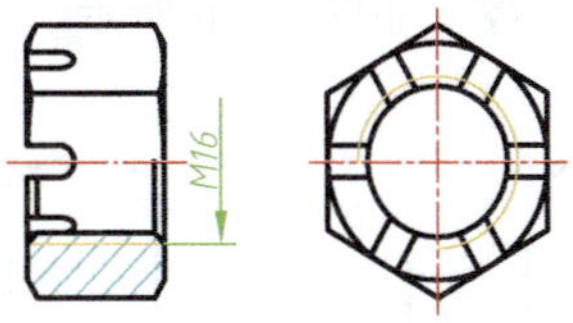	螺母 GB/T 6178 M16 表示螺纹规格为 M16、性能等级为 8 级、表面不经处理的 A 级 1 型六角开槽螺母
平垫圈 GB/T 97.1—2002	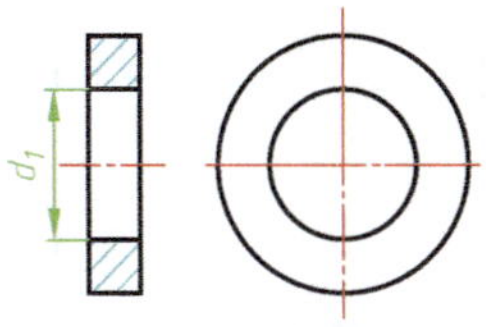	垫圈 GB/T 97.1-12 A2 表示标准系列、公称规格为 12mm、由 A2 组不锈钢制造的硬度等级为 200HV 级、表面不经处理、产品等级为 A 级的平垫圈
弹簧垫圈 GB/T 93—1987	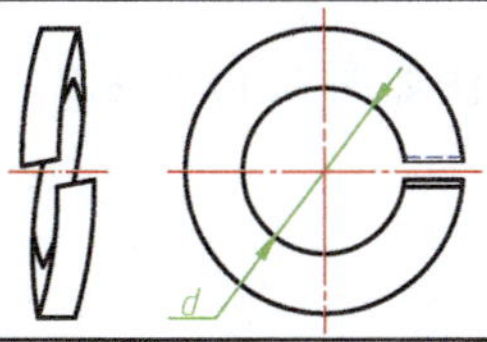	垫圈 GB/T 93 20 表示公称规格为 20mm、材料为 65Mn、表面氧化的标准型弹簧垫圈

2. 常用螺纹紧固件的画法

绘制螺纹紧固件时，一般有两种画法：查表画法和近似画法。

（1）查表画法 根据已知螺纹紧固件的规格尺寸，从相应表格中查出各部分的具体尺寸。例如，绘制螺栓 GB/T 5782 M20×60 的图形，查表得到以下各部分尺寸：螺栓直径 $d=20mm$；螺栓头厚 $k=12.5mm$；螺纹长度 $b=46mm$；公称长度 $l=60mm$；六角头对边距 $s=30mm$；六角头对角距 $e=33.53mm$。

根据以上尺寸即可绘制螺栓零件图。

（2）近似画法 在实际画图中，常常根据螺纹公称直径 d、D、按比例关系计算出各部分的尺寸，然后近似画出螺纹紧固件。

7

CHAPTER

147

1）六角头螺栓的近似画法如图 7.15a 所示，d、l 根据结构确定，$b = 2d$（$l \leqslant 2d$ 时，$b = l$），$e = 2d$，$k = 0.7d$，$c = 0.15d$。

2）六角螺母的近似画法如图 7.15b 所示，$e = 2d$，$m = 0.8d$。

3）垫圈的近似画法如图 7.15c 所示，$d_2 = 2.2d$，$h = 0.15d$，$d_1 = 1.1d$。

用比例关系计算各部分尺寸作图比较方便，但当需要在图中标注尺寸时，其数值仍应从相应标准中查得。

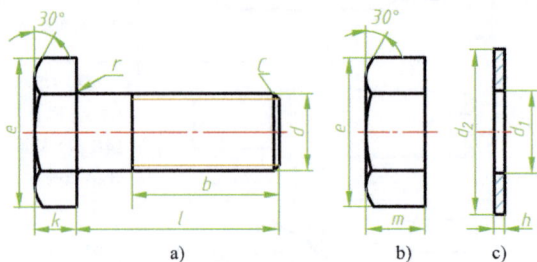

图 7.15　螺纹紧固件的近似画法

螺栓及螺母头部有 30° 倒角，因而会在六棱柱表面产生交线，其在空间中的形状为双曲线，为绘制图形方便，一般用圆弧近似代替，如图 7.16 所示。

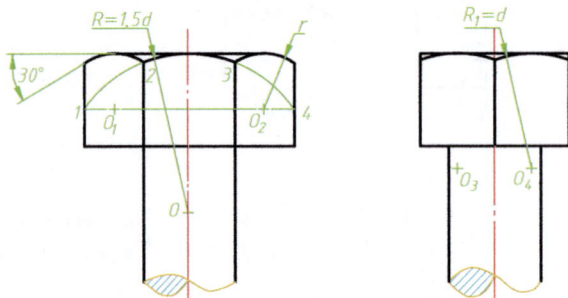

图 7.16　螺栓及螺母头部的近似画法

螺钉头部与螺纹直径成比例的近似画法如图 7.17 所示。

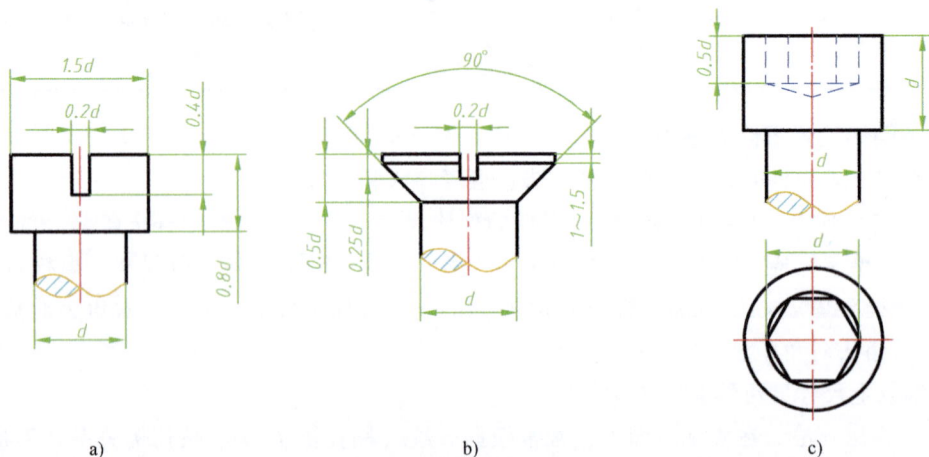

图 7.17　螺钉头部的近似画法

3. 螺纹紧固件连接的画法

螺纹紧固件连接的基本形式有螺栓连接、双头螺柱连接、螺钉连接，如图 7.18 所示。具体采用哪种连接应按实际需要选定。

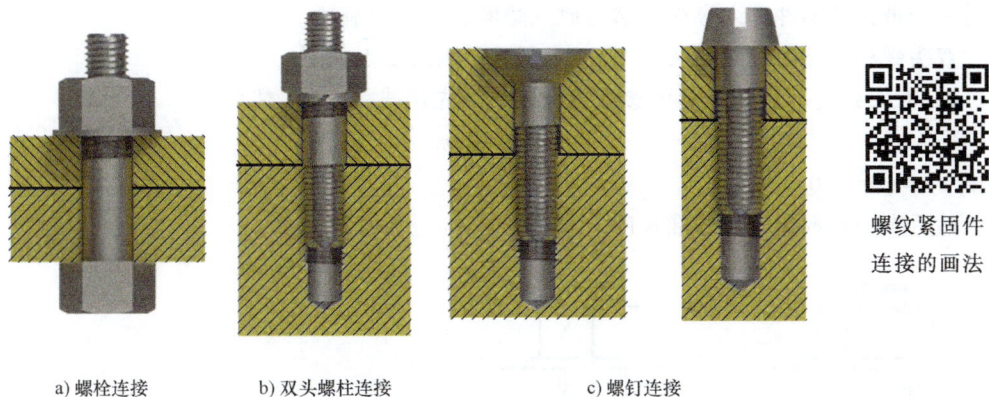

a) 螺栓连接　　　b) 双头螺柱连接　　　c) 螺钉连接

螺纹紧固件连接的画法

图 7.18　螺纹紧固件连接的基本形式

（1）螺栓连接及其装配画法　螺栓连接常用的紧固件有螺栓、螺母、垫圈。它用于被连接件都不太厚，能加工成通孔且要求连接力较大的情况。在被连接零件上预先加工出螺栓孔，孔径 d_0 应大于螺栓公称直径，一般为 $1.1d$。装配时，将螺栓插入螺栓孔中，垫上垫圈，拧上螺母，完成螺栓连接。如图 7.19 所示，螺栓连接装配按照以下步骤绘制：

1）根据螺纹紧固件螺栓、螺母、垫圈的标记，由相应表格查得或按照近似画法确定它们的全部尺寸。

2）确定螺栓的公称长度 l。由图 7.19 可知，螺栓的公称长度 l 可按式（7.1）估算

$$l \geqslant \delta_1 + \delta_2 + h + m + a \tag{7.1}$$

式中　$a = (0.2 \sim 0.4) d$。

3）由 l 的初算值查表，在螺栓标准的公称系列值中，选取一个与其接近的值。螺栓连接的三视图如图 7.20 所示。

画螺栓连接装配图时，应注意以下问题：

① 被连接件的孔径必须大于螺栓的大径，$d_0 = 1.1d$。

② 在螺栓连接剖视图中，被连接件的接触面应画到螺栓大径处。

③ 螺母及螺栓的六角头的三个视图应符合投影关系。

④ 螺栓的螺纹终止线必须画到垫圈之下、被连接两零件接触面之上。

⑤ 相邻两零件的剖面线应不同（方向相反或间隔不等）。但同一个零件在各视图中的剖面线方向和间隔应一致。

⑥ 两零件的接触表面画一条线，不接触表面画两条线。

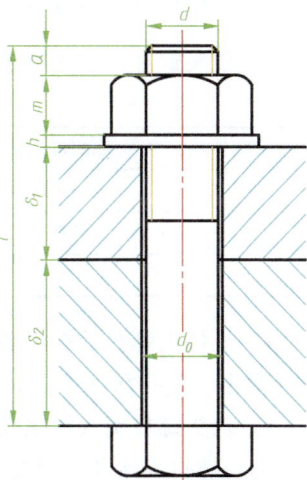

图 7.19　螺栓连接的装配画法

7

CHAPTER

⑦ 在剖视图中，若剖切面通过螺纹紧固件的轴线，则这些紧固件按不剖绘制。

（2）双头螺柱连接及其装配画法　双头螺柱连接常用的紧固件有双头螺柱、螺母、垫圈，一般用于被连接件之一较厚，不适合加工成通孔，其上部较薄零件加工成通孔，且要求连接力较大的情况。用双头螺柱连接零件时，先将螺柱的旋入端旋入一个零件的螺孔中，再将另一个带孔的零件套入螺柱，然后放入垫圈，用螺母旋紧。

双头螺柱连接的装配画法如图 7.21 所示。画图要点如下：

1）双头螺柱的有效长度可参考螺栓连接，先按式（7.2）估算

$$l \geqslant \delta + h + m + a \qquad\qquad (7.2)$$

式中　$a = (0.2 \sim 0.4)d$。

然后查表选取相近的标准长度。

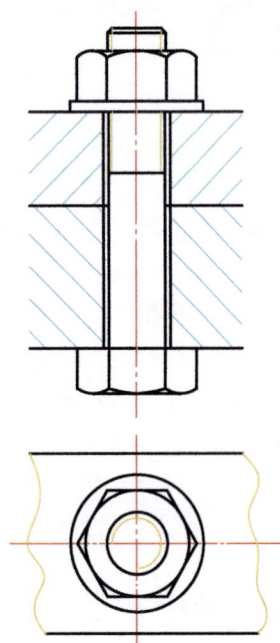

图 7.20　螺栓连接的三视图

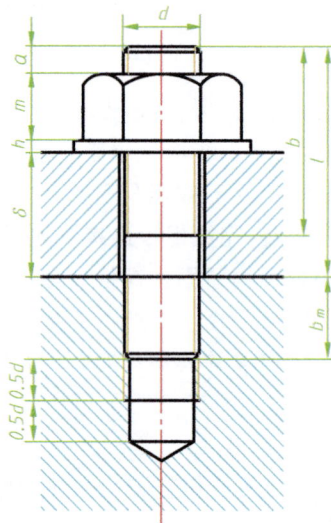

图 7.21　双头螺柱连接的装配画法

2）双头螺柱的旋入端长度 b_m 与带螺孔的被连接件的材料有关，可参考表 7.3 选取。

表 7.3　双头螺柱旋入端长度参考值

被连接件的材料	旋入端长度 b_m
钢、青铜	$b_m = d$
铸铁	$b_m = (1.25 \sim 1.5)d$
铝	$b_m = 2d$

3）机件上螺孔的螺纹深度应大于旋入端长度 b_m，画图时，螺孔的螺纹深度可按 $b_m + 0.5d$ 画出，钻孔深度可按 $b_m + d$ 画出。

4）双头螺柱旋入端螺纹终止线应与螺孔顶面重合，表示旋入端已充分拧紧。

（3）螺钉连接及其装配画法　螺钉连接多用于受力不大的零件之间的连接。用螺钉连接两个零件时，螺钉杆部穿过一个零件的通孔而旋入另一个零件的螺孔中，将两个零件固定

在一起。

螺钉连接的装配画法如图 7.22 所示，画图时应注意以下几点：

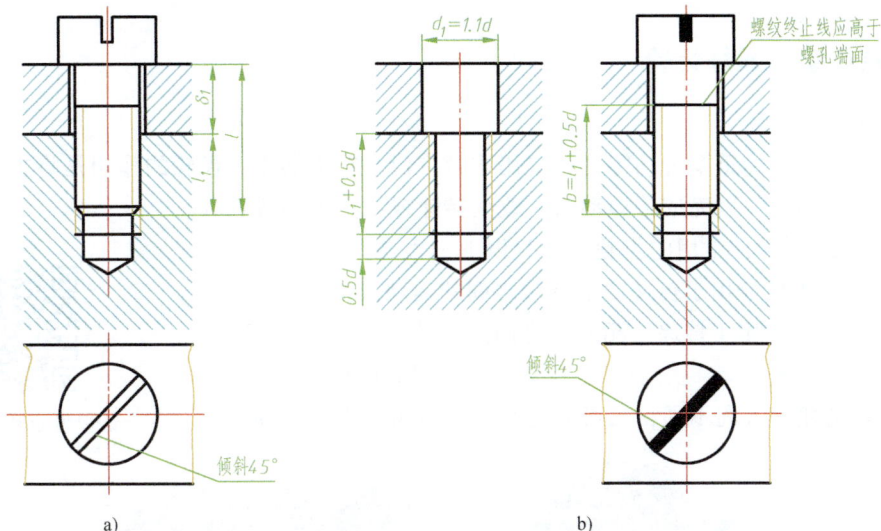

$d_1=1.1d$

螺纹终止线应高于螺孔端面

$b=l_1+0.5d$

$l_1+0.5d$

$0.5d$

倾斜45°

倾斜45°

a)　　　　　　　　　　　　　　b)

图 7.22　螺钉连接的装配画法

1）螺钉的有效长度 l 可按式（7.3）估算

$$l=\delta_1+l_1 \tag{7.3}$$

根据初步算出的 l 值，在螺钉标准中，查表选取与其近似的标准值，作为最后确定的 l。

2）螺钉的旋入端长度 l_1 与带螺孔的被连接件的材料有关，可参照双头螺柱连接的旋入端长度 b_m 值，近似选取 $l_1=b_m$。

3）为使螺钉连接牢靠，螺钉的螺纹长度和螺孔的螺纹长度都应大于旋入端长度 l_1。螺孔的螺纹长度可取 $l_1+0.5d$。被连接件的光孔直径可近似地画成 $1.1d$。

4）为了使螺钉头能压紧被连接零件，螺钉的螺纹终止线应高出螺孔的端面，或在螺杆的全长上都有螺纹。

5）螺钉头部一字槽的投影可以涂黑表示，在投影为圆的视图上，槽画成与中心线成 45°角的倾斜线，线宽为粗实线线宽的 2 倍，如图 7.22b 所示。

（4）螺纹紧固件的简化画法　国家标准规定，在装配图中，螺纹紧固件的某些结构允许按简化画法绘制，如螺栓、螺柱、螺钉末端的倒角、螺栓头部和螺母的倒角可省略不画，如图 7.23 所示；未钻通的螺孔可以不画出钻孔深度，仅按螺纹部分的深度（不包括螺尾）画出即可。

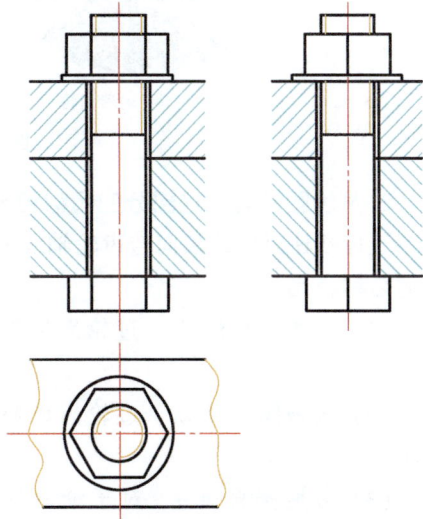

图 7.23　螺纹紧固件的简化画法

7

CHAPTER

第三节　齿　　轮

一、齿轮传动和圆柱齿轮

1. 常见齿轮传动

齿轮是机器中的重要传动零件，应用非常广泛。在机器中，齿轮的作用是将主动轴的转动传送到从动轴上，以完成传递动力、改变转速或回转方向等任务。

如图 7.24 所示，常用的齿轮可分为以下三大类：

（1）圆柱齿轮　用于传递两平行轴之间的运动。

（2）锥齿轮　用于传递两相交轴之间的运动。

（3）蜗轮蜗杆传动　用于传递两交错轴之间的运动。

按齿轮的轮齿方向不同，又可分为直齿、斜齿、人字齿等。

认识齿轮和圆柱齿轮

a) 直齿圆柱齿轮　　　　　　b) 斜齿圆柱齿轮

c) 锥齿轮　　　　　　d) 蜗轮蜗杆

图 7.24　常见齿轮传动

2. 直齿圆柱齿轮各部分的名称和尺寸关系

直齿圆柱齿轮的齿向与齿轮轴线平行，图 7.25 所示为相互啮合的两直齿圆柱齿轮各部分的名称和代号。

（1）齿顶圆直径 d_a　过轮齿齿顶的圆柱面与端平面的交线称为齿顶圆，其直径用 d_a 表示。

（2）齿根圆直径 d_f　过轮齿齿根的圆柱面与端平面的交线称为齿根圆，其直径用 d_f 表示。

（3）分度圆直径 d　对于渐开线齿轮，过齿厚（弧长 s）与齿槽宽（弧长 e）相等处的假想圆柱面称为分度圆柱面。分度圆柱面与端平面的交线称为分度圆，其直径用 d 表示。

7 CHAPTER

当一对齿轮啮合安装后，在理想状态下，两个分度圆是相切的，此时的分度圆也称节圆。

（4）齿高 h   齿顶圆与齿根圆之间的径向距离称为齿高，用 h 表示。齿顶高 h_a 是齿顶圆与分度圆之间的径向距离；齿根高 h_f 是齿根圆与分度圆之间的径向距离，$h=h_a+h_f$。

（5）齿距 p   分度圆上相邻两齿的对应点之间的弧长称为齿距，齿距＝齿厚+齿槽宽，即 $p=s+e$。

（6）模数 m   若齿轮的齿数用 z 表示，则分度圆的周长为 $\pi d=pz$，即 $d=pz/\pi$，式中 π 为无理数，为了计算和测量方便，令 $m=p/\pi$，则 $d=mz$。

式中，m 为模数，单位为 mm。

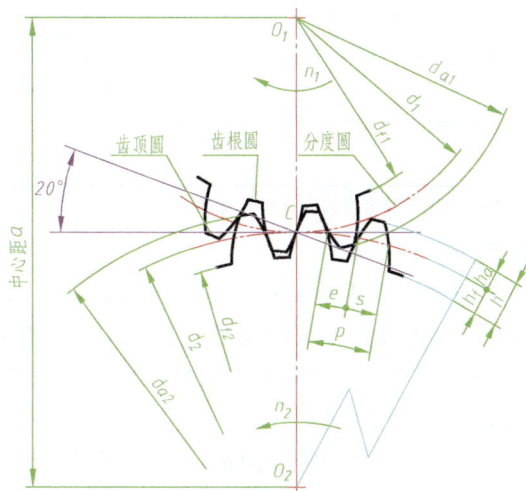

图 7.25 相互啮合的两直齿圆柱齿轮各部分的名称和代号

模数是设计和制造齿轮的一个重要参数。模数越大，轮齿越厚，齿轮的承载能力越强。为了便于设计和加工，国家标准中规定了齿轮模数的标准数值，见表 7.4。

表 7.4   圆柱齿轮的标准模数（摘自 GB/T 1357—2008）   （单位：mm）

第一系列	1、1.25、1.5、2、2.5、3、4、5、6、8、10、12、16、20、25、32、40、50
第二系列	1.125、1.375、1.75、2.25、2.75、3.5、4.5、5.5、(6.5)、7、9、11、14、18、22、28、36、45

注：1. 对斜齿轮是指法向模数。
  2. 应优先选用第一系列，其次选用第二系列，括号内的模数尽量不用。

（7）传动比 i   主动齿轮转速 n_1(r/min) 与从动齿轮转速 n_2(r/min) 之比称为传动比，即 $i=n_1/n_2$。由于主动齿轮和从动齿轮在单位时间内转过的齿数相等，即 $n_1z_1=n_2z_2$，因此，传动比 i 也等于从动齿轮齿数 z_2 与主动齿轮齿数 z_1 之比，即

$$i=\frac{n_1}{n_2}=\frac{z_2}{z_1}$$

(7.4)

7

CHAPTER

（8）**中心距** a　中心距是两啮合齿轮中心之间的距离，即

$$a = (d_1 + d_2)/2 = m(z_1 + z_2)/2 \tag{7.5}$$

标准直齿圆柱齿轮各部分的尺寸都与模数有关，设计齿轮时，应先确定模数 m 和齿数 z，然后根据表 7.5 中的计算公式计算出各部分尺寸。

表 7.5　直齿圆柱齿轮各基本尺寸的计算公式

名称	代号	计算公式
分度圆直径	d	$d_1 = mz_1 ; d_2 = mz_2$
齿顶圆直径	d_a	$d_{a1} = m(z_1 + 2) ; d_{a2} = m(z_2 + 2)$
齿根圆直径	d_f	$d_{f1} = m(z_1 - 2.5) ; d_{f2} = m(z_2 - 2.5)$
齿高	h	$h = h_a + h_f = 2.25m$
齿顶高	h_a	$h_a = m$
齿根高	h_f	$h_f = 1.25m$
齿距	p	$p = \pi m$
中心距	a	$a = \dfrac{1}{2}(d_1 + d_2) = \dfrac{m}{2}(z_1 + z_2)$
传动比	i	$i = \dfrac{n_1}{n_2} = \dfrac{d_2}{d_1} = \dfrac{z_2}{z_1}$

注：表中 d_a、d_f、d 的计算公式适用于外啮合直齿圆柱齿轮传动。

3. 圆柱齿轮的规定画法

（1）**单个直齿圆柱齿轮的画法**　表达轴孔有键槽的齿轮时，可采用两个视图，或者采用一个视图和一个局部视图（即左视图中只画键槽），如图 7.26 所示。

1）齿顶圆和齿顶线用粗实线绘制；齿根圆和齿根线用细实线绘制，也可省略不画。

2）在剖视图中，齿根线用粗实线绘制。

3）需要表示轮齿（斜齿、人字齿）的方向时，可用三条与轮齿方向一致的细实线表示，如图 7.27 所示。

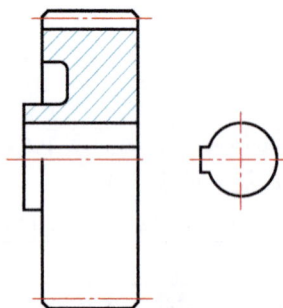

图 7.26　单个直齿圆柱齿轮的画法　　　图 7.27　轮齿方向的表示方法

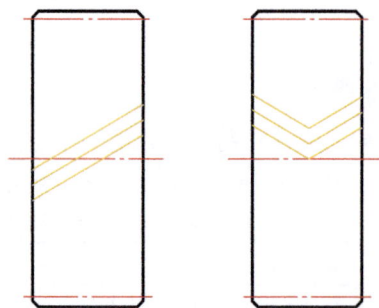

（2）直齿圆柱齿轮啮合的画法

1）当剖切面通过两啮合齿轮的轴线时，在啮合区内，将一个齿轮的轮齿用粗实线绘制，另一个齿轮轮齿被遮挡的部分用细虚线绘制，如图 7.28a 所示。

2）在垂直于圆柱齿轮轴线的投影面上的视图中，啮合区内的齿顶圆均用粗实线绘制，如图 7.28b 所示，其省略画法如图 7.28c 所示。

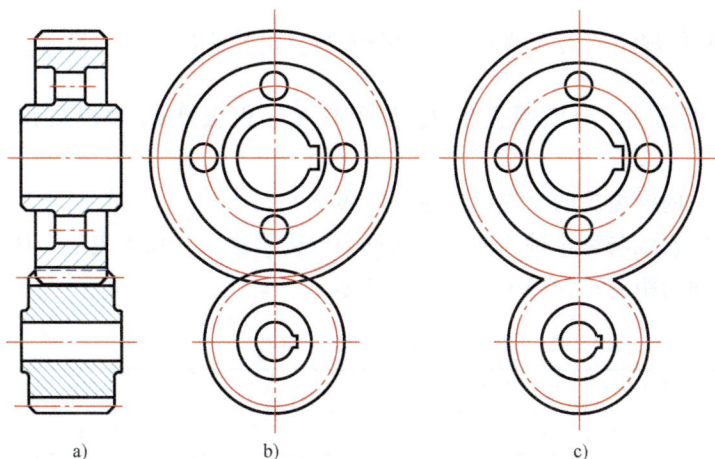

图 7.28　直齿圆柱齿轮啮合剖视图画法

3）外形视图中，啮合区只用粗实线画出节线，齿顶线和齿根线均不画。两齿轮其他处的节线仍用细点画线绘制，如图 7.29a 所示。

4）需要表示轮齿的方向时，用三条与轮齿方向一致的细实线表示，画法与单个齿轮相同，如图 7.29b、c 所示。

二、锥齿轮

锥齿轮用于传递两相交轴间的回转运动，其中两轴相交成直角的锥齿轮传动应用最广泛。

1. 直齿锥齿轮各部分的名称和尺寸关系

由于锥齿轮的轮齿位于圆锥面上，因此，其轮齿一端大，另一端小，齿厚和槽宽等也

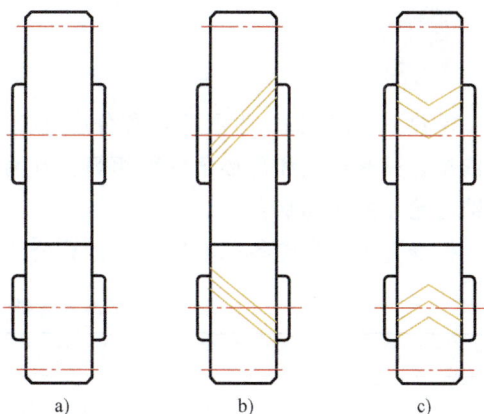

图 7.29　直齿圆柱齿轮啮合外形画法

随之由大到小逐渐变化，各处的齿顶圆、齿根圆和分度圆也不相等，而是分别处于共顶的齿顶圆锥面、齿根圆锥面和分度圆锥面上，如图 7.30 所示。

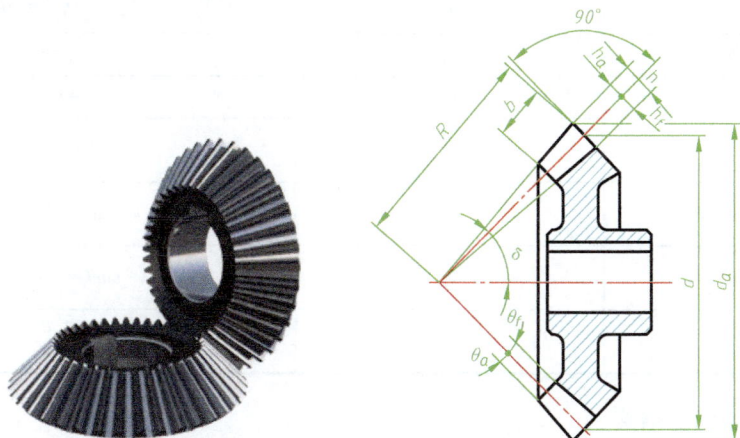

图 7.30　直齿锥齿轮的结构要素

国家标准规定，由大端的模数和分度圆决定其他各部分的尺寸。锥齿轮的齿顶圆直径 d_a、齿根圆直径 d_f、分度圆直径 d、齿顶高 h_a、齿根高 h_f 和齿高 h 等都是对大端而言的。

国家标准规定的锥齿轮的大端模数系列见表 7.6。

分度圆锥面的素线与齿轮轴线间的夹角称为**分度圆锥角**，用 δ 表示。从顶点沿分度圆锥面的素线至背锥面的距离称为**外锥距**，用 R 表示。

表 7.6　锥齿轮的大端模数（GB/T 12368—1990）　　　　　（单位：mm）

1	1.125	1.25	1.375	1.5	1.75	2	2.25	2.5	2.75	3	3.25	3.5	3.75
4	4.5	5	5.5	6	6.5	7	8	9	10	11	12	14	16
18	20	22	25	28	30	32	36	40	45	50			

模数 m、齿数 z、齿形角 α 和分度圆锥角 δ 是直齿锥齿轮的基本参数，是决定其他尺寸的依据。只有模数和齿形角分别相等，且两齿轮分度圆锥角之和等于两轴线间夹角的一对直齿锥齿轮才能正确啮合。

标准直齿锥齿轮各基本尺寸的计算公式见表 7.7。

表 7.7　标准直齿锥齿轮各基本尺寸的计算公式

名称	代号	计算公式
分度圆锥角	δ_1（小齿轮） δ_2（大齿轮）	$\tan\delta_1 = \dfrac{z_1}{z_2}$；$\tan\delta_2 = \dfrac{z_2}{z_1}$ （$\delta_1 + \delta_2 = 90°$）
分度圆直径	d	$d = mz$
齿顶圆直径	d_a	$d_a = m(z + 2\cos\delta)$
齿根圆直径	d_f	$d_f = m(z - 2.4\cos\delta)$
齿高	h	$h = h_a + h_f = 2.2m$
齿顶高	h_a	$h_a = m$
齿根高	h_f	$h_f = 1.2m$
外锥距	R	$R = \dfrac{mz}{2\sin\delta^2}$
齿顶角	θ_a	$\tan\theta_a = \dfrac{2\sin\delta}{z}$
齿根角	θ_f	$\tan\theta_f = \dfrac{2.4\sin\delta}{z}$
齿宽	b	$b \leqslant \dfrac{R}{3}$

2. 直齿锥齿轮的画法

（1）单个直齿锥齿轮的画法　单个直齿锥齿轮的画法与圆柱齿轮基本相同，如图 7.31

7

CHAPTER

所示。主视图多用全剖视图；左视图中大端、小端齿顶圆用粗实线画出，大端分度圆用细点画线画出，齿根圆和小端分度圆规定不画。

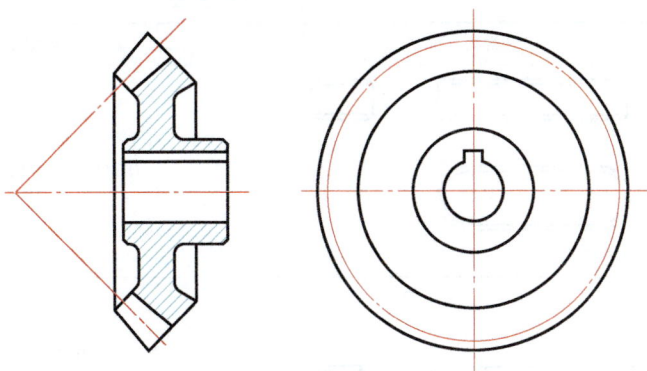

图 7.31 单个直齿锥齿轮的画法

（2）直齿锥齿轮啮合的画法（图 7.32）

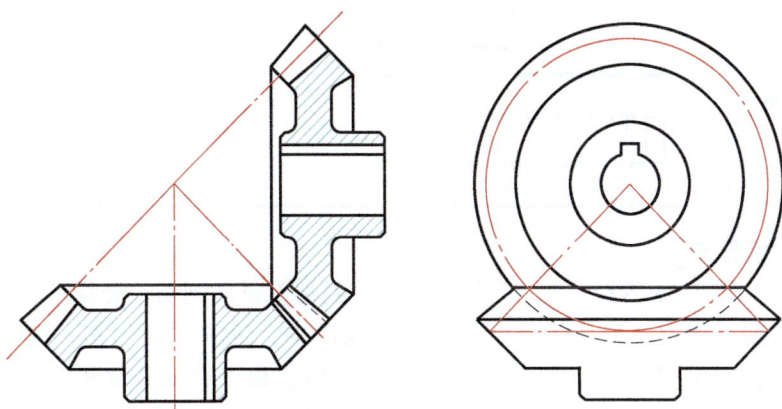

图 7.32 直齿锥齿轮啮合的画法

第四节 键 与 销

一、键连接

键是机器上常用的标准件，用来连接轴和装在轴上的零件（如齿轮、带轮等），使轴与传动件之间不发生相对转动，起传递转矩的作用。

1. 键的形式和规定标记

键的种类很多，常用的有普通平键、半圆键和钩头型楔键等，普通平键分 A 型、B 型、C 型三种，如

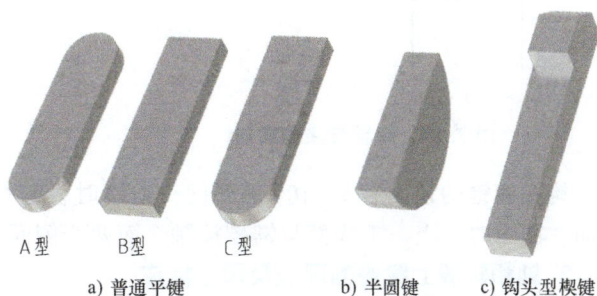

a) 普通平键　　　　b) 半圆键　　　c) 钩头型楔键

图 7.33 常用键的种类

7 CHAPTER

157

图 7.33 所示。

常用键的形式、标记和画法见表 7.8，选用时可根据轴的直径查表确定。

表 7-8　常用键的形式、标记和画法

名称及标准	图例	标记
普通 A 型平键 GB/T 1096—2003		GB/T 1096　键 $b \times h \times L$
半圆键 GB/T 1099.1—2003		GB/T 1099.1 键 $b \times h \times D$
钩头型　楔键 GB/T 1565—2003		GB/T 1564　键 $b \times L$

2. 键连接的画法

如图 7.34、图 7.35 所示，在主视图中，键被剖切面纵向剖切，键按不剖绘制，为了表示键在轴上的装配情况，采用了局部剖视。左视图中，键被横向剖切，键上要画剖面线（与轮毂的剖面线方向相反，或方向一致但间隔不等）。由于普通平键和半圆键的两个侧面是工作面，因此，键与键槽侧面之间应不留间隙；而键顶面是非工作面，其与轮毂的键槽顶面之间应留 有间隙。

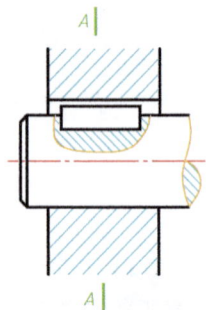

图 7.34　平键连接的画法　　　　图 7.35　半圆键连接的画法

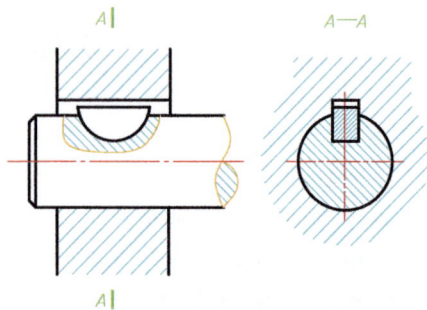

钩头楔键的顶面有 1：100 的斜度，连接时将键打入键槽，因此，键的顶面和底面为工作面。画图时，上、下表面与键槽接触，而两个侧面是间隙配合面，如图 7.36 所示。

3. 轴和轮毂上键槽的画法及尺寸标注

轴和轮毂上键槽的画法及尺寸标注如图 7.37 所示，键和键槽尺寸可根据轴的直径查表

7 CHAPTER

得到。

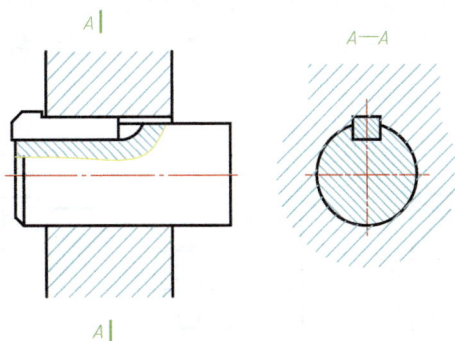

图 7.36 钩头型楔键连接的画法

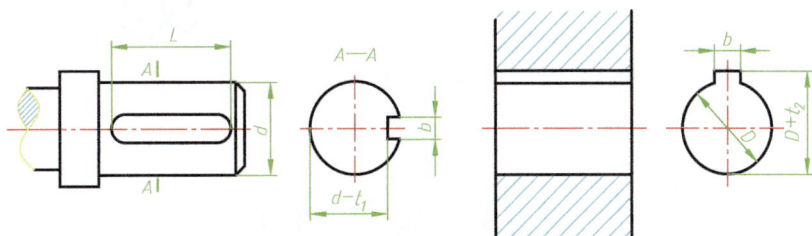

图 7.37 键槽的画法和尺寸标注

二、销连接

1. 销的形式和规定标记

销是标准件，主要用于零件间的连接或定位。常用的销有圆柱销、圆锥销和开口销等，它们的形式和标记见表 7.9。

表 7.9 销的形式和标记

名称及标准	图例	标记
圆柱销 GB/T 119.1—2000		销 GB/T 119.1 d 公差代号×l
圆锥销 GB/T 117—2000		销 GB/T 117 d×l
开口销 GB/T 91—2000		销 GB/T 91 d×l

2. 销连接的画法

销连接的画法如图 7.38 所示。用销连接的两个零件上的销孔通常需要一起加工，因此，在图样中标注销孔尺寸时一般要注写"配作"。当剖切面通过销的轴线时，销按不剖绘制，轴取局部剖。

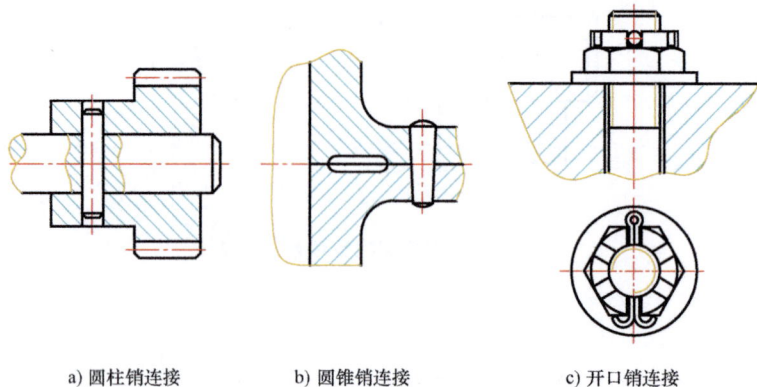

a) 圆柱销连接　　　　b) 圆锥销连接　　　　c) 开口销连接

图 7.38　销连接的画法

第五节　滚 动 轴 承

一、滚动轴承的结构、分类和代号

滚动轴承是一种支承旋转轴的组件。由于其具有结构紧凑，摩擦力小，能在较大的载荷、转速及较高精度范围内工作等优点，广泛应用在机器、仪表等多种产品中。

1. 滚动轴承的结构和分类

滚动轴承的种类很多，但它们的结构相似，一般由外圈、内圈、滚动体和保持架组成，如图 7.39 所示。一般情况下，轴承外圈装在机座的孔内，内圈套在轴上，外圈固定不动而内圈随轴转动。常用的滚动轴承有深沟球轴承、圆锥滚子轴承和推力球轴承。

（1）深沟球轴承　适合承受径向载荷，如图 7.39a 所示。

（2）圆锥滚子轴承　适合同时承受径向载荷和轴向载荷，如图 7.39b 所示。

（3）推力球轴承　适合承受轴向载荷，如图 7.39c 所示。

2. 滚动轴承的代号

滚动轴承是一种标准件，它的结构特点、类型和内径尺寸等均采用代号来表示。轴承代号由前置代号、基本代号、后置代号构成，其排列顺序如下：

$$\boxed{前置代号}\ \boxed{基本代号}\ \boxed{后置代号}$$

其中，前置代号、后置代号是补充代号，其内容、含义和标注见 GB/T 272—2017。

基本代号是轴承代号的基础，由轴承类型代号、尺寸系列代号和内径代号构成，其中，尺寸系列代号由轴承的宽（高）度系列代号和直径系列代号组成。下面举例说明轴承基本代号的含义。

例如，圆锥滚子轴承 31307。其中"3"为轴承类型，表示圆锥滚子轴承；"13"是尺寸

a) 深沟球轴承   b) 圆锥滚子轴承

c) 推力球轴承

图 7.39 滚动轴承

系列代号，表示宽度系列代号为 1，直径系列代号为 3；"07" 为轴承内径代号，从 "04" 开始用这组数字乘以 5，即为轴承内径的尺寸（单位为 mm），本例中 $d = 7 \times 5\text{mm} = 35\text{mm}$，即轴承内径为 35mm。

又如，深沟球轴承 6208。其中，"6" 为轴承类型，表示深沟球轴承；"2" 为尺寸系列代号，宽度系列代号为 0，省略不注，直径系列代号为 2；"08" 为轴承内径代号，$d = 8 \times 5\text{mm} = 40\text{mm}$，即轴承内径为 40mm。

表示轴承内径的两位数字，在 "04" 以下时，国家标准规定：00 表示 $d = 10\text{mm}$；01 表示 $d = 12\text{mm}$；02 表示 $d = 15\text{mm}$；03 表示 $d = 17\text{mm}$。

3. 滚动轴承的标记

滚动轴承的标记由名称、代号、标准编号三部分组成。例如，滚动轴承的标记为：

滚动轴承　31307　GB/T 297—2015

二、滚动轴承的画法

滚动轴承是标准件，不需要画零件图，在装配图中，可根据国家标准所规定的画法或特征画法表示。画图时，轴承内径 d、外径 D、宽度 B 等几个主要尺寸根据轴承代号查表或有关手册确定。

表 7.10 中列举了三种常用滚动轴承的画法及主要尺寸。

表 7.10 常用滚动轴承的画法

名称	主要尺寸	规定画法	特征画法
深沟球轴承	D、d、B		
推力球轴承	D、d、T		
圆锥滚子轴承	D、d、T、B、C		

第六节 弹 簧

一、认识弹簧

1. 弹簧的用途和类型

弹簧是一种常用件，是一种能储存能量的零件，在机器、仪表和电器等产品中起着减震、储能和测量等作用。弹簧的种类很多，根据外形不同，常见的有螺旋弹簧（图 7.40）和涡卷弹簧（图 7.41）。常用的螺旋弹簧按用途不同，又分为压缩弹簧、拉伸弹簧和扭力弹簧（扭簧）。

本节重点介绍圆柱螺旋压缩弹簧的有关参数名称和画法，其他种类弹簧的画法可参阅有关标准的规定。

a) 压缩弹簧	b) 拉伸弹簧	c) 扭簧

图 7.40　螺旋弹簧

图 7.41　涡卷弹簧

2. 圆柱螺旋压缩弹簧相关术语和尺寸关系

圆柱螺旋压缩弹簧的参数（图 7.42）如下：

1）弹簧钢丝直径 d。

2）弹簧外径 D。

3）弹簧内径 D_1。$D_1 = D - 2d$。

4）弹簧中径 D_2。$D_2 = D - d$。

5）弹簧节距 t。除支承圈外，相邻两有效圈上对应点之间的轴向距离，称为弹簧节距。

6）有效圈数 n。弹簧中参加弹性变形进行有效工作的圈数，称为有效圈数。

7）支承圈数 n_z。圆柱螺旋压缩弹簧由钢丝绕成，一般将两端并紧后磨平，使其端面与轴线垂直，以便于支承，并紧磨平的若干圈不产生弹性变形，称为支承圈。通常，支承圈圈数有 1.5、2 和 2.5 三种。

8）总圈数 n_1。有效圈数与支承圈数之和称为总圈数，即 $n_1 = n + n_z$。

9）自由高度 H_0　弹簧并紧磨平后在不受外力情况下的全部高度，称为自由高度 H_0，其公式为

$$H_0 = nt + (n_2 - 0.5)d$$

10）弹簧丝展开长度 L。其公式为

$$L = n_1 \sqrt{(\pi D_2)^2 + t^2} \approx n_1 \pi D_2$$

圆柱螺旋压缩弹簧的尺寸系列可查相关表格。

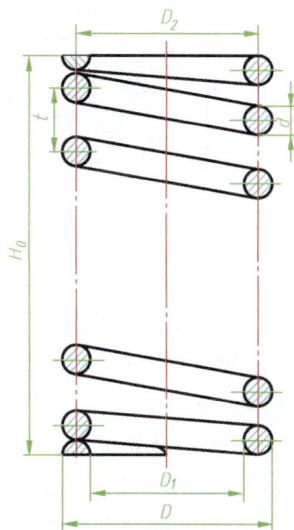

图 7.42　圆柱螺旋压缩
弹簧的参数

二、弹簧的规定画法

1. 弹簧的规定画法

1）螺旋弹簧在平行于轴线的投影面上所得的图形，可画成视图，也可画成剖视图，如

图 7.42 所示，其各圈的螺旋线应画成直线。

2）螺旋弹簧均可画成右旋，但对于左旋螺旋弹簧，不论画成左旋或右旋，一律要注出旋向"左"字。

3）有效圈数在 4 圈以上时，可只画出两端的 1~2 圈，中间各圈可省略不画。省略中间各圈后，允许缩短图形长度，并将两端用细点画线连起来，如图 7.43a、b 所示。

4）弹簧画法实际上只起一个符号的作用，因此，不论支承圈圈数是多少，均可按 2.5 圈绘制。

5）在装配图中，被弹簧遮挡的结构一般不画出，可见部分应从弹簧的外轮廓线或弹簧钢丝剖面的中心线画起，如图 7.43a 所示。当弹簧被剖切时，若剖面直径或厚度在图形上等于或小于 2mm，也可涂黑表示，如图 7.43b 所示；也允许用示意画法，如图 7.43c 所示。

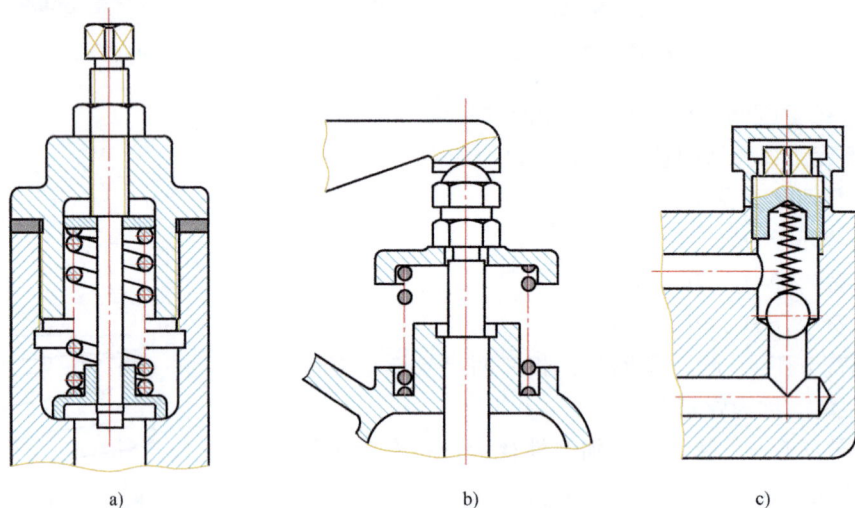

a)   b)   c)

图 7.43　装配图中弹簧的画法

2. 圆柱螺旋压缩弹簧零件图示例

已知钢丝直径 d、弹簧外径 D、弹簧节距 t、有效圈数 n、支承圈数为 2.5、右旋，则画图步骤如下：

1）根据计算出的弹簧中径及自由高度 H_0 画出矩形 $ABCD$，如图 7.44a 所示。

2）在 AB、CD 上画出弹簧支承圈的圆，如图 7.44b 所示。

3）画出两端有效圈弹簧丝的剖面，在 AB 上，由点 1 和点 4 量取节距 t 得到两点 2、3，然后从线段 12 和 34 的中点作水平线与对边 CD 相交于两点 5、6；在 CD 上，由点 5 量取截距 t 得到 7 点，以点 1、2、3、5、6、7 为中心，以钢丝直径画圆，如图 7.44c 所示。

4）按右旋方向作相应圆的公切线，即完成作图，如图 7.44d 所示。

5）剖视图如图 7.44e 所示。

在圆柱螺旋压缩弹簧的零件图中，图形一般采用两个或一个视图表示，如图 7.45 所示。

弹簧的参数应直接标注在图形上，当直接标注有困难时，可在"技术要求"中注明。当需要标明弹簧的力学性能时，可以在主视图上方用图解方式表达，圆柱螺旋压缩弹簧的力学性能曲线画成直线，即图 7.45 中直角三角形的斜边，它反映了外力与弹簧变形之间的关系，代号 P_1、P_2 为工作应力，P_j 为工作极限应力。

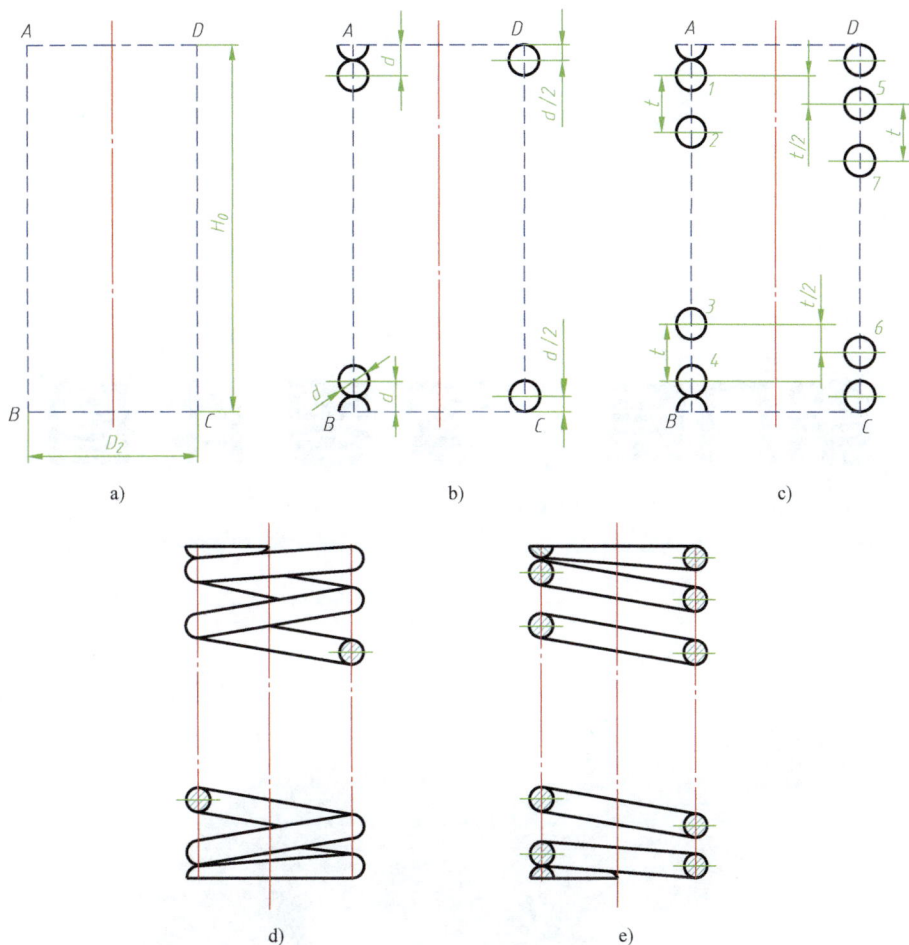

a) b) c)

d) e)

图 7.44 圆柱螺旋压缩弹簧的画图步骤

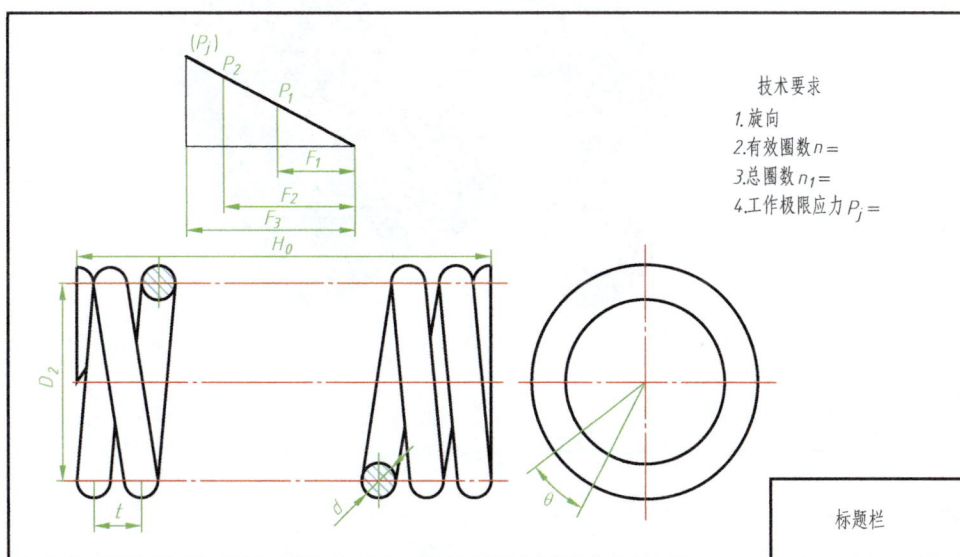

技术要求
1.旋向
2.有效圈数 $n=$
3.总圈数 $n_1=$
4.工作极限应力 $P_j=$

标题栏

图 7.45 圆柱螺旋压缩弹簧零件图格式

7 CHAPTER

第八章　读零件图

第一节 读零件图的方法

机器是由零件组装而成的。制造机器先要制造零件，根据零件图来制造零件，才能得到合格的产品。

一、零件图的概念和内容

1. 零件图的概念

零件图是制造业重要的技术文件，是设计人员用来表达零件材料、结构形状、加工工序和质量要求的图样，是制造零件的依据，如图 8.1 所示。

2. 零件图包含的内容

图 8.1 所示为泵体零件图，一张完整的零件图包含以下基本内容：

（1）图样 恰当地选择各类视图并按要求组合在一起，以便正确、完整、清晰地表达零件的结构形状。

（2）尺寸 包括定形尺寸、定位尺寸和总体尺寸，尺寸应正确、齐全、合理地量化零件结构形状。

（3）技术要求 国家标准规定，用特定的标记方法配以文字说明，表达出零件制造过程中的质量要求，包括极限偏差、几何公差、表面粗糙度和热处理要求等，也包括需要用文字说明的技术要求。

（4）标题栏、图框 标题栏属于基本检索信息元素，包括零件名称、参与设计人员姓名、日期、绘图比例、材料、单位等。

二、读零件图的步骤和方法

读零件图的步骤和方法如下：

1）读标题栏，了解零件的基本情况。

2）读图样，知道零件的结构形状，猜测零件各部分结构的用途和连接关系。

3）读尺寸，明确各部分的结构大小和位置关系。

4）读技术要求，明确零件各部位的质量要求。

读零件图的
方法和步骤

1. 读标题栏

1）读名称，初步想象零件的结构形状和用途，如图 8.2 所示为齿轮轴标题栏。零件名称为"齿轮轴"，可以想象到轴类零件、回转体圆柱叠加的结构特征，轴与齿轮复合为一体，以及一般轴类零件的结构要素和工艺要素。

2）看材料和绘图比例，结合浏览全图，可知零件整体轮廓大小和使用要求及环境等信息。如图 8.2 所示标题栏中，比例为 1:1，可知图样大小与零件大小相同，该零件属小型零件。材料为 45 钢，可知该轴为中等强度要求。

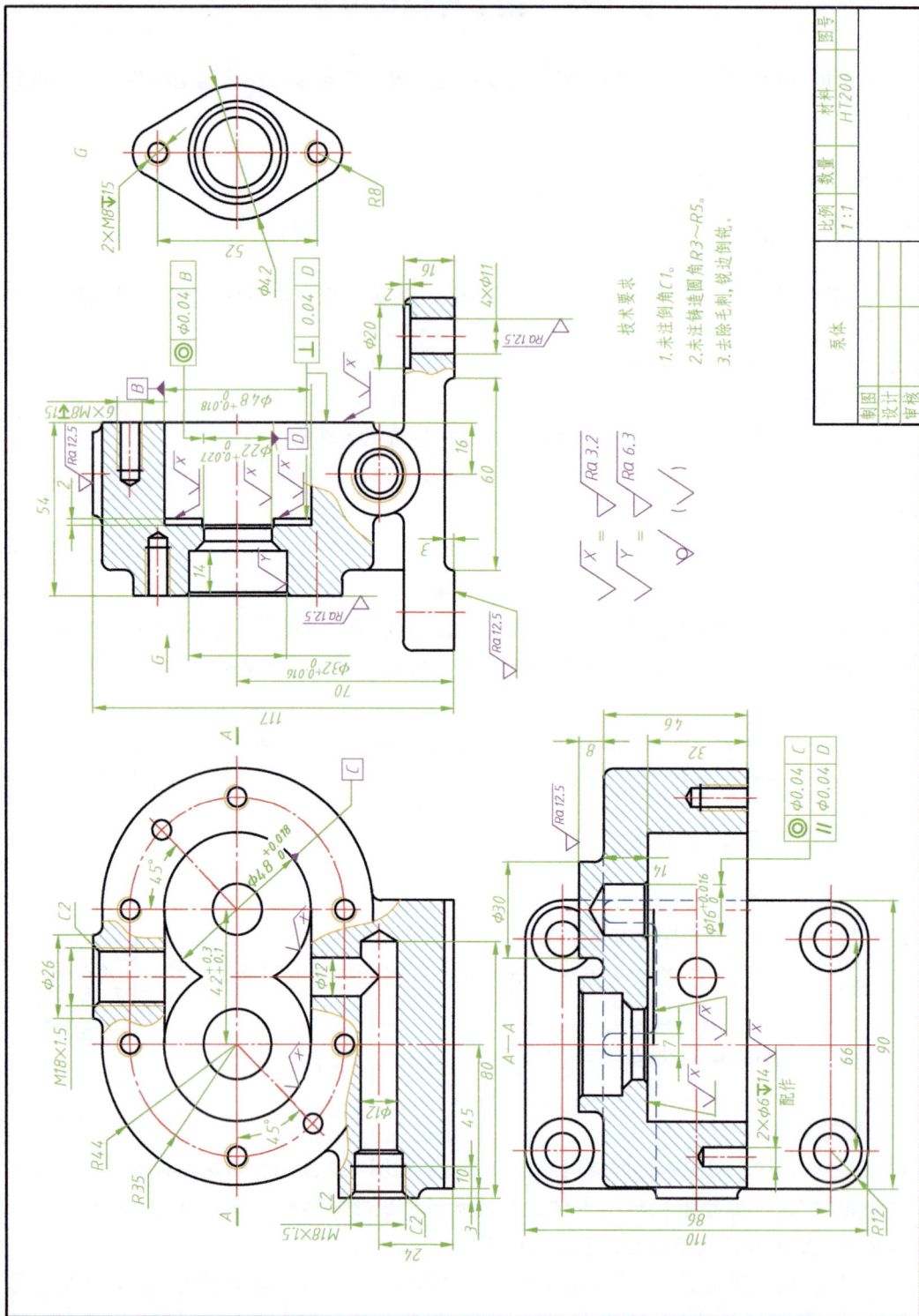

8

CHAPTER

技术要求

1.未注倒角C1。

2.未注铸造圆角R3~R5。

3.去除毛刺,锐边倒钝。

$$\sqrt{X} = \sqrt{Ra\ 3.2}$$
$$\sqrt{Y} = \sqrt{Ra\ 6.3}$$
$$\sqrt{}\ (\sqrt{}\ )$$

		图号	
比例	数量	材料	H7200
1:1			
		泵体	
制图			
设计			
审核			

图 8.1 泵体零件图

齿轮轴			比 例	数 量	材　　料	图 号
			1:1	2	45	17—6
制 图	李四	17.4				
设 计	张三	17.3			＊＊＊	
审 核	王五	17.6				

图 8.2　齿轮轴标题栏

2. 读图样

1）按照由外到里、由整体到局部、先宏观再细节的顺序读图样，读图样时还要考虑它属于哪一类零件，零件种类和作用决定其结构形状。

2）先读主视图宏观轮廓，预测零件宏观轮廓形状；再在其他视图上修正预测，确认和证实整体轮廓结构。局部细节结构也可以同样方法读出。最后审查所有图样元素，直至读懂每一个细节。

3）借助尺寸特征代号，读懂零件结构形状。如"φ""R""SR"代表回转体轮廓，"□"代表长方体结构、端面正方形，"⊔"代表锪平浅圆柱槽，"▽"代表下凹槽等。

4）剖切轮廓可视为实体壁厚，可间接读出内部结构、连接方式和加强肋的轮廓形状。

3. 读尺寸

先读总体尺寸，知道零件的整体轮廓大小；再读定位尺寸，知道局部结构的位置关系；最后将局部结构的定形尺寸找全，知道局部结构各细节的形状大小。

4. 读技术要求

零件的使用要求决定其技术要求，技术要求决定零件的加工方法，最终决定零件的质量。

读零件图的目的是在读懂零件轮廓结构形状、尺寸大小、技术要求的前提下，制订合理的加工方法，保证零件质量。

第二节　读零件常见工艺结构

为了制造方便，零件应具有合理的工艺结构。

一、铸造、锻造工艺结构

1. 起模斜度

在铸造、锻造零件时，为了能将模型或零件毛坯顺利取出，在零件的侧壁沿起模方向，设有一定的斜度（1:20~1:10），称为起模斜度，如图 8.3 所示。起模斜度在图样上可以不画出。

2. 铸造圆角

为避免起模或浇注时砂型在尖角处脱落产生夹砂，以及铸件冷却收缩时在尖角处出现冷

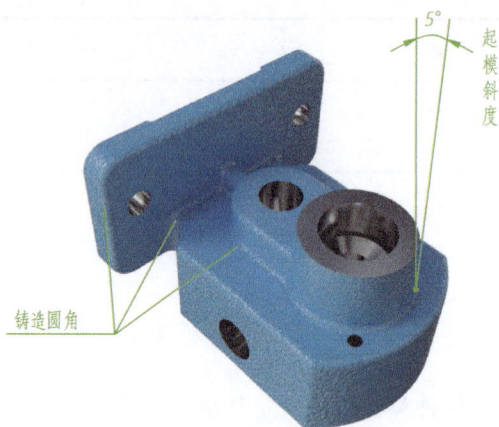

图 8.3 起模斜度和铸造圆角

裂等缺陷，铸造、锻造毛坯时，将各表面相交处做成圆角，称为铸造圆角，如图 8.3 所示。圆角的存在，使得表面交线不十分明显，为了增强形体感觉，仍需画出表面交线，称为过渡线。过渡线的画法与相贯线相似，只是要与其他轮廓线间留有间隙，可见过渡线用细实线画出，如图 8.4 所示。

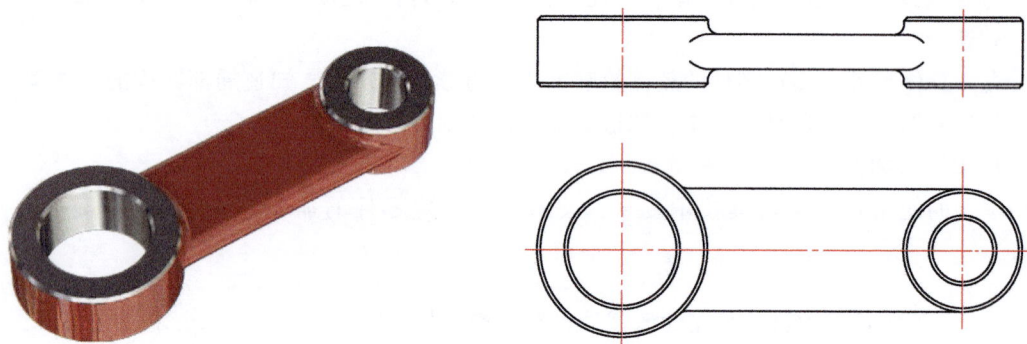

图 8.4 铸造圆角过渡线的模糊画法

二、机械加工工艺结构

1. 倒角和倒圆

为了保证装配方便和加工过程安全，轴或孔的端部应加工成锥台形状，称为倒角，常见的倒角有 45° 和 30° 两种；将轴肩处加工成圆角形状，避免因应力集中而产生疲劳裂纹，称为倒圆。如图 8.5 所示。

2. 退刀槽和越程槽

车削螺纹等时，为了避免打刀，应在被加工面末端预先做出沟槽，称为退刀槽，如图 8.6 所示。

磨削轴的外圆及端面时，为了避免挤掉砂粒或挤裂砂轮，应在加工面末端预先做出沟槽，称为砂轮越程槽，如图 8.7 所示。

图 8.5　倒角和倒圆

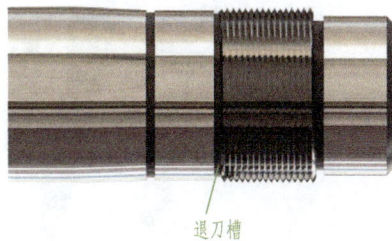

图 8.6　螺纹退刀槽

3. 凸台和凹坑

　　在铸件表面，常将两零件的配合面做成凸台和凹坑，目的是保证配合接触可靠，减小加工面积，如图 8.8 所示。

图 8.7　砂轮越程槽

图 8.8　凸台和凹坑

第三节　识读各种类型的零件图

　　一个机械（机器）必然有核心运转机构，为保证该核心运转机构可靠、精确地运动，一般使用一个箱体将其保护起来，起密闭和定位作用。而运转机构是由轴和轮系组成的，轴定位于箱体上的孔中，箱体与轴之间由轴承过渡。箱体孔外端装有密封盖，密封盖起密封孔和定位轴承的作用，如图 8.9 所示。

　　根据零件的用途和结构形状，可将其分为轴类零件、盘盖类零件、叉架类零件、箱体类零件、轮系零件、常用件和标准件等。

一、读轴类零件图

1. 轴类零件的作用

　　轴类零件是用来传递动力和转矩的，通过安装在轴上的输入轮系承接转矩，再将转矩传递给输出轮系，直至完成机构运动，如图 8.10 所示。

图 8.9　转向器机构

8

CHAPTER

图 8.10　轴类零件

2. 轴类零件的功能结构和工艺结构

一般传动轴的功能结构和工艺结构如图 8.11 所示。

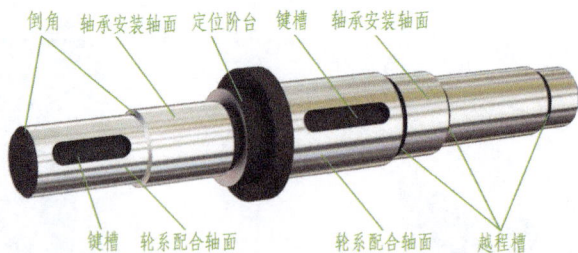

图 8.11　传动轴的功能结构和工艺结构

3. 轴类零件的技术要求

如图 8.12 所示，一般传动轴类零件的技术要求包含如下内容：

（1）极限偏差　轮系配合轴径、轴承安装轴径有极限偏差要求，如图 8.12 中的 $\phi15_{-0.011}^{0}$ mm、$\phi17_{-0.001}^{+0.012}$ mm、$\phi22_{-0.013}^{0}$ mm、$\phi15_{-0.001}^{+0.012}$ mm。键槽宽度也有极限偏差要求，如图 8.12 中的 $5_{-0.03}^{0}$ mm、$6_{-0.03}^{0}$ mm。

（2）几何公差　轴承配合轴颈有同轴度公差要求，如图 8.12 中的 ◎$\boxed{\phi0.03\ \boxed{A—B}}$。有时轮系配合轴径也有同轴度要求，基准是两轴承配合轴线。

（3）表面结构质量　轮系配合轴面及轴承安装轴面的表面结构质量要求较高。

4. 读轴类零件图（图 8.12）的方法

（1）读标题栏　零件名称为"蜗轮轴"，材料为 45 钢，绘图比例为 2：1，对蜗轮轴零件有了初步的了解。

（2）读图样　蜗轮轴图样由一个主视图和两个移出断面图组成。结合特征符号读图可知，蜗轮轴由同心圆柱叠加组成，有一处螺纹、两处键槽、三处砂轮越程槽、一处螺纹退刀槽、四处倒角。

（3）读尺寸　读总体尺寸可知，蜗轮轴总长 154mm，最大直径为 $\phi30$mm。径向定位基准为中轴线，轴向定位基准为 $\phi30$mm 圆柱右端面，左右两端面为辅助基准。

读各轴段的定位尺寸可知各轴段之间的相互位置，读各轴段的定形尺寸可知各轴段的直径和长度。读键槽的定位尺寸和定形尺寸，可知两键槽在前端轴线对称位置，左侧小键槽距

8 CHAPTER

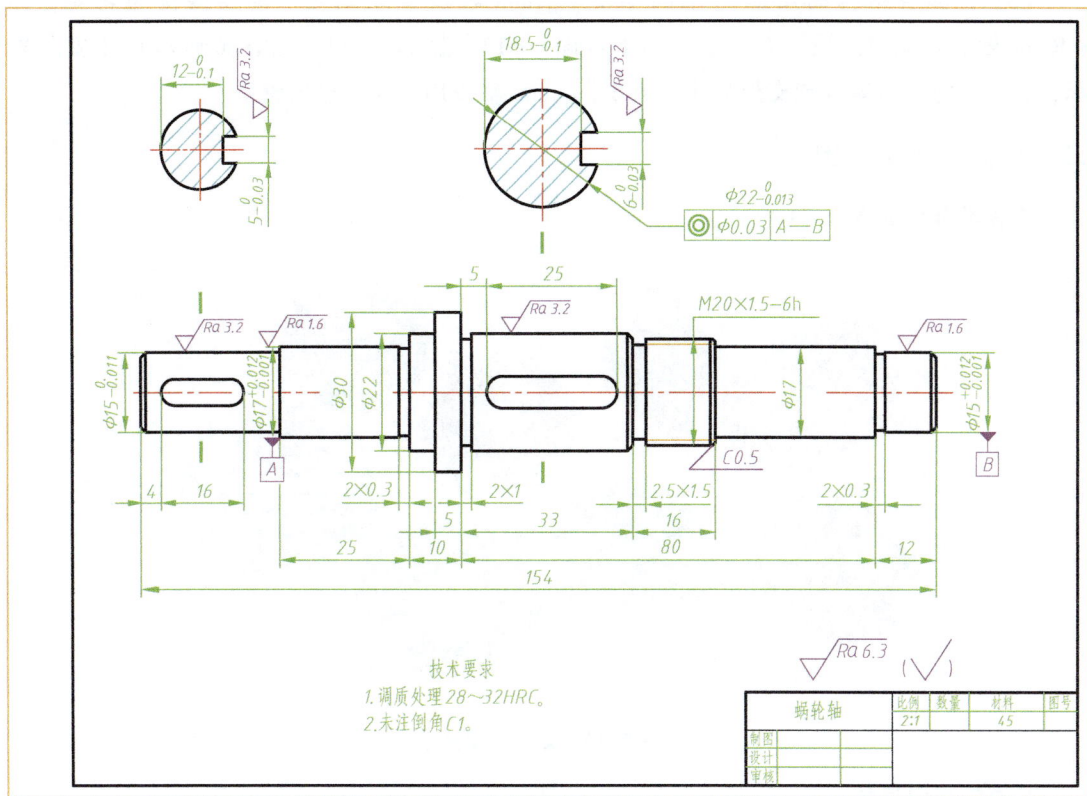

图 8.12 蜗轮轴零件图

左端面 4mm、长度为 16mm、宽度为 5mm、深度为 3mm（15mm-12mm）；中间键槽距轴向定位基准 5mm，长度为 25mm、宽度为 6mm、深度为 3.5mm。

读螺纹尺寸可知，螺纹规格为 M20×1.5，长度为 13.5mm（16mm-2.5mm）。

三处砂轮越程槽的尺寸分别为：槽宽 2mm、深 0.3mm，槽宽 2mm、深 1mm，槽宽 2mm、深 0.3mm。一处螺纹退刀槽的尺寸为槽宽 2.5mm、深 1.5mm。

四处倒角除一处标注为 C0.5 外，其余为 C1。

（4）读技术要求 读极限偏差可知，$\phi 15_{-0.011}^{0}$mm、$\phi 17_{-0.001}^{+0.012}$mm、$\phi 22_{-0.013}^{0}$mm、$\phi 15_{-0.001}^{+0.012}$mm、$5_{-0.03}^{0}$mm、$6_{-0.03}^{0}$mm、$12_{-0.1}^{0}$mm、$18.5_{-0.1}^{0}$mm 有尺寸精度要求，不能超出上、下极限尺寸。

读 $\boxed{\odot \phi 0.03 | A-B}^{\phi 22_{-0.013}^{0}}$，找到左端 $\phi 17_{-0.001}^{+0.012}$mm 轴线基准 A、右端 $\phi 15_{-0.001}^{+0.012}$mm 轴线基准 B，可知 $\phi 22_{-0.013}^{0}$mm 轴段轴线与两端 A、B 基准轴线有同轴度要求，公差值为 $\phi 0.03$mm。

读表面结构要求可知，$\phi 15_{-0.011}^{0}$mm、$\phi 22_{-0.013}^{0}$mm 两轴段处圆柱表面结构要求为 $\sqrt{Ra\,3.2}$，$\phi 17_{-0.001}^{+0.012}$mm、$\phi 15_{-0.001}^{+0.012}$mm 两轴段处圆柱表面结构要求为 $\sqrt{Ra\,1.6}$，两键槽侧面表面结构要求为 $\sqrt{Ra\,3.2}$，以上表面质量要求较高，为配合表面。其余表面粗糙度要求为 $\sqrt{Ra\,6.3}$。

读下方文字可知，蜗轮轴须进行热处理调质，硬度要求达到 28~32HRC。

（5）猜测各结构的用途　中间 $\phi 22_{-0.013}^{0}$ mm 轴段安装蜗轮，键连接传递转矩，靠 $\phi 30$ mm 轴肩右端面定位，右端螺母用于紧固。$\phi 17_{-0.001}^{+0.012}$ mm、$\phi 15_{-0.001}^{+0.012}$ mm 轴段用于安装轴承，将轴固定在箱体（或支架）上。$\phi 15_{-0.011}^{0}$ mm 轴段用于安装输出轮系。

二、读盘盖类零件图

盘盖类零件如图 8.13 所示。

图 8.13　盘盖类零件

1. 盘盖类零件的作用

盘盖类零件的作用有封堵箱体上的轴孔，轴向定位轴承外圈或容留轴承、密封圈，如图 8.14 所示。

2. 盘盖类零件的功能结构和工艺结构

盘盖类零件的功能结构和工艺结构如图 8.15 所示。

封堵箱体上的轴孔

容留定位轴承

图 8.14　盘盖类零件的作用

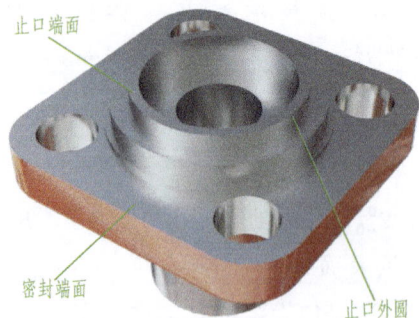

止口端面

密封端面

止口外圈

图 8.15　盘盖类零件的功能结构和工艺结构

3. 盘盖类零件的技术要求

止口外圆有极限偏差要求（也可不要求），止口高度有极限偏差要求（也可不要求），止口端面和定位端面与外圆之间有垂直度要求，如图 8.16 所示。盘盖类零件在容留轴承和密封圈处的表面质量要求较高，其他表面质量要求不高。

4. 读盘盖类零件图的方法

1）读图 8.16 标题栏可知，零件名称为"泵盖"，材料为 HT200，绘图比例为 1∶1，属盘盖类零件，灰铸铁件，大小与图样相当。

2）泵盖零件图图样由主视图和左视图组成。主视图旋转全剖，表达厚度方向上的轮廓两轴定位孔、螺栓过孔和定位销孔。左视图表达泵盖外端面形状轮廓。可知泵盖主体为长圆法兰中间凸台结构。右端大平面为装配封堵面，中间有两个轴定位孔，外沿有六个螺栓过孔用于安装紧固，两个定位销孔用于保证配合定位。

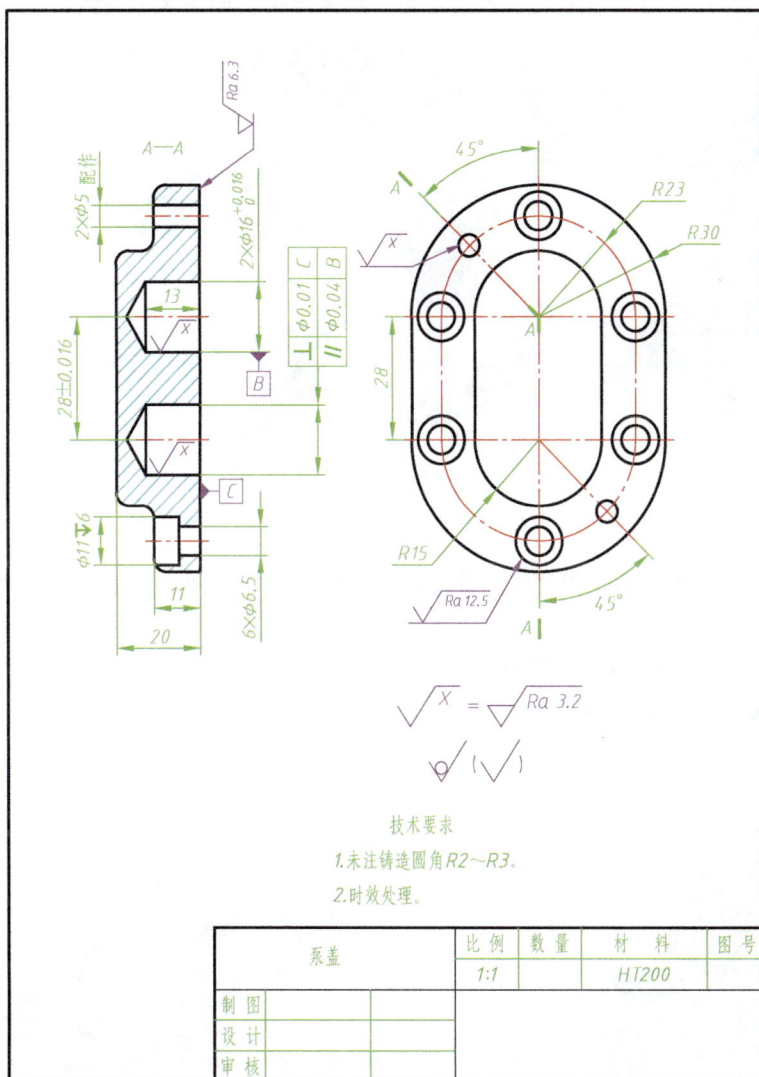

图 8.16　泵盖零件图

8

CHAPTER

175

3）泵盖总厚为 20mm，总高为 28mm+30mm×2＝88mm，总宽为 60mm，外沿厚 11mm，中间孤岛凸台上、下两头半圆半径为 $R15$mm，总体为左右、上下对称结构。两轴定位孔相同，孔径为 $\phi16_0^{+0.016}$mm、深 13mm；六个螺栓孔孔径为 6.5mm；大沉头孔孔径为 11mm，深 6mm；销孔为 $\phi5$mm 的通孔。

4）两轴定位孔有孔径和孔距极限偏差要求，两孔中心线间的平行度公差为 $\phi0.04$mm，与大平面间的垂直度公差为 $\phi0.01$mm。

两轴定位孔、两定位销孔的表面粗糙度要求为 $\sqrt{Ra\,3.2}$，螺栓过孔的表面粗糙度为 $\sqrt{Ra\,12.5}$。

三、读叉架类零件图

叉架类零件的结构特点是工作端安装表面之间为刚性连接，如图 8.17 所示。

图 8.17　叉架类零件

1. 叉架类零件的作用

叉架类零件的作用是定位两个以上的工作端；支承在工作端之间，保持强度和刚度，如图 8.18 所示。

2. 叉架类零件的功能结构和工艺结构

叉架类零件的功能和工艺结构如图 8.19 所示。

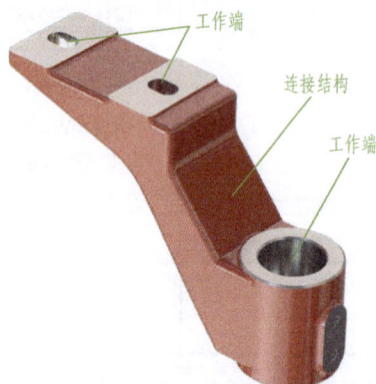

图 8.18　叉架类零件的作用

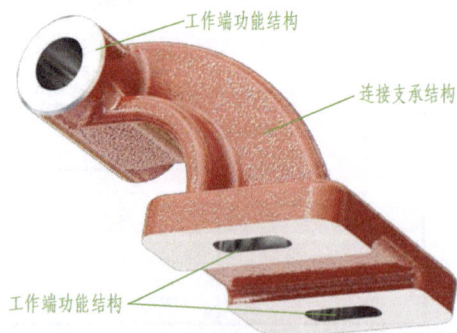

图 8.19　叉架类零件的功能结构和工艺结构

3. 叉架类零件的技术要求

1）工作端之间有定位和位置度要求，如图 8.20 中的 ⊥ $\phi0.04$ A 。

2）工作端表面有极限偏差要求，如图 8.20 中的 $\phi35H9$。

3）要求配合表面有较小的表面粗糙度。

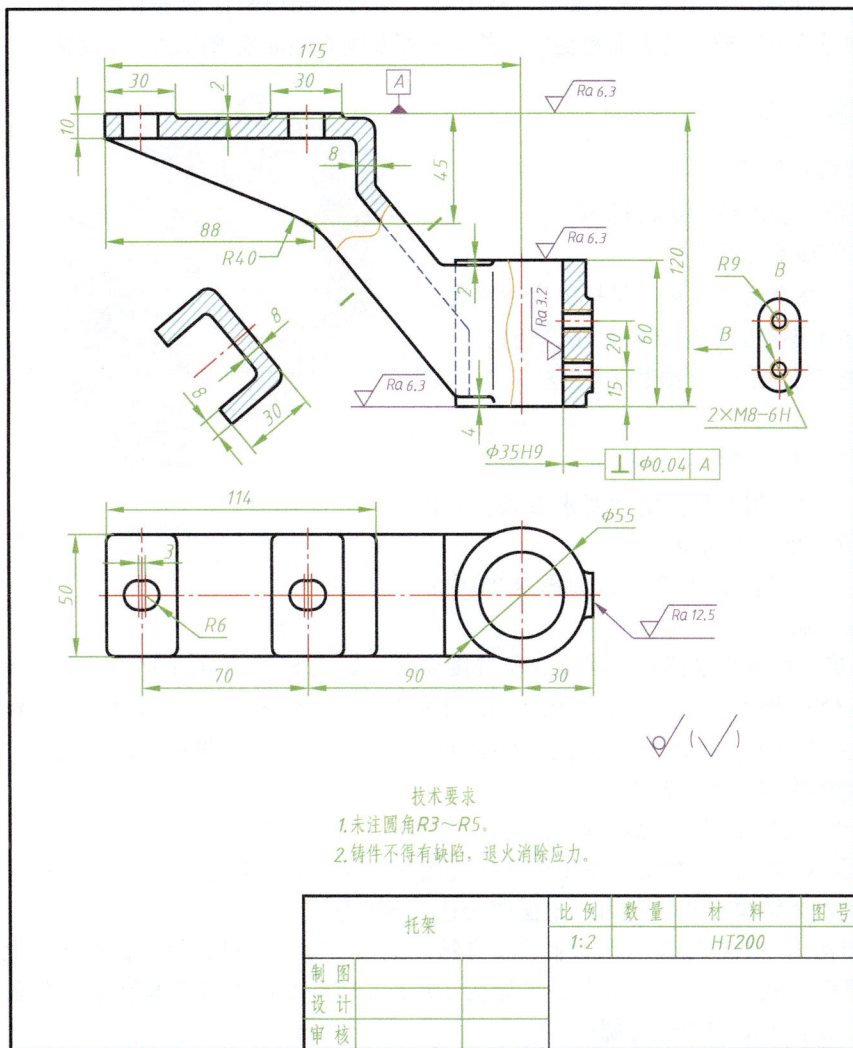

图 8.20 托架零件图

4. 读叉架类零件图的方法

1）读图 8.20 标题栏可知，零件名称为"托架"，材料为 HT200，绘图比例为 1：2，属叉架类零件，灰铸铁件，实际尺寸是图样大小的 2 倍。

2）托架零件图由主视图、俯视图和局部剖视图组成。主视图采用两个局部剖表达两个工作端的配合安装结构，俯视图表达托举平台及总体轮廓。

左上方托举平台为了安装可靠分割成两块，分别有可调整螺栓过孔。右下方为圆管工作端，可猜测圆管内孔环抱立轴，高度上下可调。最右端为两个紧定螺孔，为了加工方便做成凸台。

为了可靠地连接两个工作端，中间连接段采用倒扣板槽结构与外形光滑对接（由主视图及移出断面图可知）。

3）读尺寸可知，托架零件总长 205mm（175mm+30mm）、总高 120mm、总宽 55mm。圆管轴线为长度方向尺寸基准，圆管底面为高度方向尺寸基准，前后对称中心线为宽度方向尺寸基准。

圆管内孔 $\phi35H9$ 有极限偏差要求，且中轴线相对于托举平面的垂直度公差为 $\phi0.04mm$。要求圆管内壁表面有较小的表面粗糙度，托举平面及圆管端面要求次之。螺纹精度 6 级。

四、读箱体类零件图

1. 箱体类零件的作用

1）容留、密闭核心运转机构。
2）定位轴系之间的位置。
3）支承整个机构运转，保持强度和刚度。

2. 箱体类零件的功能结构和工艺结构

箱体类零件的功能结构和工艺结构如图 8.21 所示。

3. 箱体类零件的技术要求

1）孔系之间相对位置精度要求较高，如图 8.22 中的垂直度公差所示。

2）孔径有极限偏差要求，如图 8.22 中的 $\phi40^{+0.027}_{0}mm$、$\phi47^{+0.027}_{0}mm$ 等。

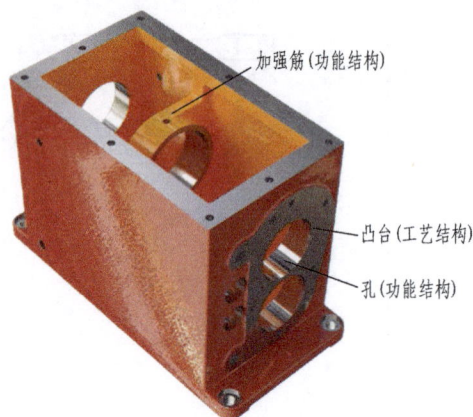

图 8.21　箱体类零件的功能结构和工艺结构

3）连接和配合大端面有平面度和位置度要求，如图 8.22 中的平面度公差所示。

4）孔径内壁和配合端面有较高的表面粗糙度要求，如图 8.22 中 $\phi40^{+0.027}_{0}mm$、$\phi47^{+0.027}_{0}mm$ 孔径内壁表面粗糙度 $Ra1.6\mu m$ 和配合端面的表面粗糙度 $Ra3.2\mu m$。

4. 读箱体类零件图的方法

1）读图 8.22 标题栏可知零件名称为"箱体"，材料为灰铸铁 HT150。

2）箱体零件图由主视图、左视图和俯视图三个基本视图组成。主视图、左视图采用阶梯全剖表达整体结构和孔系结构；俯视图表达外部轮廓。

整体结构为一平板底座上部承载开口方箱。底座上有螺栓过孔及定位销孔，上方两侧有两条安装平面。底座上方为一方箱，壁厚为 10mm。四周及底面有三套孔系，孔系凸台外端均有螺孔，方箱上沿四角也有螺孔。

3）读尺寸可知，箱体总长 180mm、总宽 170mm、总高 127mm。底座厚 15mm，六个螺栓过孔分两列均布在两条安装平面上，两侧各有一个 $\phi8mm$ 定位销孔。

方箱外轮廓长 117mm、宽 130mm、壁厚 10mm。$\phi40^{+0.027}_{0}mm$ 孔系贯通左右，相对竖直孔系 $\phi47^{+0.027}_{0}mm$ 轴线有垂直度要求，公差值为 0.05mm。$\phi35^{+0.027}_{0}mm$ 孔系贯通前后，与 $\phi40^{+0.027}_{0}mm$ 孔系轴线有垂直度要求，公差值为 0.05mm，两孔系在高度方向的间距为 $(33\pm0.03)mm$。竖直孔系 $\phi47^{+0.027}_{0}mm$ 为单孔贯穿底板，镗孔的同时镗平下方 $\phi75mm$ 端面，$\phi75mm$ 端面有跳动度要求，公差值为 0.02mm，基准为 $\phi47^{+0.027}_{0}mm$ 孔轴线。

4）三个孔系及定位销内孔壁表面粗糙度要求最高，为 $\sqrt{Ra1.6}$；孔系外端面及箱口上沿表面粗糙度要求较高，为 $\sqrt{Ra3.2}$；其余配合表面质量要求较低。

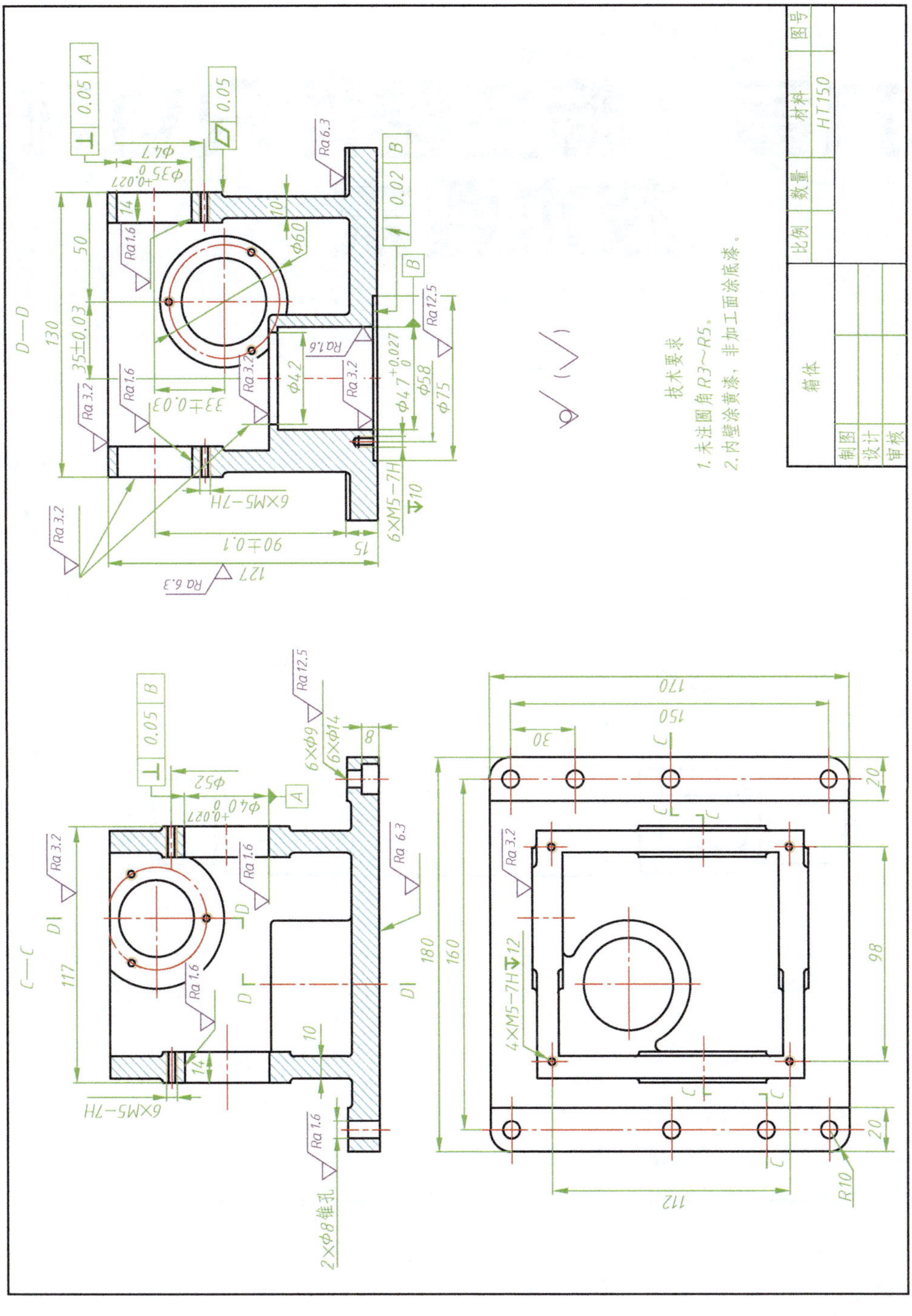

图 8.22 箱体零件图

第九章　标注零件尺寸和技术要求

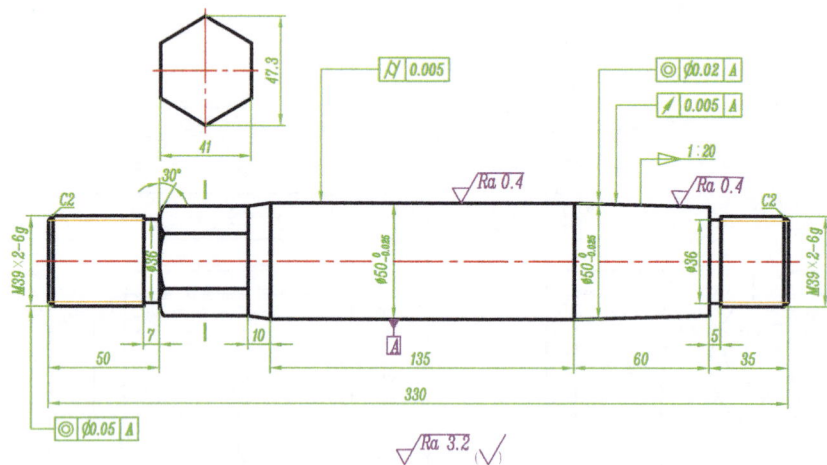

第一节　标注零件尺寸

零件尺寸标注既要符合设计要求，保证结构的使用性能，又要满足工艺要求，方便零件的加工、测量和检验。

一、尺寸基准的选择

尺寸基准是指零件在机器中或在加工测量时用以确定其位置的面或线，通常选择零件的底面、端面或对称平面以及回转轴线等作为尺寸基准，如图 9.1 所示。通常，零件在长、宽、高三个方向都应有一个主要尺寸基准；为了便于加工制造，还可以有若干个辅助基准。

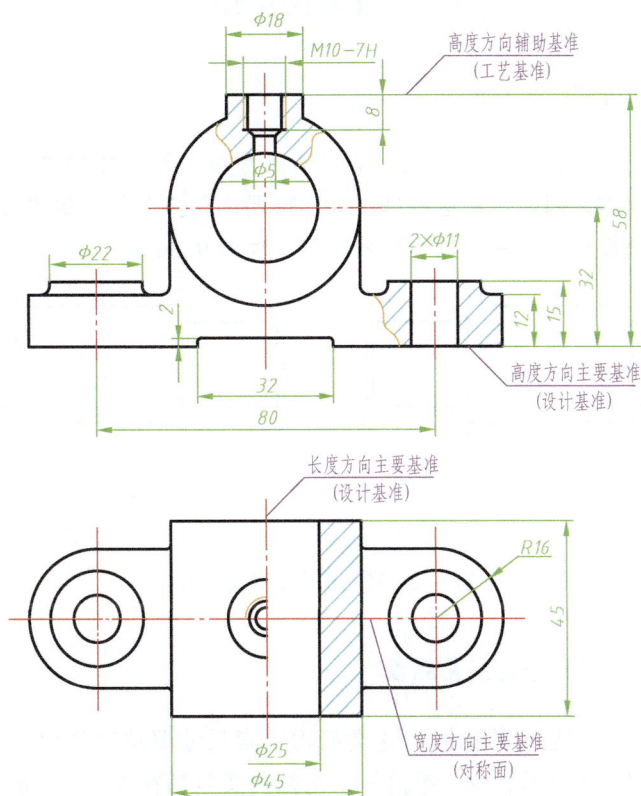

标注零件尺寸

图 9.1　尺寸基准的选择

模型动画

根据基准的作用不同，可将其分为设计基准和工艺基准；确定零件在机构中工作位置的基准面或线称为设计基准；零件在加工、测量时的基准面或线称为工艺基准；设计基准和工艺基准最好重合，以便于加工制造。

二、尺寸标注原则

1. 重要尺寸直接注出

配合尺寸、主要定位尺寸和其他影响零件性能的尺寸都应在零件图上直接注出，如

9

CHAPTER

图 9.2 所示。

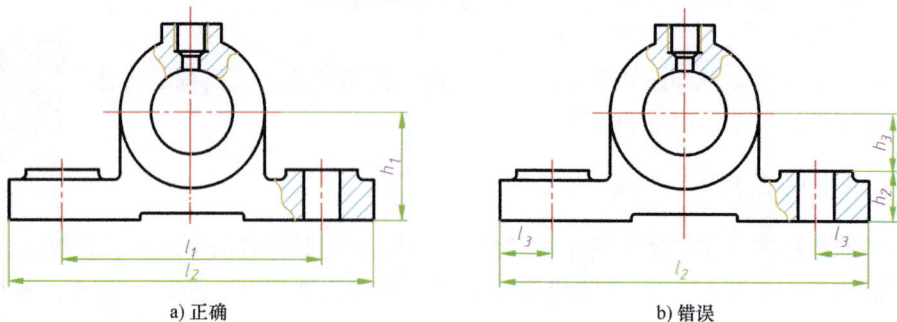

图 9.2 重要尺寸直接注出

a) 正确　　　　　　　　　　　　　　b) 错误

💡 2. 避免出现封闭尺寸链

如图 9.3b 所示，l、l_1、l_2、l_3 构成一个封闭尺寸链，每一段的加工精度互相牵制，不易兼顾，造成加工困难。因此，在这种情况下，需要选择一个不重要的尺寸不标注，称为开口环，使所有误差都累积在这一段且不影响使用，如图 9.3a 所示。

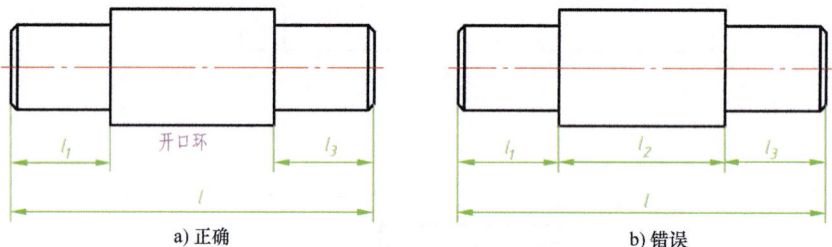

a) 正确　　　　　　　　　　　　　　b) 错误

图 9.3 避免出现封闭尺寸链

💡 3. 标注尺寸要便于加工和测量

（1）退刀槽和砂轮越程槽的标注　这类结构要素尺寸要单独注出，且包含在相应的某一段长度之内。如图 9.4 所示，退刀槽这一工艺结构要包括在长度 13mm 之内，以便于加工和测量。

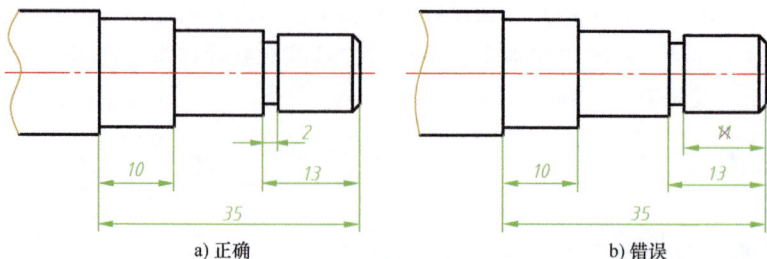

a) 正确　　　　　　　　　　　　　　b) 错误

图 9.4 工艺槽的标注

零件上常见结构要素的尺寸有规定注法，例如，根据国家标准，槽和倒角可按图 9.5a、b 所示标注，图 9.5c 所示为轴套类零件中的砂轮越程槽可按图 9.5c 所示标注。

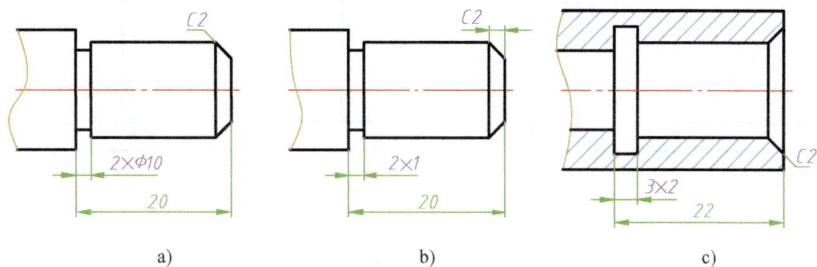

图 9.5　退刀槽和越程槽的尺寸标注

（2）键槽的标注　为了便于测量，键槽可按图 9.6 所示标注。

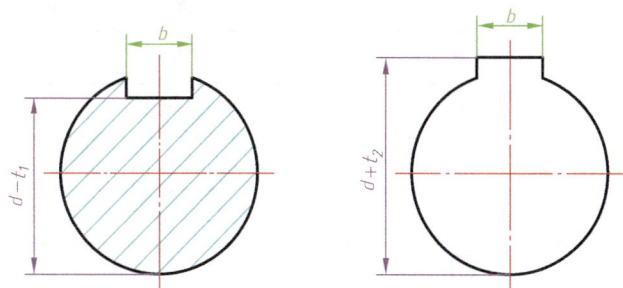

图 9.6　键槽的标注

（3）阶梯孔的标注　为了便于测量，阶梯孔应按图 9.7 所示标注。

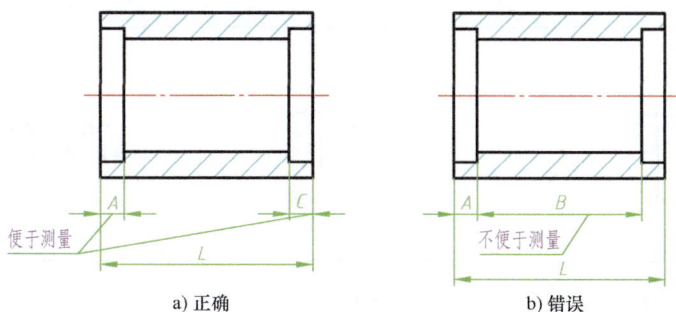

图 9.7　阶梯孔的标注

（4）毛坯面的标注　铸件和锻件在生产时，会有始终不进行加工的表面，称为毛坯的毛面，简称毛坯面。标注时，在同一方向上应分为两类尺寸：毛坯面之间为一类尺寸，加工面之间为另一类尺寸，两类尺寸之间必须有且只能有一个尺寸联系。如图 9.8a 所示，该注法只有一个尺寸 B 为毛坯面与加工面之间的联系尺寸，而图 9.8b 中尺寸 D 增加了加工面和毛坯面间联系尺寸的个数，是不合理的。

（5）各种孔的简化注法　标注尺寸时，各种孔（光孔、沉孔、螺孔）应尽可能使用符号和缩写词（表 9.1），即尽可能使用简化注法（表 9.2）。

9

CHAPTER

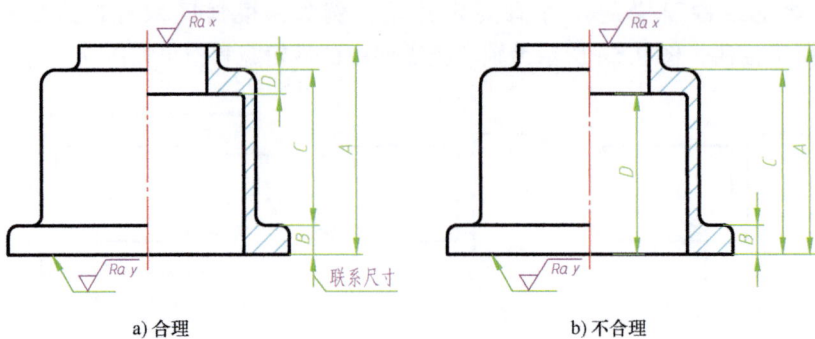

a) 合理   b) 不合理

图 9.8   毛坯面的标注

表 9.1   尺寸标注常用的符号和缩写词

名称	符号或缩写词	名称	符号或缩写词
直径	ϕ	45°倒角	C
半径	R	深度	⩡
球直径	$S\phi$	深孔或锪平	⨆
球半径	SR	埋头孔	⋁
厚度	t	均布	EQS
正方形	☐		

表 9.2   各种孔的简化注法

零件结构类型		简化注法	一般注法	说明
光孔	一般孔	4×φ6⩡18 4×φ6⩡18	4×φ6 18	"4×φ6"表示直径为 6mm 的 4 个光孔,孔深可与孔径连注
	精加工孔	4×φ6H7⩡12 孔⩡18 4×φ6H7⩡12 孔⩡18	4×φ6H7 12 18	光孔深 18mm;钻孔后须精加工至φ6H7,深 12mm
	锥孔	2×锥销孔φ6 配作 2×锥销孔φ6 配作	2×锥销孔φ6 配作	φ6mm 为与锥销孔相配的圆锥销小头直径(公称直径)。锥销孔通常是两件装在一起后加工的,故应注明"配作"

9

CHAPTER

（续）

零件结构类型		简化注法	一般注法	说明
沉孔	锥形沉孔	4×φ6.5 ⌵φ13×90°　4×φ6.5 ⌵φ13×90°	90° φ13 4×φ6.5	"4×φ6.5"表示直径为6.5mm的4个孔。90°锥形沉孔的最大直径为13mm
	柱形沉孔	4×φ6.5 ⊔φ12▽4.5　4×φ6.5 ⊔φ12▽4.5	φ12 4.5 4×φ6.5	4个柱形沉孔的直径为12mm，深4.5mm
	锪平沉孔	4×φ9 ⊔φ20　4×φ9 ⊔φ20	φ20 锪平 4×φ9	锪孔φ20mm的深度不必标注，一般锪平到不出现毛坯面为止
螺孔	通孔	4×M8-6H　4×M8-6H	4×M8-6H	"4×M8"表示公称直径为8mm的4个螺孔，中径和顶径的公差带代号均为6H
	不通孔	4×M8▽15 孔▽18　4×M8▽15 孔▽18	4×M8 15 18	4个M8螺孔，螺纹长度为15mm，钻孔深度为18mm

第二节　标注零件公差

　　在批量生产中，相同零件要有互换性。为避免加工过程中产生过大的误差而影响零件使用，保证互换性原则，需要将零件的实际尺寸控制在一定范围内，这种允许尺寸的变动范围称为尺寸公差，简称公差。

一、尺寸公差的标注

1. 线性尺寸公差和角度公差的标注

（1）线性尺寸公差（图 9.9）的标注

💡 线性尺寸公差的标注有以下

三种形式：

1）当采用公差带代号标注线性尺寸公差时，公差带代号应注在公称尺寸的右边，如图 9.10a、b 所示。

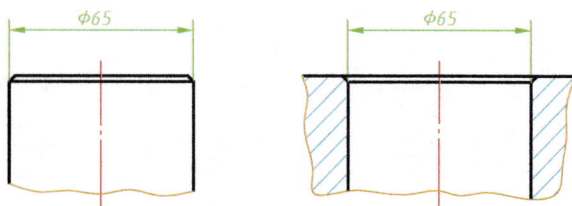

图 9.9　轴径和孔径

2）当采用极限偏差标注线性尺寸公差时，上极限偏差应注在公称尺寸的右上方，下极限偏差应与公称尺寸注在同一底线上。上、下极限偏差数字的字号应比公称尺寸数字的字号小一号，如图 9.10c、d 所示。

3）当同时标注公差带代号和相应的极限偏差时，后者应加圆括号注写在公差带代号后面，如图 9.10e、f 所示。

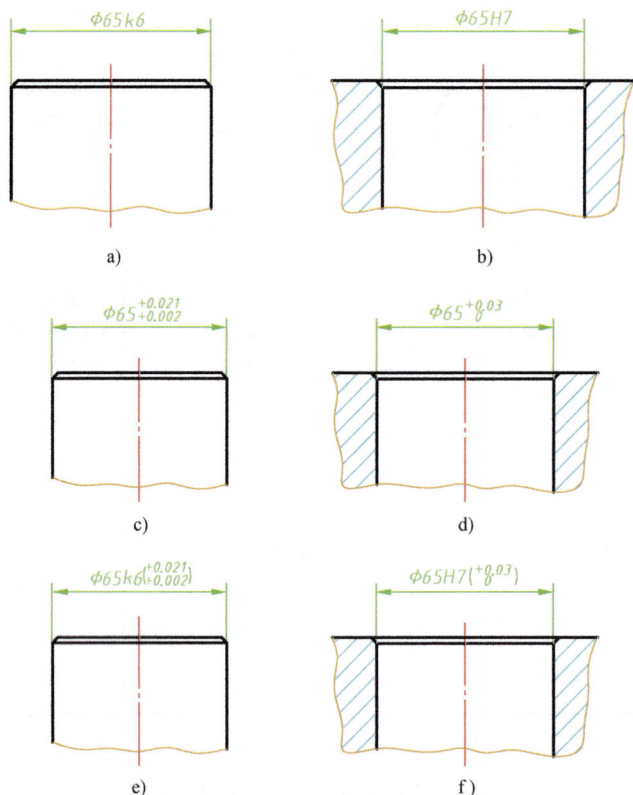

图 9.10　线性尺寸公差的标注

💡 （2）角度公差的标注　角度公差的标注如图 9.11 所示，其基本规则与线性尺寸公差的标注相同。

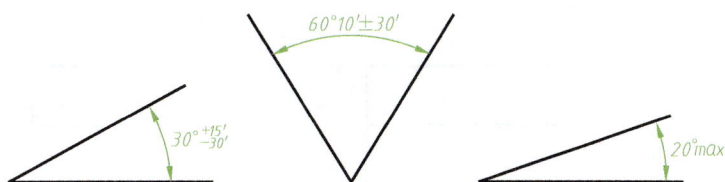

图 9.11　角度公差的标注

（3）标注极限偏差时的注意事项

1）标注极限偏差时，上、下极限偏差的小数点必须对齐，小数点右端的"0"一般不予注出；如果为了使上、下极限偏差值的小数点后位数相同，则可以用"0"补齐。

2）当上极限偏差或下极限偏差为零时，用数字"0"标出，并与下极限偏差或上极限偏差小数点前的个位数对齐。

3）当公差带相对于公称尺寸对称地配置，即上、下极限偏差的绝对值相同时，偏差数字可以只注写一次，并应在偏差数字与公称尺寸之间注出符号"±"，且两者数字高度相同，如图 9.12 所示。

4）同一公称尺寸的表面若有不同的公差要求，应用细实线分开，并分别标注其公差值，如图 9.13 所示。

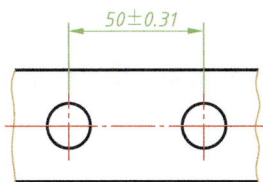

图 9.12　上、下极限偏差绝对值相同时的标注方法

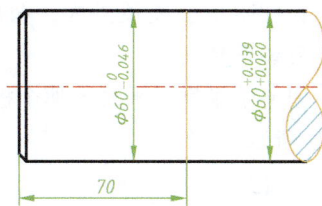

图 9.13　同一公称尺寸有不同公差时的标注方法

2. 公差的相关概念

（1）公称尺寸　尺寸 $\phi 65^{+0.021}_{-0.012}$ mm 中的 "$\phi 65$" 称为公称尺寸。"+0.021"是上极限偏差，是指允许超出公称尺寸 $\phi 65$ mm 的最大值。"−0.012"是下极限偏差，是指允许小于公称尺寸 $\phi 65$ mm 的最小值。

（2）上极限尺寸　公称尺寸+上极限偏差所得的尺寸称为上极限尺寸，是零件允许的最大尺寸，如图 9.14 中的 "65.021"。

（3）下极限尺寸　公称尺寸+下极限偏差所得的尺寸称为下极限尺寸，是零件允许的最小尺寸，如图 9.14 中的 "64.988"。

（4）公差　公差 = ｜上极限尺寸−下极限尺寸｜ = ｜上极限偏差−下极限偏差｜，如图 9.14 中的 "0.033"。

（5）公差带　零线是表示公称尺寸的一条直线。表示公差大小及其相对零线位置的区域称为公差带，即由代表上极限偏差和下极限偏差或上极限尺寸和下极限尺寸的两条直线所限定的区域，如图 9.14b 所示。

9

CHAPTER

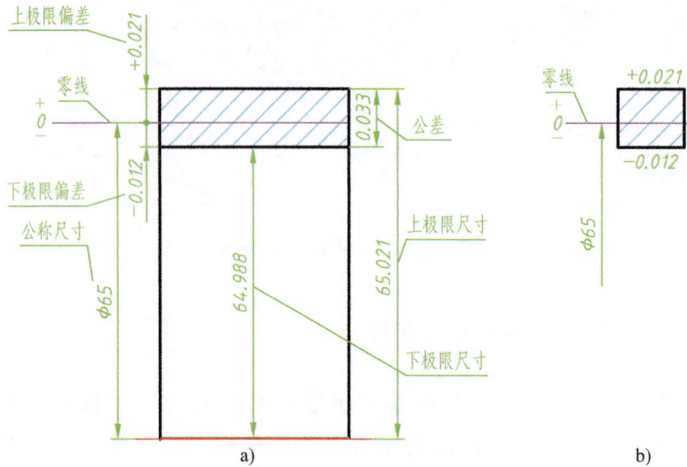

图 9.14　尺寸公差及公差带

3. 读公差代号

图 9.10a 中的 "k6" 和图 9.10b 中的 "H7" 为公差代号，其中字母为基本偏差代号，数字为公差等级代号。

国家标准规定公差等级共 20 级，即 IT01、IT0、IT1、…、IT18。IT01 的公差值最小，精度最高；IT18 的公差值最大，精度最低。同一等级的公差，尺寸越小，公差值越小；尺寸越大，公差值越大。

基本偏差是指靠近零线的那个极限偏差，既可以是上极限偏差，也可以是下极限偏差，如图 9.15 所示。

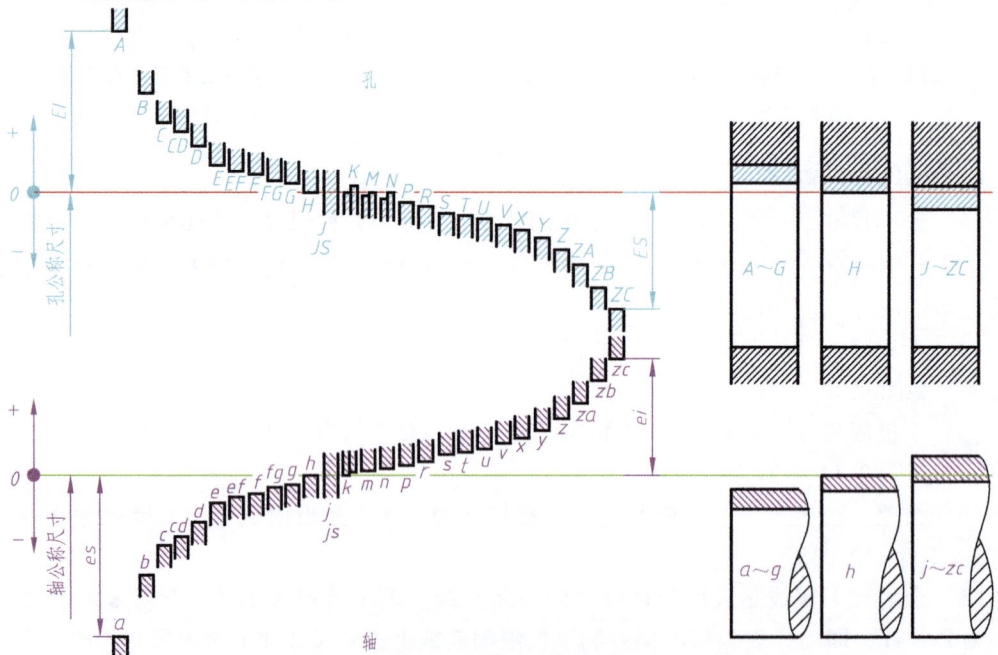

图 9.15　基本偏差系列图

国家标准规定，孔的基本偏差用大写字母表示，轴的基本偏差用小写字母表示。
公差数值可查表获得。

二、几何公差的标注

1. 几何公差的概念和符号

零件加工过程中，实际几何要素相对于理想几何要素总是存在误差，这种误差人为控制的数值称为几何公差。几何公差由形状公差、方向公差、位置公差和跳动公差组成。几何公差特征项目及符号见表9.3。

表9.3　几何公差特征项目及符号

公差类型	几何特征	符号	有无基准
形状公差	直线度	—	无
	平面度	▱	无
	圆度	○	无
	圆柱度	⌭	无
	线轮廓度	⌒	无
	面轮廓度	⌓	无
方向公差	平行度	//	有
	垂直度	⊥	有
	倾斜度	∠	有
	线轮廓度	⌒	有
	面轮廓度	⌓	有
位置公差	位置度	⊕	有或无
	同心度（用于中心点）	◎	有
	同轴度（用于轴线）	◎	有
	对称度	═	有
	线轮廓度	⌒	有
	面轮廓度	⌓	有
跳动公差	圆跳动	↗	有
	全跳动	⌮	有

2. 识读几何公差

1）几何公差代号以矩形框格形式标注，如图 9.16 所示。

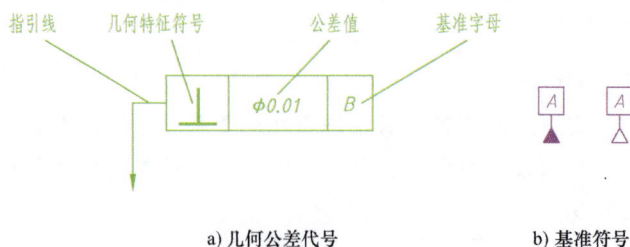

a) 几何公差代号　　　　b) 基准符号

图 9.16　几何公差代号和基准符号

2）识读图 9.17 所示零件图中的几何公差。

$\boxed{\cancel{}\ 0.005}$ 的含义是 $\phi 50_{-0.025}^{0}$ mm 圆柱面的圆柱度公差为 0.005mm。

$\boxed{\odot\ \phi 0.02\ A}$ 的含义是 1∶20 圆锥面轴线相对于 $\phi 50_{-0.025}^{0}$ mm 圆柱轴线的同轴度公差为 $\phi 0.02$mm。基准要素是 $\phi 50_{-0.025}^{0}$ mm 圆柱轴线，被测要素为 1∶20 圆锥面的轴线。

$\boxed{/\ 0.005\ A}$ 的含义是 1∶20 圆锥面相对于 $\phi 50_{-0.025}^{0}$ mm 圆柱轴线的圆跳动公差为 0.005mm。

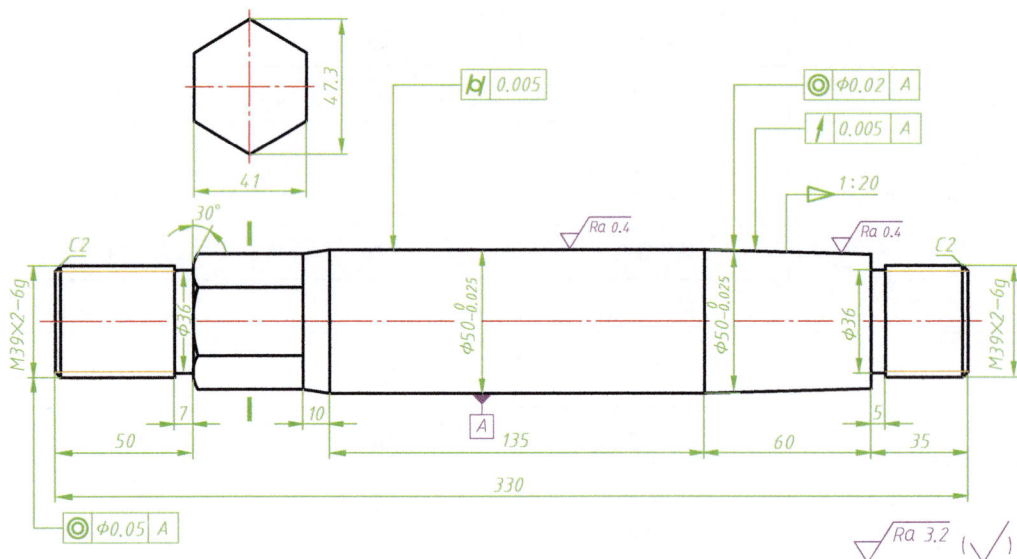

图 9.17　几何公差的标注

3. 标注几何公差时的注意事项

（1）被测要素的标注　被测要素为轮廓线或轮廓面时，指引线箭头置于该要素的轮廓线或其延长线上，但必须与尺寸线明显错开，如图 9.17 所示。

被测要素是轴线或对称中心面时，指引线箭头应与尺寸线对齐，如图 9.18 所示。

（2）基准要素的标注　基准要素是零件上用于确定被测要素方向和位置的点、线或面。基准要素是轮廓要素时，其符号置于基准要素的轮廓线或轮廓线的延长线上，但必须与尺寸线明显地分开，如图 9.18 中的基准 B。

基准要素是中心要素时，符号中的连线应与尺寸线对齐，如图 9.18 中的基准 A。

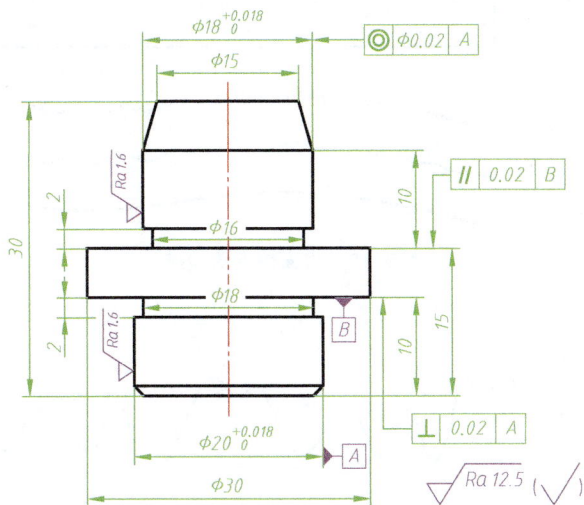

图 9.18　定位销的几何公差

第三节　标注表面结构要求

一、表面结构的概念

1. 表面结构

表面结构是表面粗糙度、表面波纹度、表面纹理等表面微观轮廓的总称。

2. 表面粗糙度

零件经过机械加工后的表面会留有许多高低不平的凸峰和凹谷，零件加工表面上具有的较小间距和峰谷所组成的微观几何形状特征称为表面粗糙度。表面粗糙度与加工方法、切削刃形状和切削用量等各种因素都有密切关系。

表面粗糙度是评定零件表面质量的一项重要技术指标，对于零件的配合、耐磨性、耐蚀性及密封性等都有显著影响，是零件图中必不可少的一项技术要求。

零件表面粗糙度的选用，既要满足表面功能要求，又要经济合理。对于配合表面或相对运动表面，表面粗糙度值应小些，但加工成本会随之提高。因此，在满足使用要求的前提下，应尽量选用较大的表面粗糙度值。

3. 表面波纹度

由于加工过程中机床、零件和刀具系统的振动，在零件表面形成的间距比表面粗糙度大得多的表面不平度称为表面波纹度。零件的表面波纹度是影响其使用寿命和引起振动的重要因素。

表面粗糙度、表面波纹度及表面几何形状总是同时生成并存在于同一表面，如图 9.19 所示。

4. 评定表面粗糙度的两个高度参数 Ra 和 Rz

轮廓的算术平均偏差 Ra 是指在一个取样长度内，纵坐标 $Z(X)$ 绝对值的算术平均值；轮廓的最大高度 Rz 是指在同一取样长度内，最大轮廓峰高与最大轮廓谷深之间的高度，如图 9.20 所示。

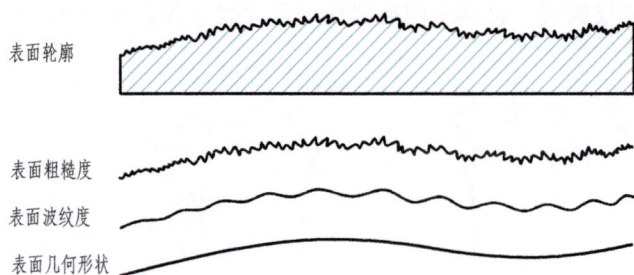

图 9.19　表面轮廓的构成

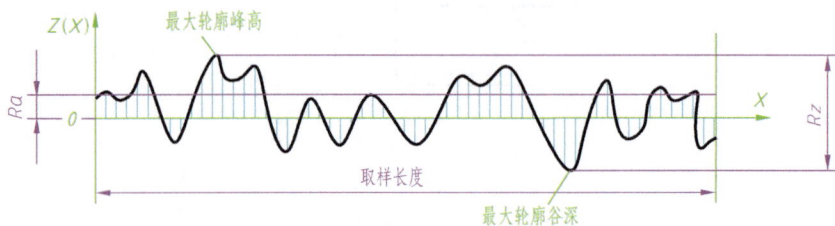

图 9.20　轮廓的算术平均偏差 *Ra* 和轮廓最大高度 *Rz*

5. 极限值判断规则

零件表面极限值判断规则有两种：16%规则和最大规则。

（1）16%规则　如果被检表面测得的全部参数值中超过极限值的个数不多于总个数的16%，则该表面合格。

（2）最大规则　被检整个表面上测得的参数值一个也不应超过给定的极限值。

其中，16%规则是默认规则，当参数代号后未注写"max"字样时，均默认为应用16%规则；反之则应用最大规则，如 $Ra\max 0.8$。

二、表面结构的标注

1. 表面结构的图形符号

表面结构的图形符号见表 9.4。

表 9.4　表面结构的图形符号

符号名称	符号	含义
基本图形符号		未指定工艺方法的表面，当通过一个注释解释时，可单独使用
扩展图形符号		用去除材料方法获得的表面，仅当其含义是"被加工表面"时，才可单独使用

9
CHAPTER

（续）

符号名称	符号	含义
扩展图形符号		用不去除材料方法获得的表面，也可用于保持上道工序形成的表面，不管这种状况是通过去除或不去除材料形成的
完整图形符号		在以上各种符号的长边上加一横线，以便注写对表面结构的各种要求

当构成封闭轮廓的各表面有相同的表面结构要求时，可在完整图形符号上加一圆圈表示，如图 9.21 所示。

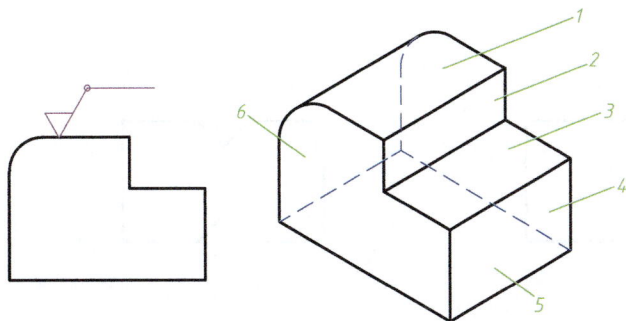

图 9.21　对周边各面有相同表面结构要求时的注法

注：图示的表面结构符号是指对图形中封闭轮廓的六个面的共同要求（不包括前面和后面）。

2. 表面结构补充要求的注写位置

在完整符号中，对表面结构的单一要求和补充要求应注写在指定位置，如图 9.22 所示。

表面结构补充要求包括表面结构参数代号、数值、传输带、取样长度等。

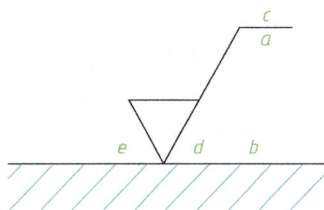

图 9.22　补充要求的注写位置

位置 a：注写表面结构的单一要求，如"$Ra6.3$"。

位置 a 和 b：注写两个或多个表面结构要求。在位置 a 注写第一个表面结构要求，在位置 b 注写第二个表面结构要求。如果要注写第三个或更多个表面结构要求，图形符号应在垂直方向扩大，以空出足够的空间。

位置 c：注写加工方法，如"车""铣""镀"等。

位置 d：注写表面纹理方向，如"=""×""M"等。

位置 e：注写加工余量。

3. 表面结构要求在图样中的标注

表面结构要求一般对每一个表面只标注一次，并尽可能标注在相应的尺寸及其公差的同一视图上。除非另有说明，所标注的表面结构要求是对完工零件表面的要求。

1）表面结构代号的注写和读取方向与尺寸的注写和读取方向一致，如图 9.23 所示。

2）表面结构要求可标注在轮廓线上，其符号应从外指向并接触表面，如图 9.23a、b 所示；也可用带箭头或黑点的指引线引出标注，如图 9.23c 所示。

3）圆柱和棱柱的表面结构要求只标注一次，如图 9.23d 所示。如果每个棱柱表面有不同的表面结构要求，则应分别单独标注，如图 9.23e 所示。

4）在不致引起误解时，表面结构要求可以标注在特征尺寸的尺寸线上，如图 9.23f 所示。

5）表面结构要求可标注在几何公差框格的上方，如图 9.23g 所示。

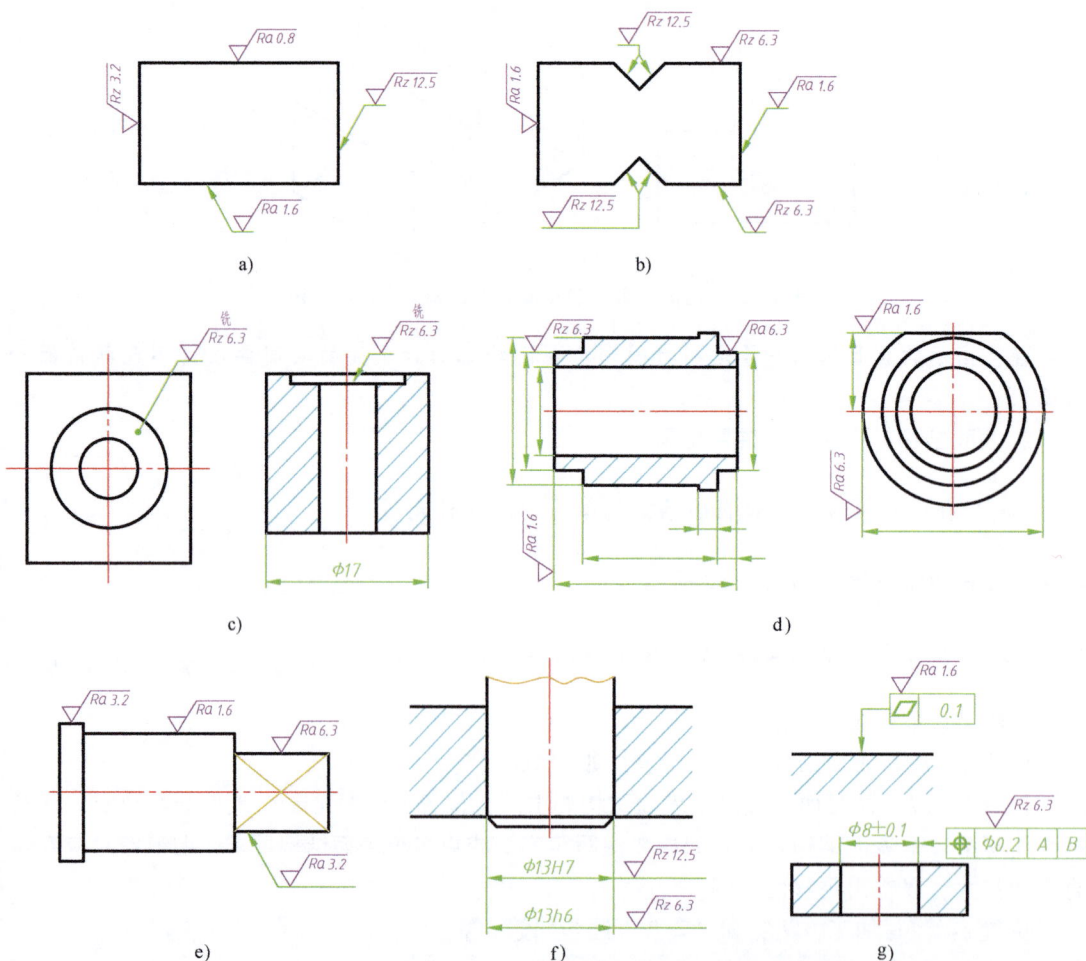

图 9.23 表面结构符号、代号在图样中的注写位置及方向

4. 表面结构要求在图样中的简化注法

💡 1）多数或全部表面有相同的表面结构要求时，应统一标注在图样的标题栏附近。

此时（除全部表面有相同要求的情况外），表面结构要求的其他几种注法如下：

① 在括号内给出无任何其他标注的基本符号，如图 9.24a 所示。

② 在括号内给出不同的表面结构要求，如图 9.24b 所示。

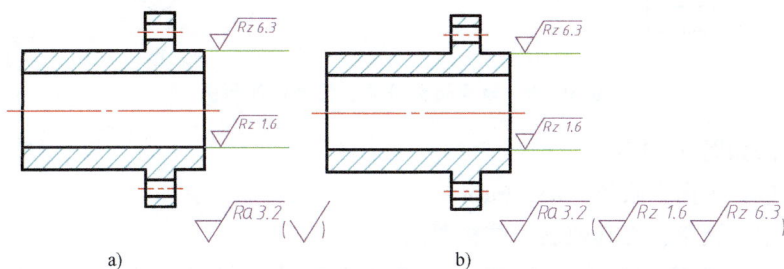

图 9.24 表面结构要求的其他几种注法

💡 2）若标注位置受到限制或为了简化标注，可用带字母的完整符号以等式的形式，在图形或标题栏附近对有相同表面结构要求的表面进行简化标注，如图 9.25a 所示。

💡 3）当多个表面具有共同的表面结构要求时，可用表面结构的图形符号，以等式的形式，在图形或标题栏附近对有相同表面结构要求的表面进行简化标注，如图 9.25b 所示。

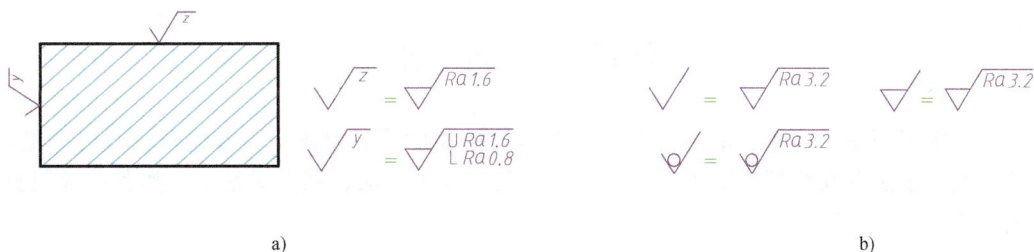

图 9.25 表面结构要求的简化注法

💡 4）齿轮、渐开线花键的工作表面未画出齿形时，表面结构要求标注在分度线上；螺纹等未画出牙型时，其工作表面结构要求标注在尺寸线或者引出线上，如图 9.26a 所示。

💡 5）零件上连续表面及重复要素（孔、槽、齿等）的表面结构要求只标注一次，如图 9.26b 所示。

💡 6）多种不同工艺方法获得的同一表面，当需要明确每种工艺方法的表面结构要

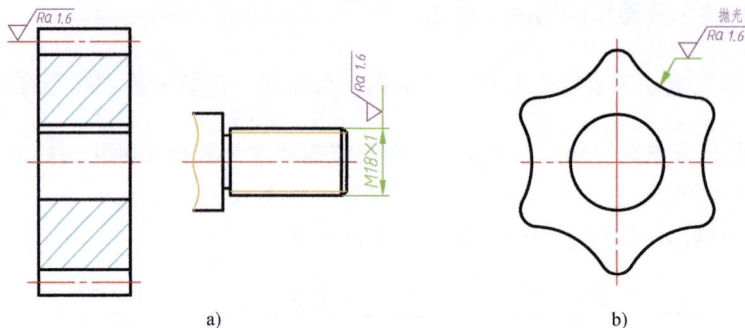

图 9.26　表面结构符号、代号标注示例

求时，标注方法如图 9.27 所示。

　　第一道工序：单向上限值，$Rz1.6\mu m$。

　　第二道工序：镀铬，无其他表面结构要求。

　　第三道工序：用磨削的方式得到一个单向上限值，仅对长为 50mm 的圆柱表面有效，$Rz6.3\mu m$。

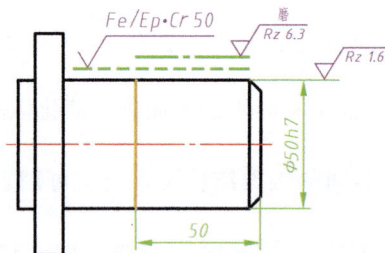

图 9.27　多种不同工艺方法获得的同一表面

第四节　绘制零件图

　　零件图要正确、完整、清晰地表达零件的结构和形状，因此，应首先分析零件的结构、形状特点，了解其在机器或部件中的位置、作用及加工方法，然后灵活地选择各种视图及其他表达方法。

一、确定零件视图的表达方案

1. 选择主视图

　　主视图是图样的主要视图，画图和读图都要从主视图开始。因此，合理选择主视图并确定主视图的摆放位置非常重要。

　　零件图是用来指导加工零件的，因此，选择加工位置来绘制主视图，可方便加工零件时读图。轴套类、盘盖类等回转体类零件一般选择加工位置绘制主视图，如图 9.28 所示。

　　零件图和装配图的另一个作用是用于指导组装或维修机器，因此，选择工作位置绘制主视图，可方便装配和维修过程中读图。支架类、箱体类零件等一般按工作位置画主视图，如图 9.29 所示。

确定零件视图
的表达方案

9 CHAPTER

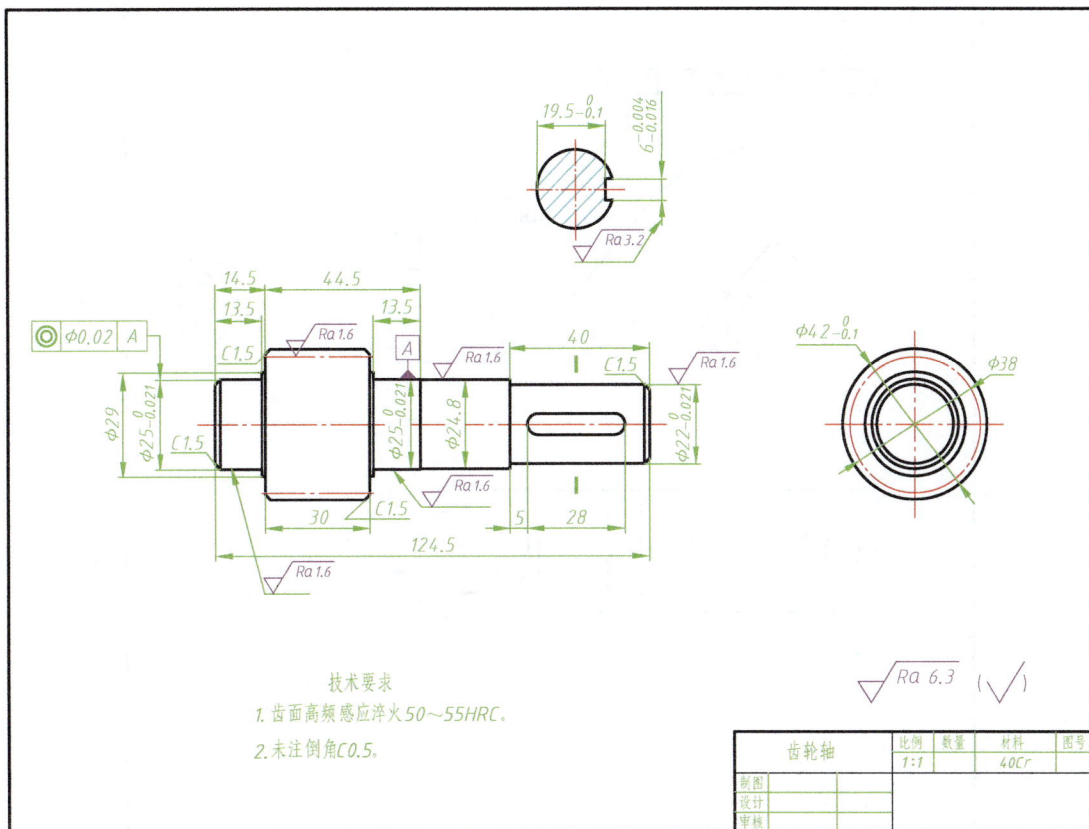

图 9.28　加工位置绘制主视图

2. 确定主视图的投射方向

主视图应该能够反映零件的主要形状特征，兼顾表达零件绝大部分结构特点和结构组合之间的位置关系，如图 9.30 所示。

3. 选择其他视图的原则

1）能完整、清晰地表达零件结构形状。

2）优先选用基本视图。

3）每个视图都有侧重表达的内容。

4）尽可能采用剖视手段。

5）尽量减少视图的数量，力求制图简便。

二、绘制蜗轮减速箱箱体零件图

1. 选择主视图的摆放位置和投射方向

1）蜗轮减速箱箱体（图 9.31）的关键加工部位是前端大孔以及端面和后端的同轴长孔，需要将底座装夹在机床工作台上进行水平镗削。因此，前端大孔及后端长孔的轴线水平放置符合加工位置，也符合工作位置。

绘制蜗轮减速箱箱体的零件图绘图视频

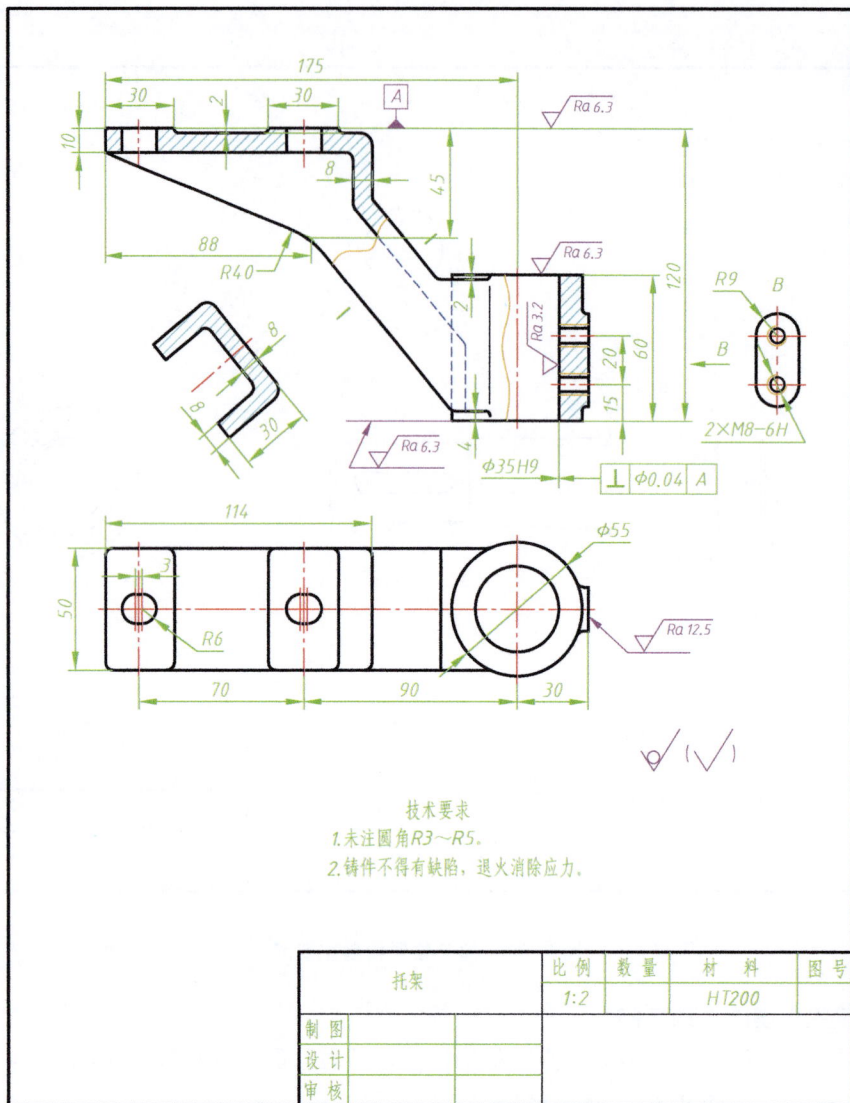

图9.29　工作位置绘制主视图

2）主视图最能表达零件的形状特征，箱体类零件内部结构较为复杂，尤其需要表达孔系结构特征，因此主视图应剖切表达，且沿主要孔系轴线剖切。本零件左右对称，因此主视图应横向全剖表达，如图9.32所示。

2. 选择其他视图

1）主视图确定后，零件的绝大部分结构特征已经表达清楚，但下部孔系及部分轮廓未能表达完整。首先考虑增加左视图，表达大孔端面及零件正向结构轮廓。采用半剖视图完整表达蜗杆孔系结构特征，如图9.33所示。

2）增加俯视图，表达顶向结构轮廓，侧重表达螺栓过孔的布置，辅助表达底面凹槽的轮廓，如图9.34所示。

3）此时，若蜗杆孔端面、底部加强肋仍未表达清楚，可增加局部视图进行表达。

至此，零件视图表达方案确定。

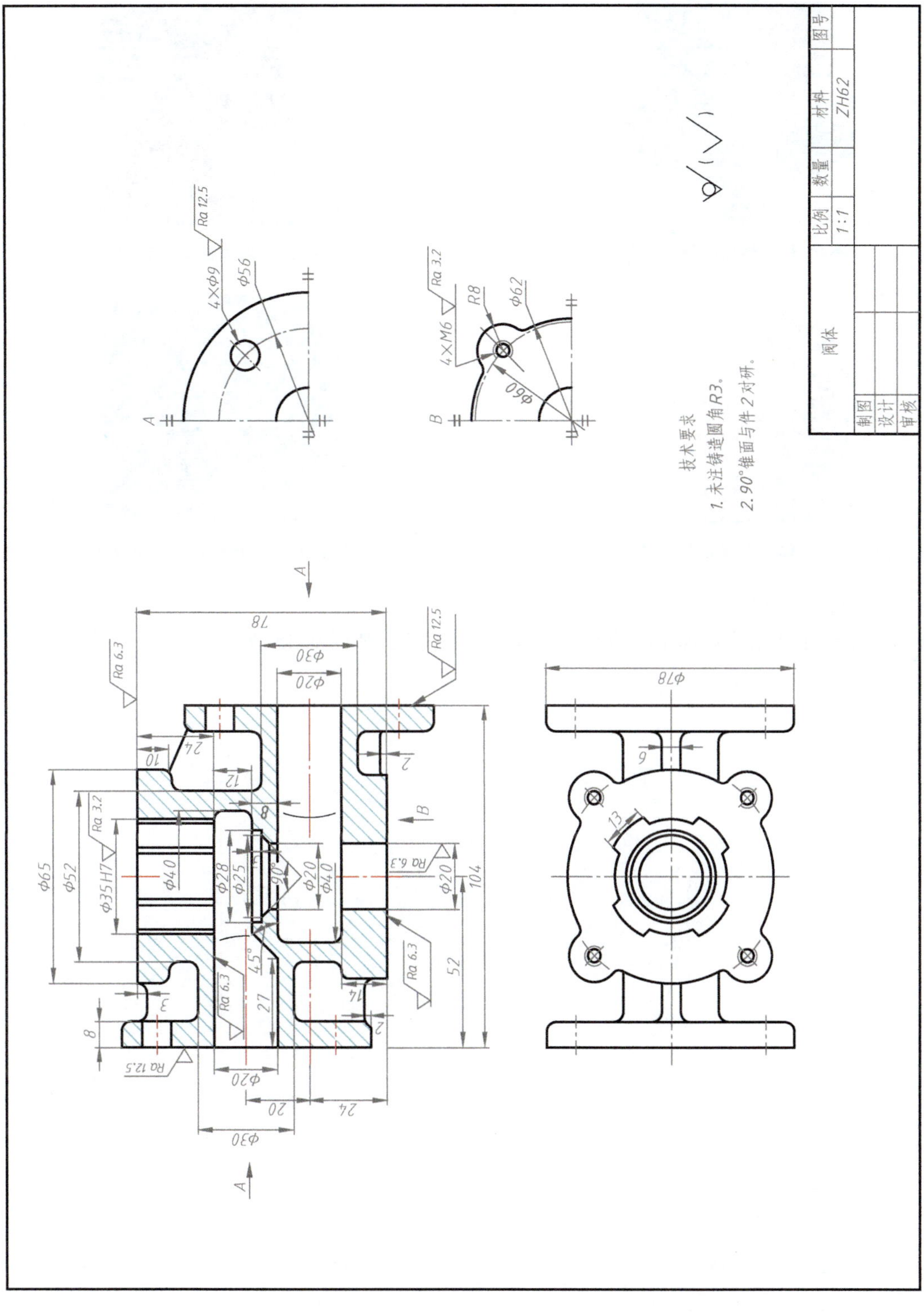

图 9.30 阀体零件主视图

图 9.31　蜗轮减速箱箱体

图 9.32　箱体横向全剖表达

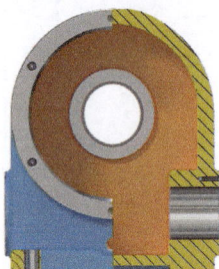

图 9.33　箱体正向半剖视图表达

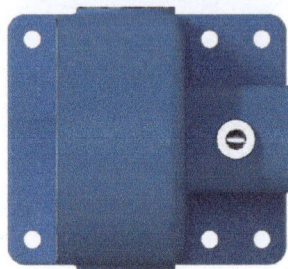

图 9.34　箱体俯视图对称表达

3. 绘图

1）绘制主体结构精确中心线和定位线（定尺寸），如图 9.35 所示。

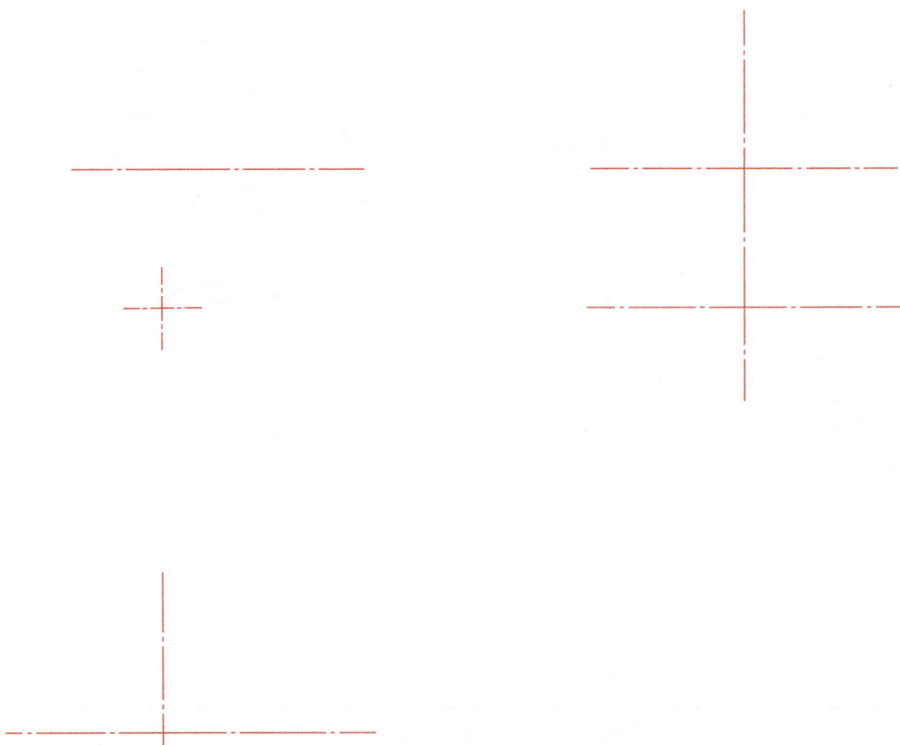

图 9.35　主体结构精确中心线和定位线

2）按投影关系，同时绘制几个视图的主体轮廓线，如图 9.36 所示。

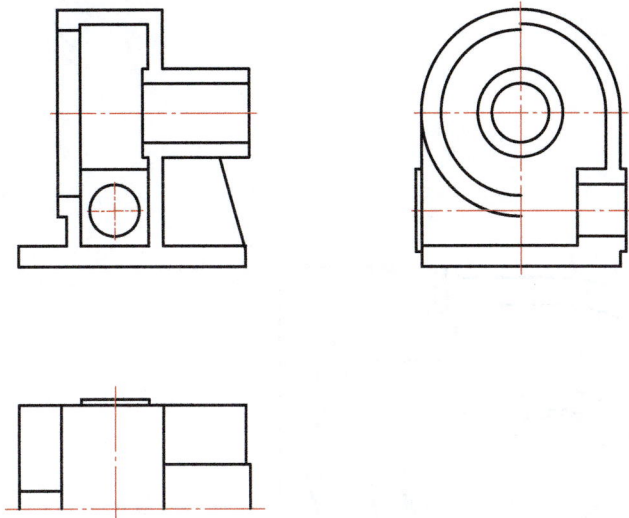

图 9.36 绘制主体结构轮廓线

3）补齐各部分细节，检查确认无误后，填充剖面线，如图 9.37 所示。

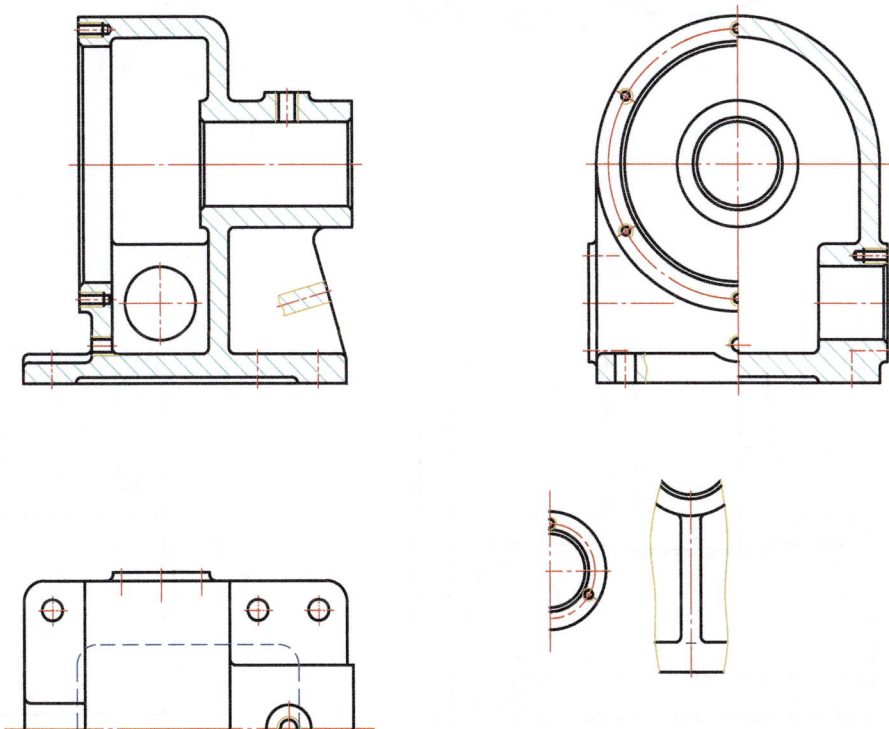

图 9.37 完善图样，填充剖面线

4）标注尺寸和技术要求，如图 9.38 所示。

5）绘制图框和标题栏，填写标题栏，注写文字说明。蜗轮减速箱箱体零件图绘制完成，如图 9.39 所示。

9

CHAPTER

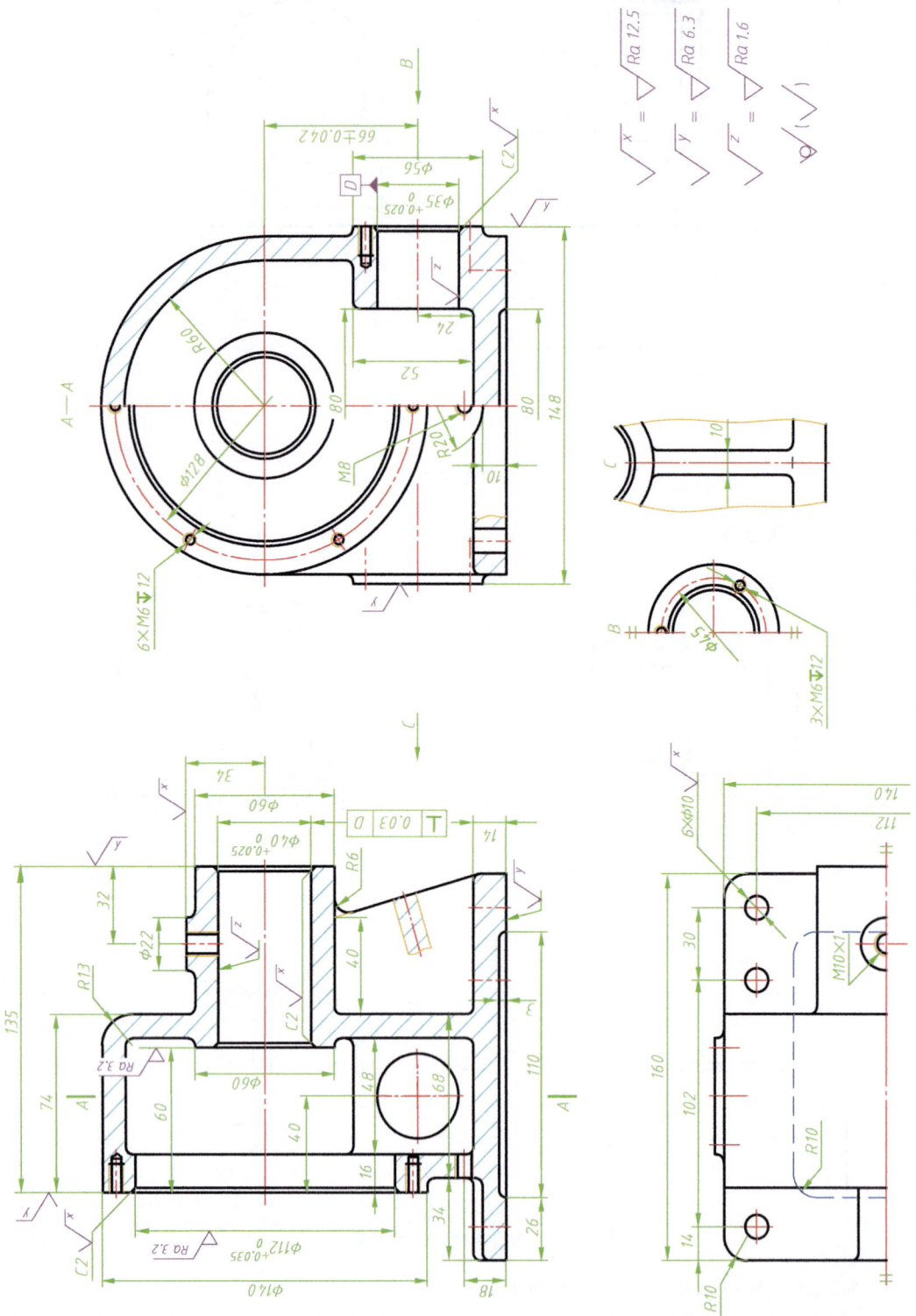

图 9.38 标注尺寸和技术要求

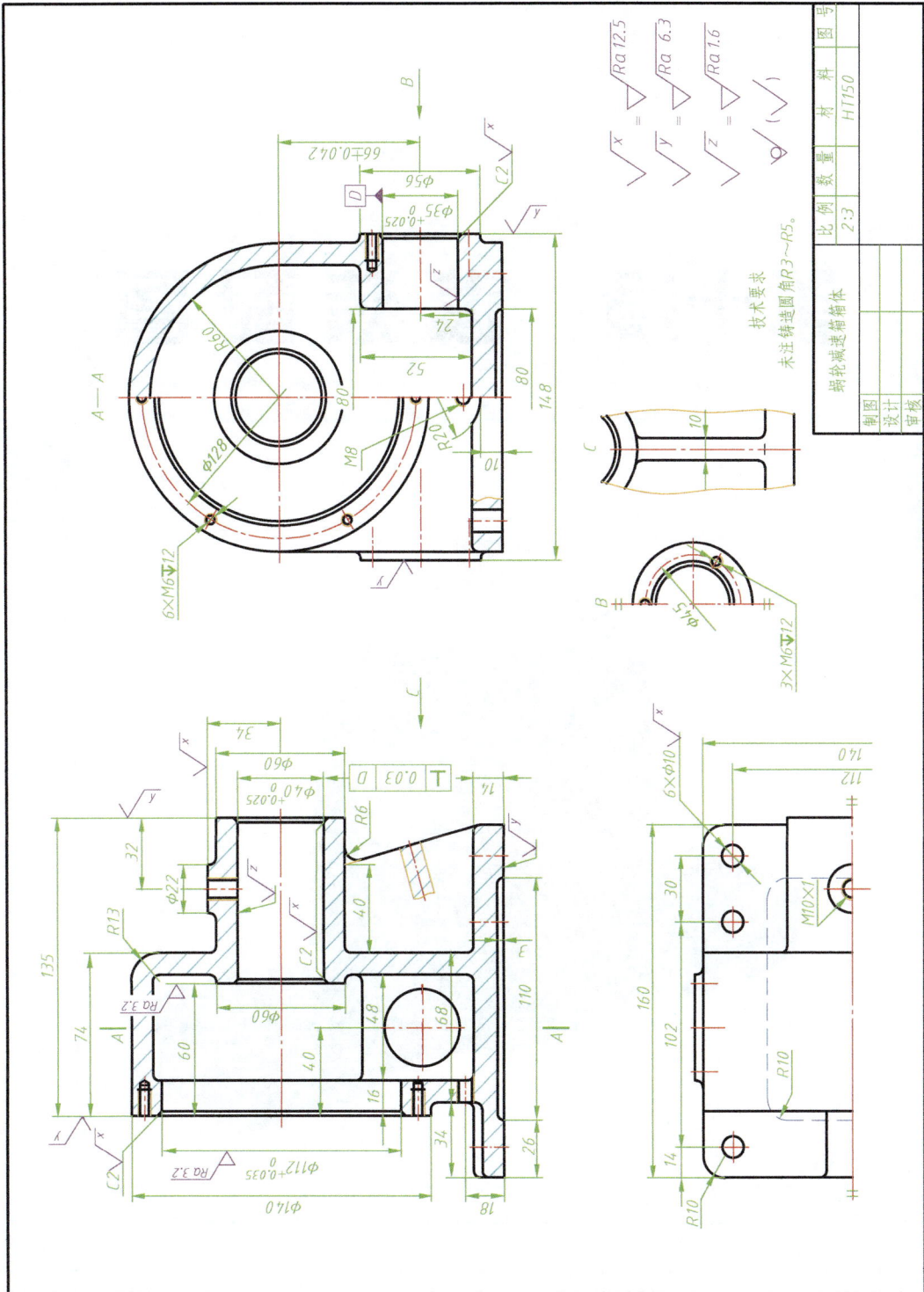

图9.39 绘制图框、标题栏，注写文字

9

CHAPTER

第十章 读装配图

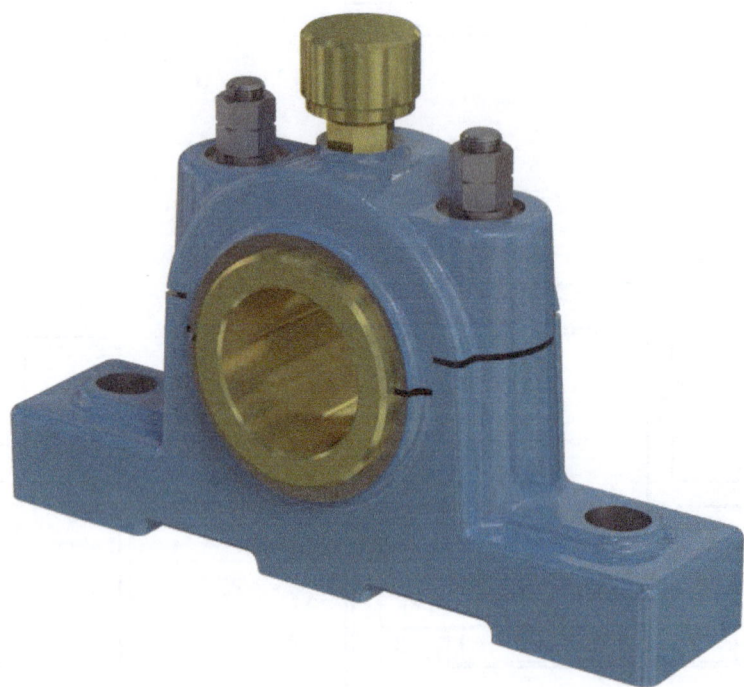

第一节　读装配图的方法

一、认识装配图

1. 装配图的定义

用来表达机器（或部件）的整体结构形状和配合连接关系的图样称为装配图。例如，图 10.1 所示滑动轴承的装配图如图 10.2 所示。

2. 装配图的作用

装配图表达了机器、部件的结构形状、工作原理和零件间的相互位置关系，可用来指导设计机器、机构，以及指导装配、调试、检验和维修机器。

3. 装配图的内容

如图 10.2 所示，完整的装配图包括以下内容。

（1）一组图形　装配图不同于零件图，它只需表达出零件之间的位置关系和装配连接关系，兼顾表达主体零件的基本结构即可，不需要表达出每个零件的结构细节。如图 10.2 所示，只用主视图和俯视图就能表达清楚滑动轴承各零件间的位置关系和连接关系。

（2）必要的尺寸　装配图一般需要标注以下几种尺寸：

1）外形总体尺寸。表达机器总长、总宽、总高的尺寸，如图 10.2 中的 167mm、240mm、75mm。

2）规格性能尺寸。表达机器、部件规格大小或工作性能的尺寸。这类尺寸是机器、部件的基本设计依据，如图 10.2 中的 $\phi50H8$。

3）配合尺寸。表达有配合关系的零件之间的配合性质和公差等级的尺寸，如图 10.2 中的 $90\frac{H9}{f9}$、$\phi10\frac{H8}{s7}$、$\phi60\frac{H8}{k7}$、$65\frac{H9}{f9}$。

图 10.1　滑动轴承部件图

滑动轴承
拆分动画

4）安装尺寸。将部件安装在机器上或将机器安装在基础上所需的尺寸，如图 10.2 中的 180mm。

5）其他重要尺寸。包括定位尺寸、设计中依据或限定的尺寸，如图 10.2 中的（85±0.3）mm、70mm、2mm。

（3）技术要求　机器在装配、调试、检验、安装和使用过程中应遵守的技术条件和要求，要在装配图上用文字说明或用符号指明，如图 10.2 中的"技术要求"。

10

CHAPTER

图 10.2 滑动轴承装配图

技术要求

1. 上、下轴衬与轴承座之同应保证接触良好。
2. 轴衬最大压力 $p \leqslant 29.4MPa$。
3. 轴衬与轴颈最大线速度 $v \leqslant 8m/s$。
4. 轴承温度低于 $120℃$。

9		下轴衬		1	ZCuAl10Fe3	
8		上轴衬		1	ZCuAl10Fe3	
7		轴衬固定套		1	45	
6	GB/T 794.0.1—1995	油杯 A-12		1		
5	GB/T 93—1987	弹簧垫圈12		2		
4	GB/T 6171—2015	螺母M12		4		
3	GB/T 8—1998	螺栓 M12×120		2		
2		轴承盖		1	HT200	
1		轴承座		1	HT200	
序号	代号	名称		数量	材料	单件 总计 质量 备注

				滑动轴承装配图
设计		签名	年月日	标准化 签名 年月日	
制图				阶段标记	比例 2:3
审核					质量
工艺			批准	第 张 共 张	

85±0.3

$\phi10\frac{H8}{s7}$

$90\frac{H9}{f9}$

167

70

180

240

2

1 2 3 4 5 6 7 8 9

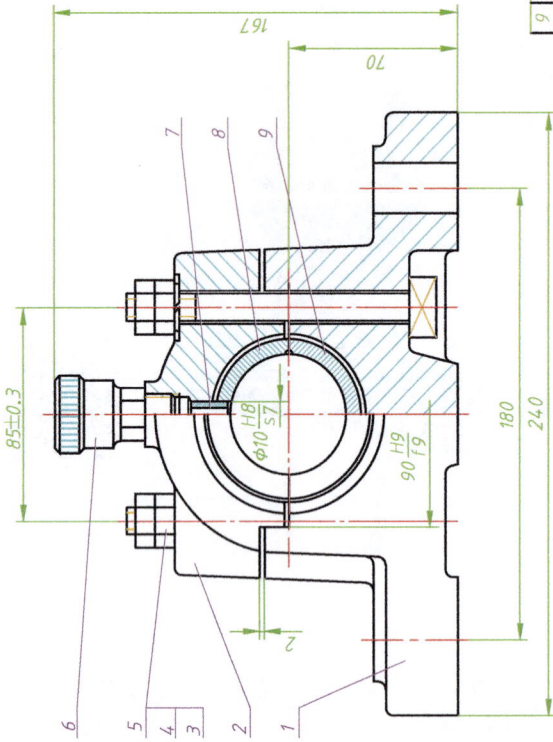

拆卸轴承盖、上轴衬等

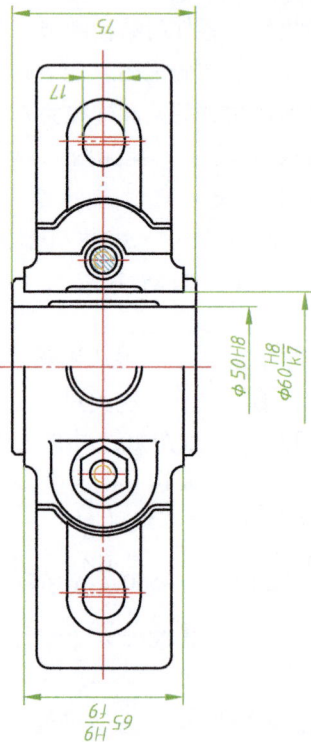

$\phi50H8$

$\phi60\frac{H8}{k7}$

75

17

$65\frac{H9}{f9}$

（4）零件序号

🔆 1）装配中所有零部件均应编号。同一装配图中的序号形式应一致，相同零部件用一个序号，一般只标注一次；多处出现的相同零部件，必要时也可重复标注，如图 10.2 所示。

2）装配图中的序号应按水平或竖直方向排列整齐，按顺时针或逆时针方向顺次排列，如图 10.2 所示。

3）在水平基准（细实线）上或圆（细实线）内注写序号，序号字号应比该装配图中所注尺寸数字的字号大一号或两号，如图 10.3a、b 所示。也可以在指引线非零件端附近注写序号，如图 10.3c 所示。

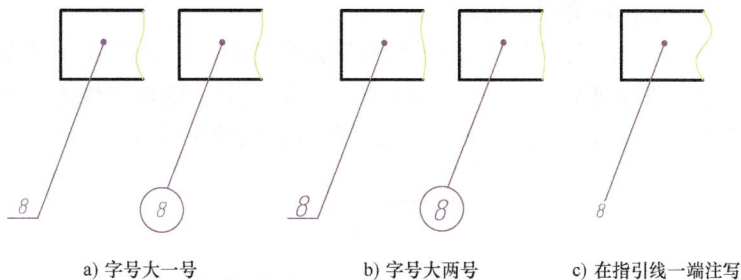

a) 字号大一号　　　　　　b) 字号大两号　　　　　c) 在指引线一端注写

图 10.3　装配图中序号的注写方法

🔆 4）指引线应自所指部分的可见轮廓内引出，并在末端画一圆点，如图 10.4 所示。若所指部分（很薄的零件或涂黑的剖面）内不便画圆点，可在指引线末端画出箭头，并指向该部分的轮廓，如图 10.5 所示。

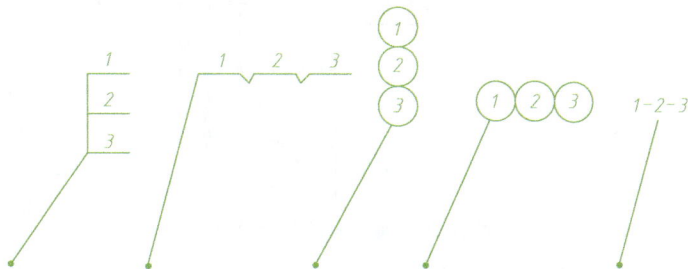

图 10.4　公共指引线的标注形式

指引线可以画成折线，但只可曲折一次。指引线之间不得相交，不得与其他线形重合。一组紧固件以及装配关系清楚的零件组，可以采用公共指引线，如图 10.4 所示。

（5）标题栏和明细栏　装配图的标题栏与零件图的标题栏相同。另外，装配图中须有明细栏，明细栏应放在标题栏上方，并按零件序号列出零件序号、代号、名称、数量、材料、质量、备注等内容。明细栏按零件序

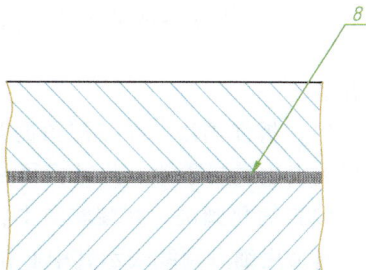

图 10.5　指引线末端采用箭头的场合

10

CHAPTER

号自下而上填写，位置不够时可紧靠标题栏左侧自下而上续写，如图10.2所示。

二、装配图的画法

国家标准关于零件图的规定画法也适用于装配图，同时对装配图又单独制定了一些规定。

1. 装配图的规定画法

1）两相邻零件的接触表面和配合表面只画一条共有的轮廓线，非接触表面画出各自的轮廓线，间距小于1mm的，按1mm间距画出，如图10.6中的③、⑦、⑩所示。

2）轴、球、键、销和螺纹紧固件纵向剖切时，均按不剖绘制，如图10.6所示。若剖切平面垂直于零件的轴线，则按剖切绘制。

3）在剖切平面上，相邻两零件的剖面线倾斜方向应相反，如图10.6中的⑨所示。若方向相同，则应采用不同的间距（疏密），以示区别。原则上，壁厚零件的剖面线稀疏些，壁薄零件的剖面线紧密些。同一零件在不同视图上的剖面线疏密程度、倾斜方向均须一致。

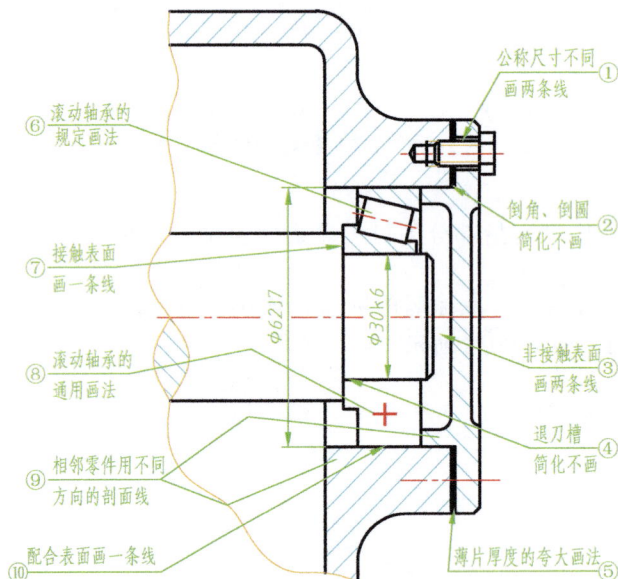

图10.6　装配图的规定画法

2. 装配图的特殊表达方法

装配图视图的表达方法除了可采用零件图视图的表达方法外，还有一些特殊的表达方法。

（1）拆卸画法　在装配图的某一视图中，可假想将某些零件拆卸后再画图，以便更加清晰地表达底层零件。此时，须在视图上方标注"拆去××"等字样，如图10.2所示。

（2）简化画法　在装配图中，对于规格相同的零件组（如紧固件组），可详细地画出一组，其余用细点画线表示其中心位置即可，如图10.6中的螺钉。

零件的工艺结构，如倒角、圆角、退刀槽等允许省略不画；滚动轴承允许一半采用规定画法，另一半采用通用画法，如图 10.6 中的②、④、⑥、⑧所示。

（3）夸大画法 当图形上的孔或薄片厚度较小（≤2mm），以及间隙、斜度和锥度较小时，为改善表达效果，可适当夸大画出，如图 10.6 中的⑤所示。

（4）展开画法 如图 10.7 所示，为了清晰地表达传动关系，可假想按传动顺序剖切，然后依次展开，展平到投影面位置，画出剖视图（类似于零件图中的旋转剖）。

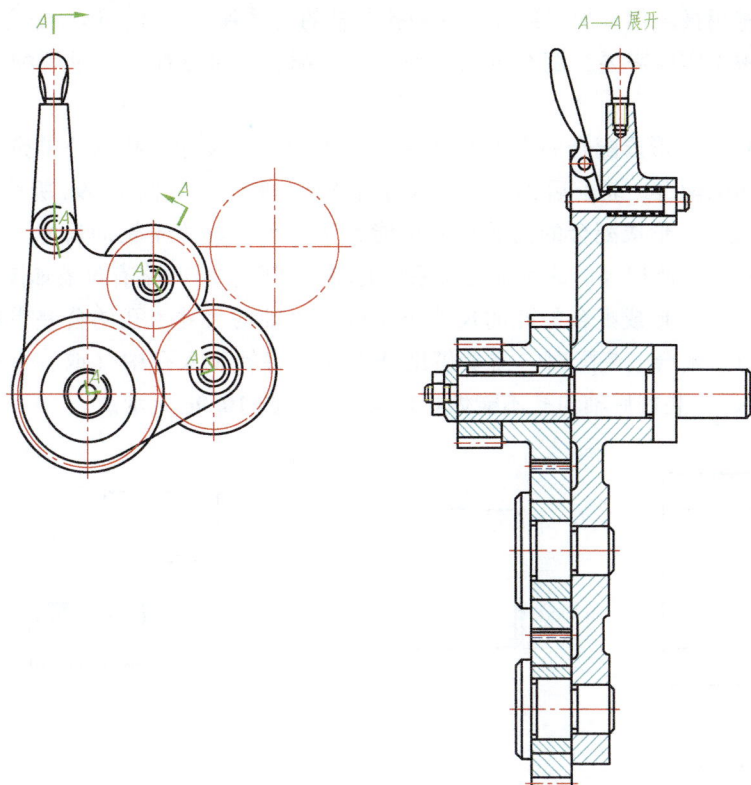

图 10.7 展开画法

（5）假想画法 在装配图中，需要表达运动零件的极限位置时，可用细双点画线画出该零件在极限位置的外轮廓图，如图 10.8 中的手柄。当需要表达与本部件有关的相邻件的

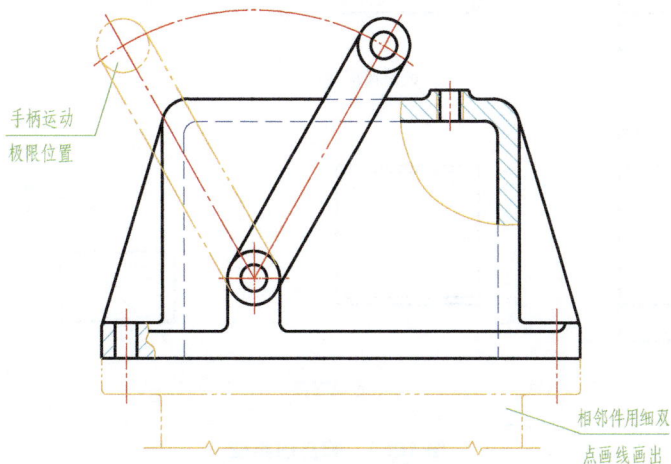

图 10.8 假想画法

安装关系时，也可用细双点画线画出相邻件的轮廓，如图 10.8 所示。

三、装配图中配合尺寸的标注

1. 配合的定义和类型

实际装配过程中，经常遇到孔与轴、凸缘与凹槽等的配合，为了保证配合质量，将相互配合的孔与轴都用极限偏差加以约束，这种孔与轴的关系称为配合，形成配合的孔与轴的公称尺寸相同。根据实际需要，配合分为三类：间隙配合、过渡配合、过盈配合，如图 10.9 所示。

（1）间隙配合　形成配合的孔的尺寸大于或等于轴的尺寸，孔的公差带在轴的公差带之上时，称为间隙配合。装配后，轴还可以自由移动和转动，如图 10.9a 所示。

（2）过渡配合　形成配合的孔的尺寸可能大于、小于或等于轴的尺寸，孔和轴的公差带相重叠时，称为过渡配合。这种配合关系有时略有间隙，有时略有过盈如图 10.9b 所示。

（3）过盈配合　形成配合的孔的尺寸小于或等于轴的尺寸，孔的公差带在轴的公差带之下时，称为过盈配合。装配时，需要借助外力才能将轴装入孔中（或将带孔零件加热胀大后再将轴装入），装配后轴与孔不能做相对运动，如图 10.9c 所示。

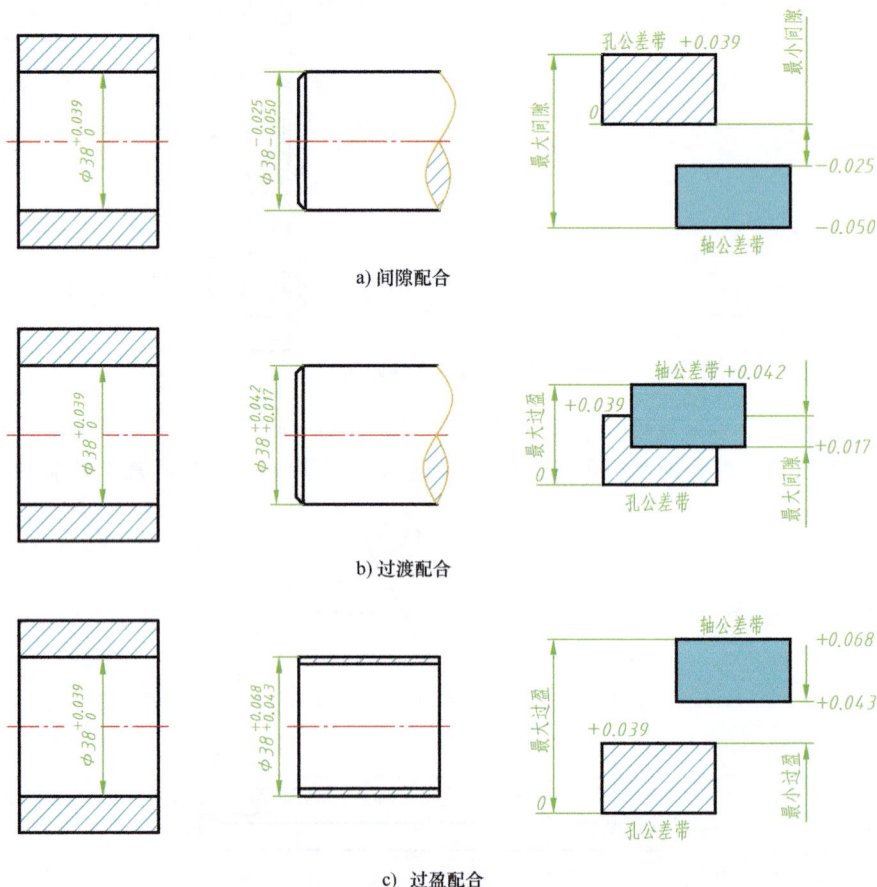

a) 间隙配合

b) 过渡配合

c) 过盈配合

图 10.9　配合的类型

2. 配合制

相互配合的零件在制造过程中，常将一种零件（常用件或标准件）作为基准件，它的基本偏差固定，通过改变另一零件的基本偏差来获得各种不同配合种类，称为配合制。国家标准规定了两种配合制：基孔制和基轴制。

（1）基孔制　以孔为基准件，孔的基本偏差固定，通过改变轴的基本偏差来形成不同配合种类。基准孔的基本偏差代号为 H，下极限偏差为零，即它的下极限尺寸等于公称尺寸，如图 10.10 所示。

（2）基轴制　以轴为基准件，轴的基本偏差固定，通过改变孔的基本偏差来形成不同配合种类。基准轴的基本偏差代号为 h，上极限偏差为零，即它的上极限尺寸等于公称尺寸，如图 10.11 所示。

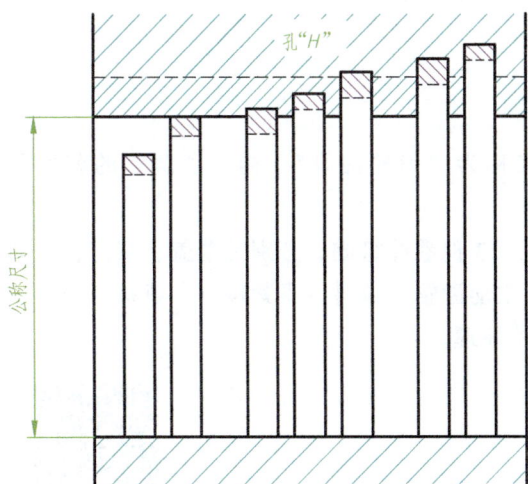

图 10.10　基孔制配合

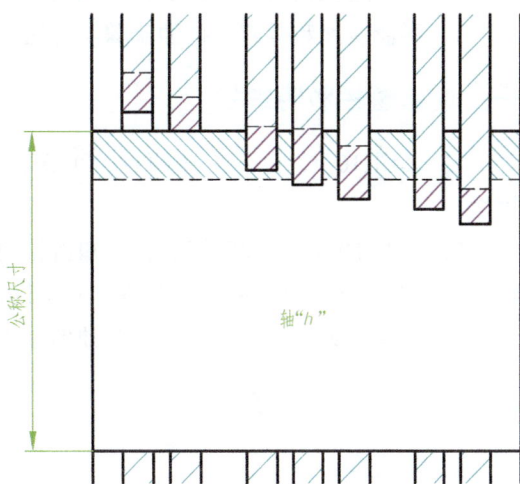

图 10.11　基轴制配合

3. 配合的选择

国家标准对配合的选择做了进一步的限制，规定公称尺寸至 500mm 范围内的孔、轴公差带分为优先、常用（含优先）和一般用途（含优先、常用）三类，并规定了基孔制常用配合 59 种、优先配合 13 种，基轴制常用配合 47 种、优先配合 13 种。配合的选用可查表获得。

4. 装配图中配合的标注

在装配图上采用组合法标注配合代号，如图 10.12 所示。配合代号由孔和轴的公差带代号组合而成，并写成分数形式，分子为孔的公差带代号，分母为轴的公差带代号。

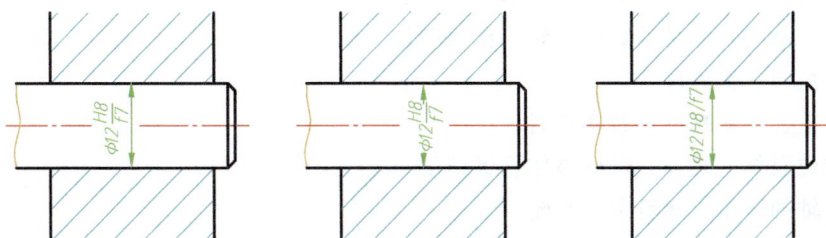

图 10.12　配合的标注

第二节　识读齿轮油泵装配图

识读装配图是设计、制造、使用、维修机器的第一步。因此，识读装配图是本模块的重要内容。

读装配图的基本要求如下：

1）知道机构的型号、规格、作用和原理。

2）了解组成机构的零件名称、结构、数量和相互位置关系。

3）弄懂装配和拆卸机构的步骤与方法。

一、读标题栏和明细栏

1）读图 10.13 右下角标题栏，可知机构名称为"齿轮油泵"，初步了解它的名称和用途。

2）读图 10.13 下方明细栏，可知齿轮油泵由 13 种零件组成，分别是泵盖、螺钉、主动轴、键、从动轴、销、垫片、泵体、从动齿轮、主动齿轮、填料、压紧螺母、填料压盖。

3）初步想象齿轮啮合旋转、泵油的基本结构原理。

二、读图样及零件序号

1. 分析视图

1）由图 10.13 可知，齿轮油泵装配图由三个视图组成：主视图重点表达各零件之间的位置和连接关系；左视图重点表达主要零件泵体的轮廓形状和装配体的轮廓形状；B—B 视图补充表达支承架截面轮廓和底座形状。

识读装配图

2）识读图样可知，油泵主体轮廓是由泵体和泵盖"合围"形成"双半圆头"形状，下端有方板形安装底座。

2. 零件分类

读图样及序号，对齿轮油泵各零件按作用进行分类。

泵体：箱体类零件，起支承、定位、安装、连接作用。

泵盖：盘盖类零件，起定位、密封、连接作用。

主动齿轮、从动齿轮：啮合齿隙泵油。

主动轴、从动轴：带动定位齿轮，保持两齿轮中心距。

垫片、填料：密封件。

填料压盖、压紧螺母：紧实填料。

销：定位泵体、泵盖，保证整体位置精度。

键：将轴的转矩传递给主动齿轮。

螺钉：紧固泵体、垫片、泵盖。

10

CHAPTER

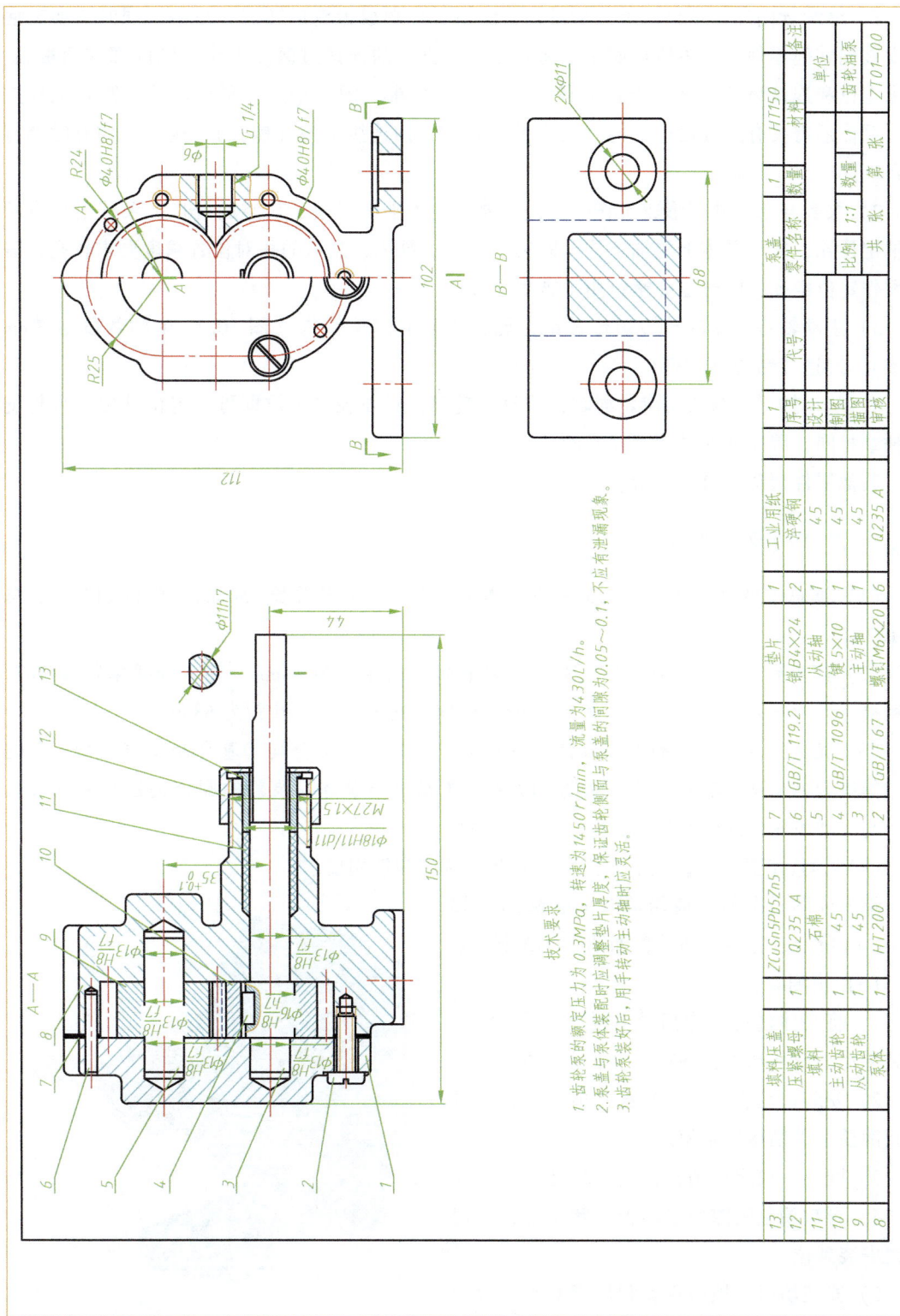

图 10.13 齿轮油泵装配图

CHAPTER 10

3. 分析结构

1）继续读图样，结合以上分析可知，泵体零件形成齿轮运转工作空腔，同时需要有底座安装到其他零件上，主体与底座之间有截面为方形的连接过渡。工作空腔内部有两根轴，用来定位和连接齿轮。开口端面有较严格的加工要求，须与垫片、泵盖连接，密封工作空腔。泵体还需要有连接定位结构（两个销孔）和紧固连接结构（螺孔），这些结构有时会有凸台。

2）泵盖与泵体共同形成工作空腔，需要一个大平面封堵工作空腔开口。泵盖上也有两个轴定位孔，应与泵体上的轴定位孔同轴，因此，泵体、泵盖的相对位置精度要求较高，需要配作定位销孔。同时也有螺钉用于紧固连接。

3）主动轴将外部旋转转矩传递给齿轮，需要有定位结构（图 10.13 中的两段 $\phi13mm$ 轴颈）、键连接结构（键槽）。

4）从动轴可不与从动齿轮同轴，故没有键槽，只需径向定位即可。定位轴颈与齿轮配合轴颈相同，因此从动轴为等径光轴。

其他零件请读者自行分析。

三、读尺寸和技术要求

（1）读总体尺寸　读图 10.13 中的总体尺寸可知，油泵总长 150mm、总高 112mm、总宽 102mm。

（2）读重要尺寸　主动轴距底座（安装平面）的距离为 44mm，输入连接轴径 $\phi11h7$，半阙接口。读安装尺寸可知，底座上有两个 $\phi11mm$ 螺栓过孔，孔距为 68mm。

（3）读配合尺寸　从动轴与泵体、从动齿轮、泵盖的配合均为基孔制间隙配合，孔的公差等级为 IT8 级，轴的公差等级为 IT7 级。主动轴与泵体、泵盖的配合关系和从动轴相同，与主动齿轮的配合也是间隙配合，但间隙要小。

（4）读技术要求　读左下方文字可知装配调试和使用要求。

综上读图及分析，齿轮油泵的装配结构如图 10.14 所示，各零件的结构如图 10.15 所示。

（5）预测装配过程

1）将泵体清洗干净后放到装配工作台上，安装主动轴及从动轴，并在主动轴上安装键。

2）安装齿轮、垫片、泵盖并预紧螺钉，调整间隙使主动轴运转正常。

3）配钻、铰定位销孔，预安装定位销。

4）再次调整间隙使主动轴运转正常，将定位销安装到位。

5）安装填料、填料压盖和压紧螺母，合理紧实压紧螺母。

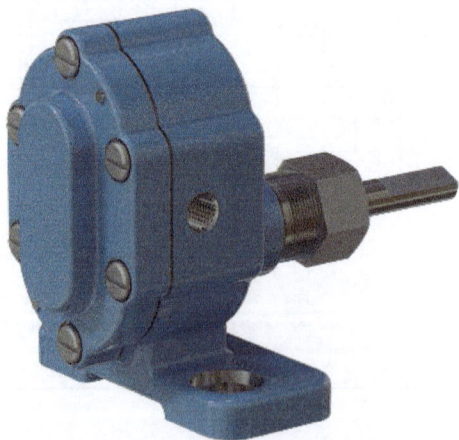

图 10.14　齿轮油泵装配结构

齿轮油泵零件
结构拆分动画

图 10.15 齿轮油泵零件的结构图

第三节 拆画阀门装配图

一、读懂阀门装配图

在设计机器的过程中，应先画出装配图，再由装配图拆画零件图。在维修机器时，需要将损坏零件的图样从装配图上拆画下来。因此，拆画零件图在生产实践中非常重要。

由阀门装配图（图 10.16）可知，该阀门由 11 个零件组成，其中主要工作零件有阀体、阀芯、阀盖、手柄等。

阀体与阀盖形成工作空腔，阀体上有横通管孔。阀芯与阀体锥面配合，阀芯锥柱上有横贯通孔。当阀芯通孔与阀体通孔重合时，阀门通道开启；当阀芯通孔与阀体通孔垂直时，阀门关闭。手柄带动阀芯旋转，实现开启与闭合。

二、拆画阀体零件图

1. 分离阀体零件

将阀体按剖面线轮廓及外形轮廓在装配图上分离，如图 10.17 所示。补全轮廓线，补全其他线型。

拆画阀门装配图

2. 确定零件表达方案

主视图的选择应尽可能与工作位置相同，尽可能多地反映零件的结构特征，因此，选择阀体的主视图与装配图一致，如图 10.18 所示。

主视图采用半剖，兼顾表达内外结构，俯视图表达顶面连接盘及螺孔，A 向局部视图表达通径端面法兰形状。

3. 标注尺寸

标注出总体尺寸 230mm、148mm、ϕ148mm，重要定位尺寸 68mm、100mm、100mm、ϕ120mm、45°，孔深 136mm 及壁厚 10mm、6mm，定形尺寸也要标注齐全，如图 10.19 所示。

4. 标注技术要求

该阀体零件对极限偏差和几何公差没有要求。内锥孔起密封、截止作用，所以表面粗糙度值较小；两法兰端面及上端面也起密封作用，也有较小的表面粗糙度值，其余表面的表面粗糙度要求不高。完整的阀体零件图如图 10.20 所示。

10

CHAPTER

序号	代号	名称	数量	材料	比例	备注	图号
11	GB/T 6170—2015	螺母 M14	4	Q235A			
10	GB/T 898—1988	双头螺柱 M14×30	4	Q235A			
9		手柄	1	HT150			
8	GB/T 6170—2015	螺母 M16	2	Q235A			
7	GB/T 898—1988	双头螺柱 M16×35	2	Q235A			
6		填料压盖	1	HT150			
5		石棉	1	石棉			
4		阀盖	1	ZG270—500			
3		垫片	1	橡胶			
2		阀芯	1	ZG270—500			
1		阀体	1	ZG270—500			

			比例	1:2
阀门				
制图		设计	审核	

技术要求
1. 铸件不能有砂眼、气孔等缺陷。
2. 密封要可靠，不能有任何泄漏现象。

零件 9 B

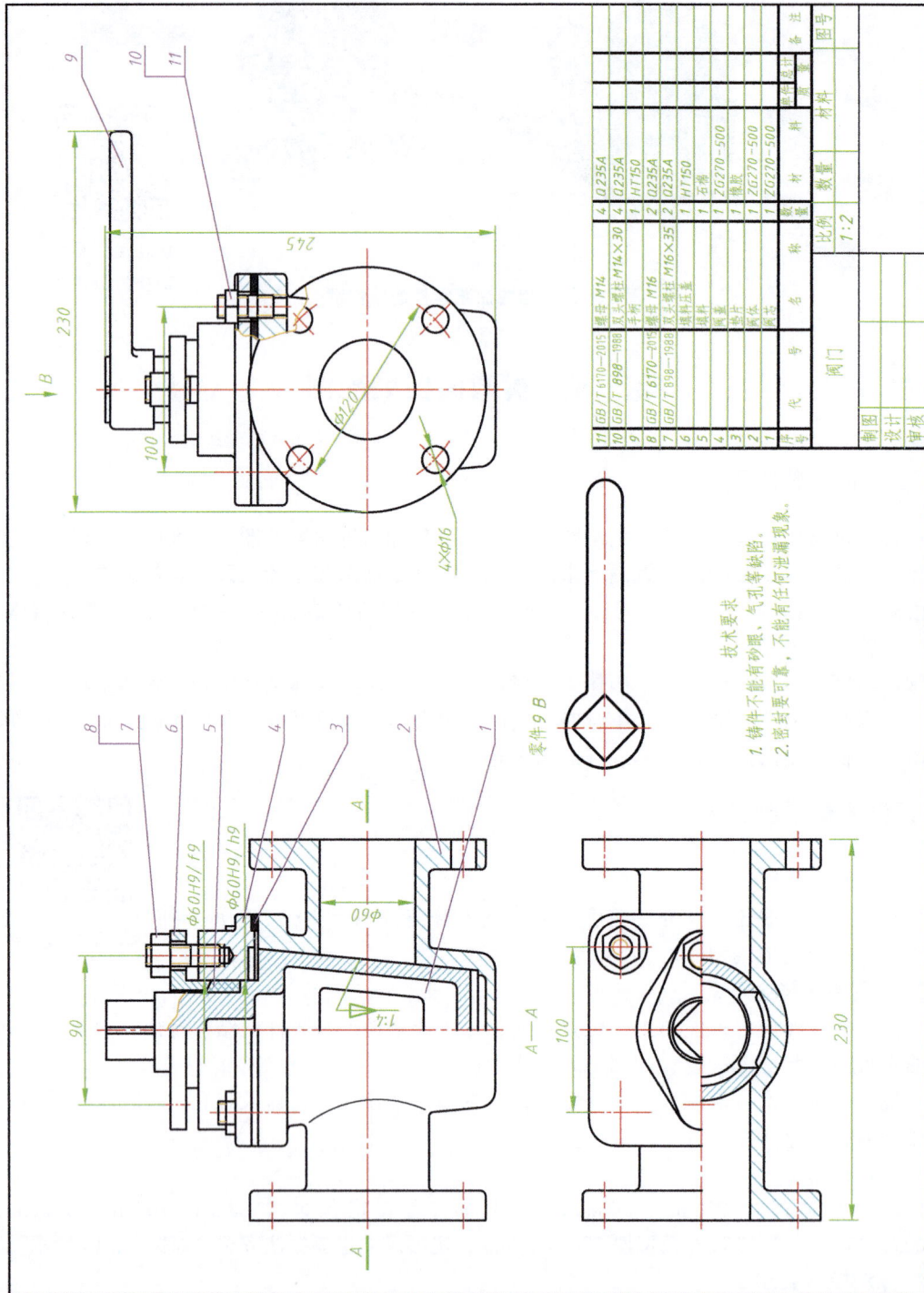

图 10.16 阀门装配图

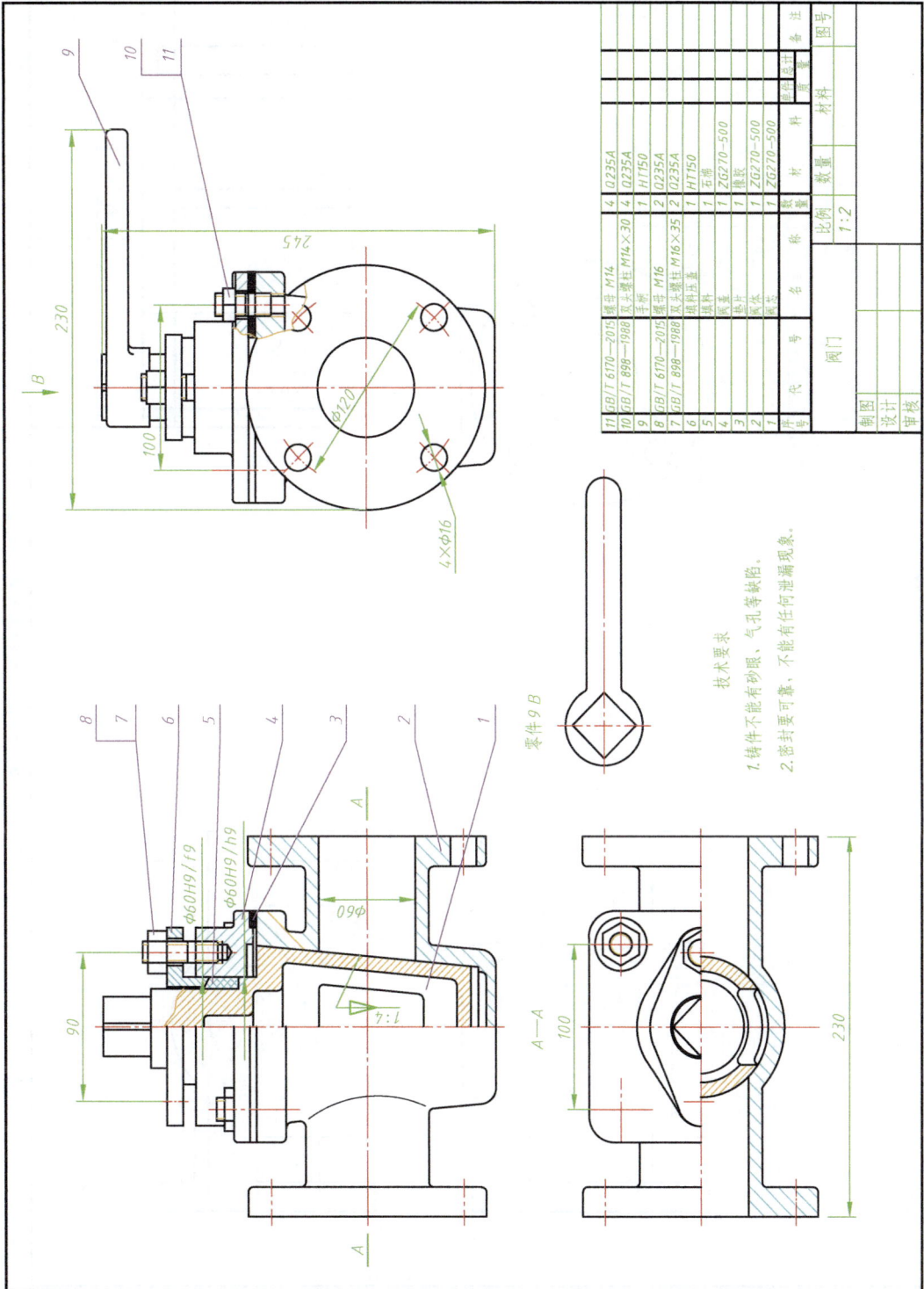

图 10.17　在装配图上分离零件图

技术要求
1. 铸件不能有砂眼、气孔等缺陷。
2. 密封要可靠，不能有任何泄漏现象。

零件 9 B

11	GB/T 6170—2015	螺母 M14		4	Q235A		
10	GB/T 898—1988	双头螺柱 M14×30		4	Q235A		
9		手柄		1	HT150		
8	GB/T 6170—2015	螺母 M16		2	Q235A		
7	GB/T 898—1988	双头螺柱 M16×35		2	Q235A		
6		填料压盖		1	HT150		
5		石棉		1	石棉		
4		阀盖		1	ZG270—500		
3		垫片		1	橡胶		
2		阀杆		1	ZG270—500		
1		阀体		1	ZG270—500		
序号	代号	名称		数量	材料	单件 总计 重量	备注
							图号
阀门		比例	1:2				
制图							
设计							
审核							

10

CHAPTER

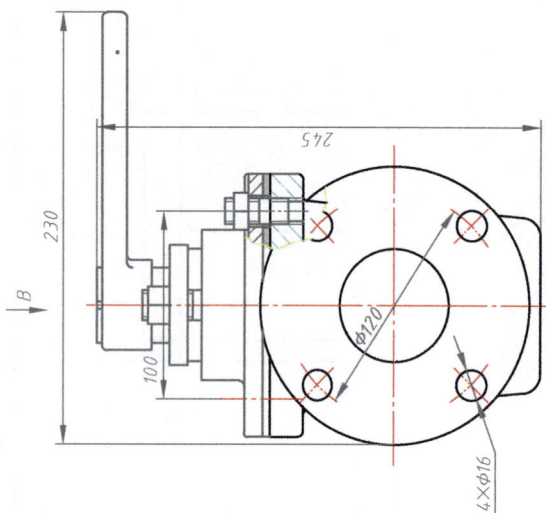

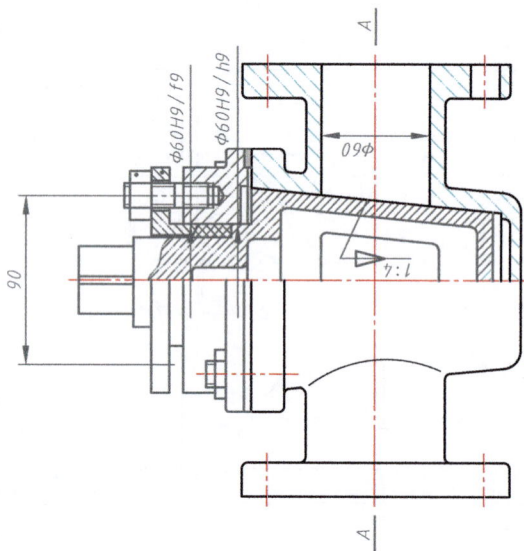

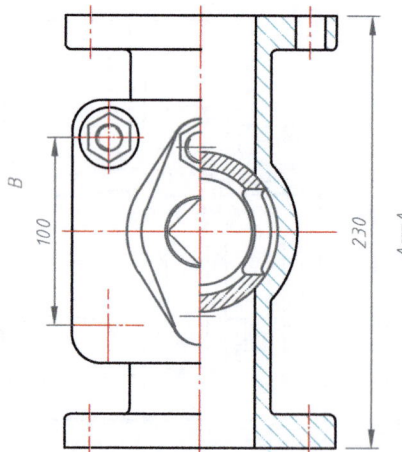

图 10.18 确定零件表达方案

技术要求

1. 铸件不能有砂眼、气孔等缺陷。
2. 密封要可靠，不能有任何泄漏现象。

11	GB/T 6170—2015	螺母 M14	4	Q235A	
10	GB/T 898—1988	双头螺柱 M14×30	4	Q235A	
9		手轮	1	HT150	
8	GB/T 6170—2015	螺母 M16	2	Q235A	
7	GB/T 898—1988	双头螺柱 M16×35	2	Q235A	
6		填料压盖	1	HT150	
5		填料	1	石棉	
4		阀盖	1	ZG270-500	
3		垫片	1	橡胶	
2		阀体	1	ZG270-500	
1		阀芯	1	ZG270-500	
序号	代号	名称	数量	材料	备注

					图号
阀门		比例 1:2			
制图					
设计					
审核					

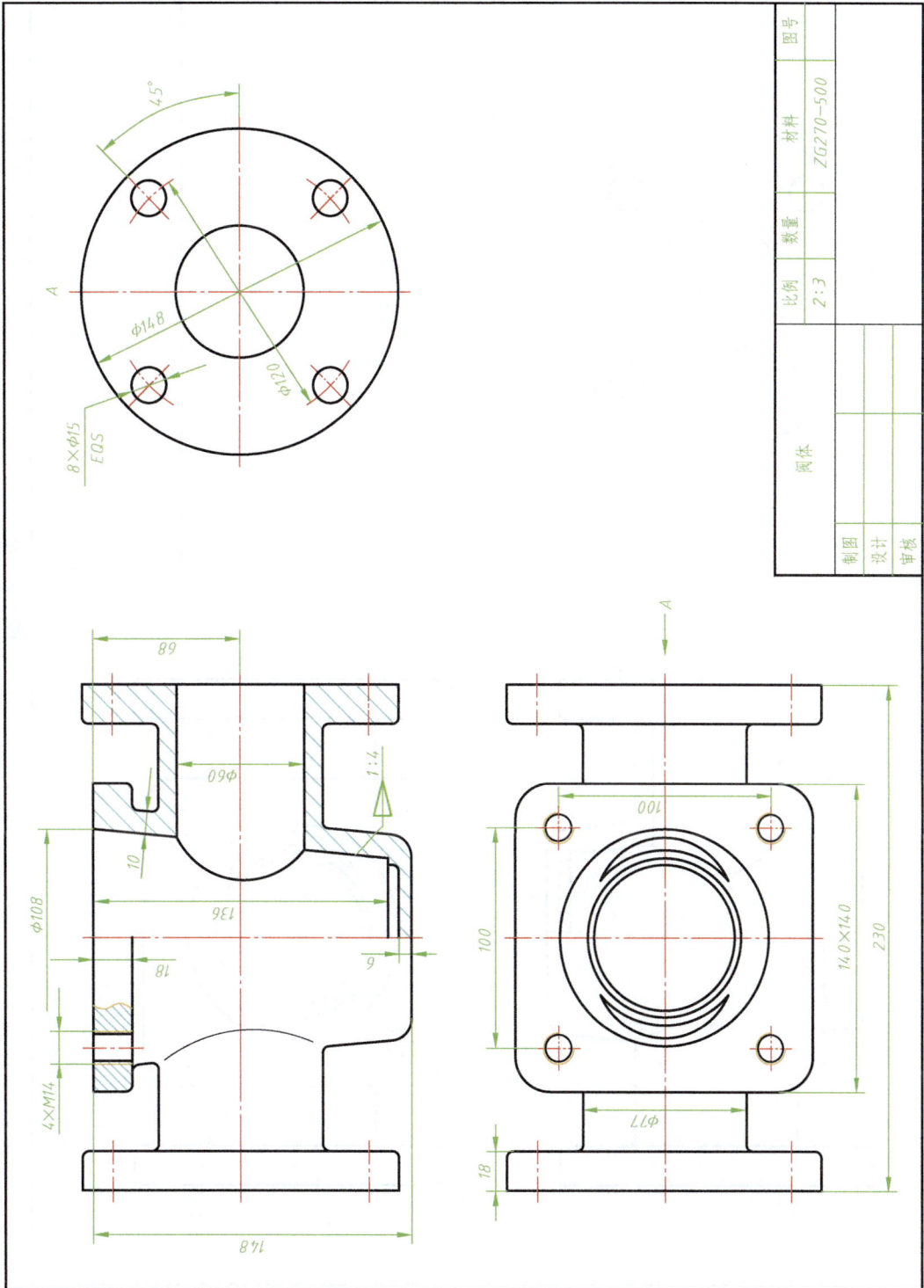

图 10.19 零件图标注尺寸

10

CHAPTER

10

CHAPTER

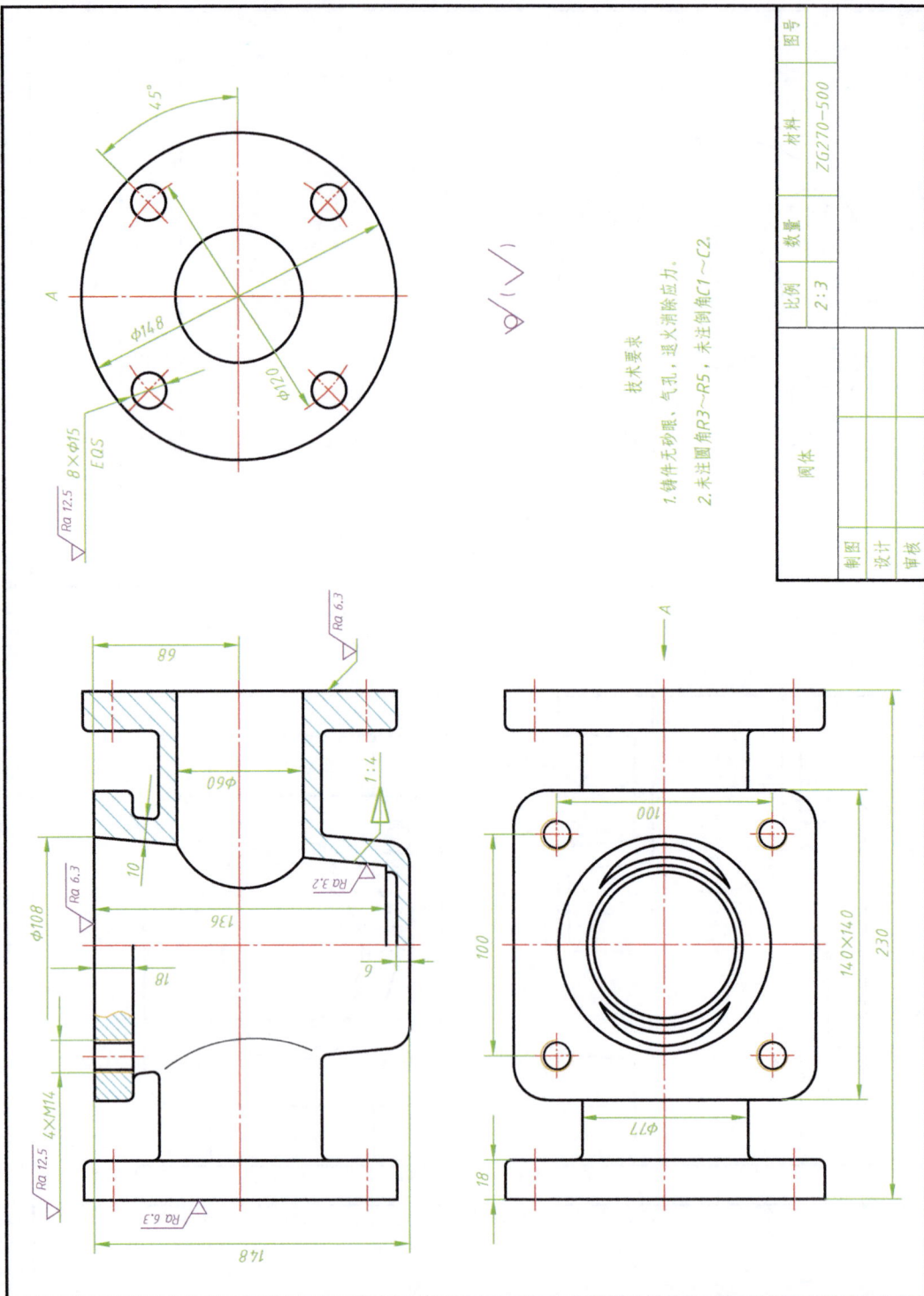

技术要求

1.铸件无砂眼、气孔，退火消除应力。

2.未注圆角R3~R5，未注倒角C1~C2.

			比例	数量	材料	图号
			2:3		ZG270-500	
阀体						
制图						
设计						
审核						

图 10.20　阀体零件图

参 考 文 献

[1] 果连成. 机械制图 [M]. 7 版. 北京：中国劳动社会保障出版社，2018.

[2] 吴学农. 机械制图识图思维规律及基本功训练 [M]. 北京：机械工业出版社，2013.

[3] 杨惠英，王玉坤. 机械制图：机类、近机类 [M]. 3 版. 北京：清华大学出版社，2011.

[4] 郭建尊. 机械制图及计算机绘图 [M]. 北京：人民邮电出版社，2009.